国家林业和草原局普通高等教育"十四五"规划教材

有机化学学习指导

陈红兵　张永坡　赵晋忠　主编

中国林业出版社
China Forestry Publishing House

内 容 简 介

本教材是国家林业和草原局普通高等教育"十四五"重点规划教材《有机化学》(第2版)(赵晋忠主编)的配套学习指导教材。本教材可以作为高等农林院校相关专业本科生有机化学课程教学参考用书。本教材按照教学大纲的要求,对各章的知识点进行归纳总结,明确其学习要求。

本教材的体系、章节顺序都与主教材同步。每章设有主要知识点和学习要求。每章设有典型例题和习题,包括命名、写结构式、完成反应方程式、合成、选择、填空、化合物性质比较、鉴别、推测结构等。通过典型例题的示范,使学生对各种类型习题的解题思路、方法和步骤更加清晰和规范化。通过思考题和习题的训练,帮助学生理解所学的基本知识,提高学生分析问题和解决问题的能力。每章习题之后都附有习题答案,以便学生解题后核对。章节自测方便学生进行知识点的自我检测。本教材还设有三套综合模拟试题,并附有参考答案,供学生总结复习使用。部分章节提供了一些较难的习题(以*号标出),供学有余力的学生学习和思考。

图书在版编目(CIP)数据

有机化学学习指导 / 陈红兵,张永坡,赵晋忠主编.
—北京:中国林业出版社,2023.12(2024.12重印)
国家林业和草原局普通高等教育"十四五"规划教材
ISBN 978-7-5219-2471-8

Ⅰ.①有… Ⅱ.①陈… ②张… ③赵… Ⅲ.①有机化学-高等学校-教学参考资料 Ⅳ.①O62

中国国家版本馆 CIP 数据核字(2023)第 236835 号

策划编辑:高红岩 李树梅
责任编辑:李树梅
责任校对:苏 梅
封面设计:睿思视界视觉设计

出版发行:中国林业出版社
(100009,北京市西城区刘海胡同7号,电话 83223120)
电子邮箱:cfphzbs@163.com
网址:http://www.forestry.gov.cn/lycb.html
印刷:北京中科印刷有限公司
版次:2023 年 12 月第 1 版
印次:2024 年 12 月第 2 次印刷
开本:787mm×1092mm 1/16
印张:14
字数:315 千字
定价:36.00 元

《有机化学学习指导》编写人员

主　编　陈红兵　张永坡　赵晋忠
副主编　贾俊仙　李　锐　郭冬冬　孟宪娇
编　者　(按姓氏拼音排序)
　　　　　陈红兵(山西农业大学)
　　　　　郭冬冬(山西农业大学)
　　　　　贾俊仙(山西农业大学)
　　　　　李　锐(山西农业大学)
　　　　　李春环(西北农林科技大学)
　　　　　李国华(南京农业大学)
　　　　　李咏玲(山西农业大学)
　　　　　刘亚帅(山西农业大学)
　　　　　刘勇洲(山西农业大学)
　　　　　孟宪娇(山西农业大学)
　　　　　穆威宇(山西农业大学)
　　　　　潘晓娜(山西农业大学)
　　　　　王世飞(山西农业大学)
　　　　　王志强(山西农业大学)
　　　　　殷丛丛(山西农业大学)
　　　　　张国娟(山西农业大学)
　　　　　张永坡(山西农业大学)
　　　　　赵晋忠(山西农业大学)

前　言

本教材以培养学生的科学思维能力为目标，通过学习使学生对所学的基本理论、基本知识进一步加深理解、巩固。本教材编写注重有机化学的复习总结，总结《有机化学》（第2版）（赵晋忠主编）教材中的主要教学内容，供学生学习时参考。

本教材由山西农业大学、南京农业大学、西北农林科技大学等高等院校的有机化学教师共同编写而成。第1章由山西农业大学潘晓娜编写；第2章由山西农业大学贾俊仙编写；第3章由山西农业大学陈红兵编写；第4章由山西农业大学李咏玲编写；第5章由山西农业大学王世飞编写；第6章由山西农业大学李锐编写；第7章由山西农业大学张永坡编写；第8章由山西农业大学孟宪娇编写；第9章由山西农业大学郭冬冬编写；第10章由山西农业大学刘勇洲编写；第11章由山西农业大学王志强编写；第12章由山西农业大学张国娟编写；第13章由南京农业大学李国华编写；第14章由山西农业大学刘亚帅编写；第15章由山西农业大学殷丛丛编写；第16章由山西农业大学穆威宇编写；第17章由西北农林科技大学李春环编写；综合模拟试题及参考答案由山西农业大学郭冬冬、王世飞、陈红兵、赵晋忠编写。全书由主编和副主编审阅、修改，赵晋忠教授审校全稿，最终由主编统稿和定稿。

在编写过程中，承蒙有关兄弟院校各级领导大力支持和编者的紧密配合，特别是山西农业大学教务处许大连同志和中国林业出版社李树梅编辑等为本教材出版做了大量工作，谨在此一并表示衷心感谢。

由于编者水平有限，书中错误和疏漏之处在所难免，恳请同行和读者批评指正。

编　者

2023年5月

目 录

前 言

第1章 绪 论 ··· 1
1.1 主要知识点和学习要求 ··· 1
1.2 典型例题 ··· 5
1.3 思考题 ·· 6
1.4 思考题答案 ·· 7
1.5 教材习题 ··· 8
1.6 教材习题答案 ··· 8
1.7 章节自测 ··· 8
1.8 章节自测答案 ··· 9

第2章 饱和烃 ··· 10
2.1 主要知识点和学习要求 ··· 10
2.2 典型例题 ··· 13
2.3 思考题 ·· 14
2.4 思考题答案 ·· 15
2.5 教材习题 ··· 15
2.6 教材习题答案 ··· 16
2.7 章节自测 ··· 16
2.8 章节自测答案 ··· 16

第3章 不饱和烃 ··· 17
3.1 主要知识点和学习要求 ··· 17
3.2 典型例题 ··· 26
3.3 思考题 ·· 29
3.4 思考题答案 ·· 30
3.5 教材习题 ··· 31
3.6 教材习题答案 ··· 32
3.7 章节自测 ··· 35
3.8 章节自测答案 ··· 36

第4章 芳香烃 ··· 37
4.1 主要知识点和学习要求 ··· 37
4.2 典型例题 ··· 41

4.3	思考题	43
4.4	思考题答案	44
4.5	教材习题	45
4.6	教材习题答案	45
4.7	章节自测	47
4.8	章节自测答案	48

第 5 章　卤代烃 …… 49
5.1	主要知识点和学习要求	49
5.2	典型例题	53
5.3	思考题	56
5.4	思考题答案	57
5.5	教材习题	59
5.6	教材习题答案	59
5.7	章节自测	60
5.8	章节自测答案	61

第 6 章　醇、酚、醚 …… 62
6.1	主要知识点和学习要求	62
6.2	典型例题	67
6.3	思考题	70
6.4	思考题答案	71
6.5	教材习题	73
6.6	教材习题答案	73
6.7	章节自测	74
6.8	章节自测答案	75

第 7 章　醛、酮、醌 …… 76
7.1	主要知识点和学习要求	76
7.2	典型例题	81
7.3	思考题	82
7.4	思考题答案	83
7.5	教材习题	84
7.6	教材习题答案	85
7.7	章节自测	86
7.8	章节自测答案	87

第 8 章　羧酸及取代羧酸 …… 88
8.1	主要知识点和学习要求	88
8.2	典型例题	92
8.3	思考题	94

8.4	思考题答案	95
8.5	教材习题	96
8.6	教材习题答案	97
8.7	章节自测	102
8.8	章节自测答案	103

第9章　含氮和含磷有机化合物　104

9.1	主要知识点和学习要求	104
9.2	典型例题	107
9.3	思考题	108
9.4	思考题答案	109
9.5	教材习题	110
9.6	教材习题答案	111
9.7	章节自测	113
9.8	章节自测答案	113

第10章　旋光异构　115

10.1	主要知识点和学习要求	115
10.2	典型例题	119
10.3	思考题	124
10.4	思考题答案	125
10.5	教材习题	126
10.6	教材习题答案	127
10.7	章节自测	130
10.8	章节自测答案	132

第11章　杂环化合物和生物碱　133

11.1	主要知识点和学习要求	133
11.2	典型例题	136
11.3	思考题	137
11.4	思考题答案	137
11.5	教材习题	138
11.6	教材习题答案	138
11.7	章节自测	139
11.8	章节自测答案	139

第12章　萜类和甾体化合物　140

12.1	主要知识点和学习要求	140
12.2	典型例题	142
12.3	思考题	144
12.4	思考题答案	144

12.5　教材习题 ··· 145
　　12.6　教材习题答案 ··· 145
　　12.7　章节自测 ··· 146
　　12.8　章节自测答案 ··· 148
第13章　油脂和类脂 ··· 149
　　13.1　主要知识点和学习要求 ·· 149
　　13.2　典型例题 ··· 153
　　13.3　思考题 ··· 154
　　13.4　思考题答案 ··· 154
　　13.5　教材习题 ··· 155
　　13.6　教材习题答案 ··· 155
　　13.7　章节自测 ··· 156
　　13.8　章节自测答案 ··· 156
第14章　碳水化合物 ··· 157
　　14.1　主要知识点和学习要求 ·· 157
　　14.2　典型例题 ··· 163
　　14.3　思考题 ··· 164
　　14.4　思考题答案 ··· 165
　　14.5　教材习题 ··· 166
　　14.6　教材习题答案 ··· 167
　　14.7　章节自测 ··· 170
　　14.8　章节自测答案 ··· 171
第15章　蛋白质和核酸 ··· 172
　　15.1　主要知识点和学习要求 ·· 172
　　15.2　典型例题 ··· 176
　　15.3　思考题 ··· 177
　　15.4　思考题答案 ··· 177
　　15.5　教材习题 ··· 178
　　15.6　教材习题答案 ··· 179
　　15.7　章节自测 ··· 181
　　15.8　章节自测答案 ··· 181
第16章　高分子化合物* ··· 182
　　16.1　主要知识点和学习要求 ·· 182
　　16.2　教材习题 ··· 185
　　16.3　教材习题答案 ··· 186
第17章　波谱概述* ··· 187
　　17.1　主要知识点和学习要求 ·· 187

17.2 典型例题 …………………………………………………………………………… 189
17.3 思考题 ……………………………………………………………………………… 189
17.4 思考题答案 ………………………………………………………………………… 189
17.5 教材习题 …………………………………………………………………………… 189
17.6 教材习题答案 ……………………………………………………………………… 191
17.7 章节自测 …………………………………………………………………………… 192
17.8 章节自测答案 ……………………………………………………………………… 192

综合模拟试题及参考答案 ………………………………………………………………… 193
  综合模拟试题(一) ………………………………………………………………………… 193
  综合模拟试题(二) ………………………………………………………………………… 195
  综合模拟试题(三) ………………………………………………………………………… 199
  综合模拟试题(一)参考答案 ……………………………………………………………… 202
  综合模拟试题(二)参考答案 ……………………………………………………………… 203
  综合模拟试题(三)参考答案 ……………………………………………………………… 206

参考文献 …………………………………………………………………………………… 209

第1章 绪 论

1.1 主要知识点和学习要求

1.1.1 有机化合物和有机化学

1.1.1.1 有机化合物的结构理论

①碳原子是四价的，彼此间可以结合成长链或结合成环，不但可以用单键相互结合，还可以彼此间结合成双键或三键。

②各原子间按一定的顺序和方式相互结合，这种结合顺序和结合方式称为化学结构。

③物质的性质不仅取决于它们的分子组成，而且与它们的化学结构有着密切的关系，可以根据分子的结构来预测它们的性质，也可以根据物质的性质来推测它们的结构。

1.1.1.2 有机化学的定义

通过大量科学研究，在总结前人工作的基础上提出了有机化学和有机化合物的定义。

1865年，凯库勒(A. Kekülé)和格梅林(Gmelin)将有机化合物定义为含碳化合物，将有机化学定义为研究含碳化合物的化学科学。显然这种说法不够确切，也不完整，如一氧化碳、二氧化碳及碳酸盐、氰化物等也是含碳化合物，但它们归属为无机化合物而不属于有机化合物。

直到经典的结构理论建立，1874年，德国肖莱马(K. Schorlemmer)对有机化合物重新进行了定义：有机化合物是指碳氢化合物(烃)及其衍生物，而有机化学是指研究有机化合物的组成、结构、性质、应用及其变化规律的科学。

1.1.1.3 有机化合物的特点

①组成和结构上的特点：构成有机化合物的主体元素为碳和氢，其他元素有氧、氮、硫、磷、卤素等，由于碳原子自身相互结合能力强，因此，同分异构体较多，导致同分异构现象就比较普遍。

②化学反应上的特点：对热不稳定，易燃烧(极少数例外)，这是由于有机化合物多以共价键结合，分子间的作用力较弱。有机化合物的组成元素主要是碳和氢，燃烧的最终产物是二氧化碳和水。另外，化学反应往往是旧键的断裂和新键的生成，这在后面章节的学习过程中同学们会更有体会。

③物理性质上的特点：有机化合物多以共价键结合，它们的结构单元往往是分子，其分子间的作用力为色散力，比较弱，因此，有机化合物的熔点、沸点较低(一般在250℃以下)。另外，有机化合物易溶解于有机溶剂中，难溶于水。这是因为有机化合物一般为非极性或极性较弱的化合物，所以有机化合物多数不溶于极性溶剂中，而水是一种极性很强、介电常数很大的液体，因此，有机化合物在水中的溶解度较小，这也就是我们所说的

相似相溶原理。

1.1.1.4 学习要求

(1) 理解有机化合物的结构理论内涵。

(2) 掌握有机化合物和有机化学的定义。

1.1.2 共价键

1.1.2.1 价键理论

第一要点内容：自旋方向相反的电子配对形成共价键。对于这一要点，需要理解的是首先要自旋方向相反，且是未成对电子，其次要互相接近时才能形成稳定的共价键。

第二要点内容：共价键具有饱和性。有几对自旋方向相反的未成对电子就可以形成几个共价键，没有未成对电子则不能形成共价键；如果未成对电子已经配对，就不能再与其他原子的未成对电子配对成键，这就是共价键的饱和性。

第三要点内容：共价键具有方向性。形成共价键实质上是电子云的重叠，电子云重叠越多，形成的键越强，这就是共价键的方向性。例如，氢气和氯气反应生成氯化氢，只有沿 x 轴方向重叠才能达到最大重叠，电子云密度最大，对原子核的吸引力更大，结合得也就更稳定。

1.1.2.2 杂化轨道理论

杂化轨道理论：能量相近的原子轨道可进行杂化，组成能量相等的杂化轨道。

碳原子的杂化形式有以下 3 种：

(1) sp^3 杂化 2s 轨道吸收能量之后，一个电子跃迁到空的 p 轨道上，生成能量相等的 4 个 sp^3 杂化轨道。其中，1/4 的 s 成分和 3/4 的 p 成分，由于轨道之间的排斥力，生成的 4 个轨道按照正四面体型进行分布，夹角为 $109°28'$。

以天然气主要成分甲烷的成键示意图(轴对称方式交叠)为例，碳原子的 4 个能量相等且呈正四面体分布的 sp^3 杂化轨道同氢原子的 s 轨道在轴对称方向上(也就是电子云的最大重叠方向)进行重叠，形成 4 条共价键，我们称其为 σ 键，这是 sp^3 杂化轨道和 s 轨道之间成键。

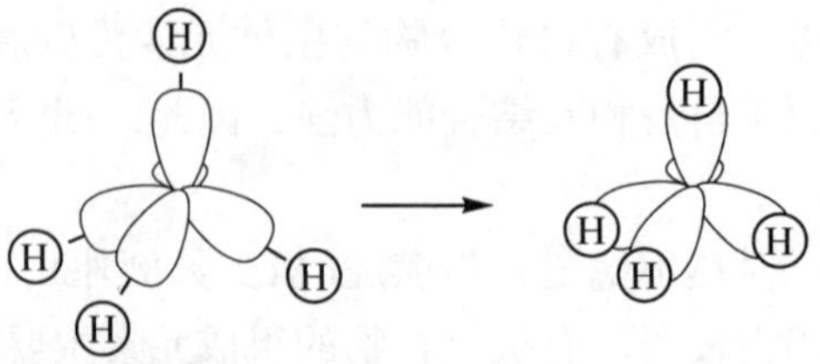

(2) sp^2 杂化 同样是 2s 轨道吸收一定的能量，一个电子跃迁到 2p 的空轨道上，但是只有其中的 3 个单电子轨道发生了杂化，组成能量相等的 3 个 sp^2 杂化轨道，剩下一个未参与杂化的单电子 p 轨道，3 个 sp^2 杂化轨道组成平面结构，彼此间的夹角为 $120°$，另外一个未参与杂化的单电子 p 轨道垂直于这个平面，夹角为 $90°$。因此，sp^2 杂化轨道是 1/3 的 s 成分和 2/3 的 p 成分。

例如，石油裂解的主要成分乙烯分子，每个碳原子的 2 个 sp^2 杂化轨道和 2 个氢原子的 s 轨道形成 σ 键，另外一个 sp^2 杂化轨道为碳原子之间形成 σ 键，每个碳原子上还剩下未参与杂化的 p 轨道,垂直于该平面,侧面重叠形成 π 键,由于电子云重叠疏松,和 σ 键相比稳定性较低,易断裂,因此,碳碳双键是由一个 σ 键和一个 π 键组成的。

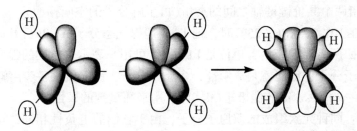

(3) sp 杂化 同样是 2s 轨道吸收一定的能量,一个电子跃迁到 2p 的空轨道上,但是只有其中的 2 个轨道发生了杂化,组成能量相等的 2 个 sp 杂化轨道,剩下 2 个未参与杂化的单电子 p 轨道,2 个 sp 杂化轨道组成直线,剩下的 2 个 p 轨道同杂化轨道之间相互垂直,夹角均为 90°。sp 杂化轨道就是 1/2 的 s 成分和 1/2 的 p 成分。

例如,电气石乙炔分子,每个碳原子的 1 个 sp 杂化轨道和氢原子的 s 轨道形成 σ 键,另外一个 sp 杂化轨道与碳原子之间形成 σ 键,每个碳原子上还剩下 2 个未参与杂化的 p 轨道,彼此于侧面重叠形成 π 键,因此,碳碳三键是由 1 个 σ 键和 2 个 π 键组成的。

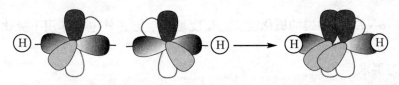

金刚石:坚硬无比,是一种四面体结构的碳单质,碳原子的杂化方式为 sp^3 杂化,很难被挤压,因此可以被雕琢成钻石饰品,可以做成钻头切割一些坚硬的材料。

石墨:平面型结构,碳原子的杂化方式为 sp^2 杂化,π 电子在层间流动,可以作为电极管;由于层与层之间是比较弱的分子间作用力,可以相互移动,因此石墨与金刚石相比较柔软,可以作为染料和铅笔芯。

党的二十大报告中指出:"必须坚持科技是第一生产力、人才是第一资源、创新是第一动力,深入实施科教兴国战略、人才强国战略、创新驱动发展战略,开辟发展新领域新赛道,不断塑造发展新动能新优势。"我国李玉良教授带领的研究团队创造出一种全新的"炔烯互变"新模式碳材料——石墨炔,是属于我国自己的碳材料,并发表于国际顶级期刊《化学学会评论》(*Chemical Society Reviews*)上。

1.1.2.3 共价键键型

σ 键	π 键
由原子轨道沿键轴方向重叠形成,重叠程度大	由 p 轨道从侧面平行重叠形成,重叠程度小
成键电子云沿键轴呈圆柱形对称分布,核对其束缚力大,流动性小,极化度小	成键电子云垂直对称地分布在成键原子核所在平面的上下方,流动性大,极化度大
成键的 2 个原子绕对称轴旋转时不会破坏重叠,具有可旋转性	旋转破坏键,不能自由旋转
较稳定,可单独存在	不稳定,不能单独存在,易断开,易起化学反应

1.1.2.4 共价键属性

(1) 键长　成键原子核间的平衡距离,单位是 nm。

(2) 键角　指两个共价键键轴之间的夹角(可了解分子的空间构型)。

(3) 键能　在 101.325kPa、25℃时,把 1mol 理想气态分子 A—B 拆开成为理想气体状态的原子或原子团所需要的能量,单位是 kJ/mol,可用来表示化学键的强度。

注意:双原子分子,键能就是离解能;多原子分子,键能就是各步离解能的平均值。

(4) 键的极性　指共价键的偶极矩(键矩),用来衡量键的极性。

①非极性键:同种元素组成的双原子分子,由于它们的电负性相同,正负电荷重心重合,键矩等于零。

②极性键:不同元素原子间组成的化学键,由于元素的电负性不同,化学键的正电重心和负电重心不重合,键矩不等于零。

公式:$\mu = q \cdot d$,单位是 C·m,方向是从正电荷指向负电荷。

注意:由极性键组成的分子不一定是极性分子。分子的极性对熔点、沸点、溶解度等都有一定的影响。

(5) 键的极化度　化学键的电子云分布状态在外电场作用下发生变化的难易程度的物理量。

公式:$\mu = \alpha \cdot F$,α 为键的极化度,它是度量化学键在外电场作用下极化难易程度的物理量。

1.1.2.5 学习要求

(1) 理解共价键理论和杂化轨道理论,重点掌握碳原子的 3 种杂化方式。

(2) 掌握共价键两种键型之间的差异、偶极矩等。

1.1.3 有机化合物的分类

(1) 按碳架分类

①开链化合物:饱和开链化合物和不饱和开链化合物。

②碳环化合物:脂环族化合物和芳香族化合物。

③杂环化合物:脂杂环和芳杂环。

(2) 按官能团分类　官能团是指有机化合物分子中能起化学反应的一些原子和原子团。官能团可以决定化合物的主要化学性质。因此,可采用按官能团分类的方法研究有机化合物。

1.1.4 有机化合物的酸碱概念

(1) 布朗斯特(J. N. Brönsted)-劳里(T. M. Lowry)定义　任何能释放质子的分子或离子均称为酸,凡能与质子结合的分子或离子均称为碱。

(2) 路易斯(G. N. Lewis)定义　凡是能接受外来电子对的是酸,凡是能给予电子对的是碱。

1.1.5 学习有机化合物的方法

(1) 课前预习　大家在高中阶段已经对化学知识有一定的认识和掌握,课前预习可以让大家将已有知识和新知识进行很好的链接,发现问题,并带着这些问题进行听课,可以更加有效地解决问题。

(2)听课、记笔记　在听课的过程中大家要及时进行笔记的记录，可以在课本相对应的位置上进行记录，这样方便大家进行复习，避免丢失。

(3)整理、归纳和总结　有机化学的知识点比较多，但是都遵循着一定的规律，在学习的过程中大家要及时进行归纳和总结，进行知识点的疏理。

(4)习题训练　做习题可以更好地巩固知识点，将学到的知识运用起来才是真正的学懂。

(5)讨论及答疑　大家通过课堂讨论加深印象，巩固知识内容。

有机化学这门课程在学习的过程中还需要注意下面这些问题。

① 有机化合物的结构与反应：在学习每一类有机化合物时，需要掌握其结构的特点，具有这种结构特点的有机化合物具有哪些性质，可以进行哪些反应，这些反应哪些是遵循特殊规律的，哪些是遵循一般规律的。

② 有机反应与反应机理：我们不仅要知道该类有机化合物可以进行的反应，还要对反应机理进行学习，这样才能一通百通。

③ 学习有机化学最重要的就是要学习其应用，也就是有机合成。如何将简单的反应物通过设计生成复杂的有机分子，并且实现步骤少、产率高的目标。

1.2　典型例题

【**例题 1-1**】指出下列化合物结构中碳原子成键方式有哪些？

(1) H₂C=CH—CH₃ 的结构式　　(2) H—C≡C—H　　(3) H₃C—C≡C—CH=CH₂

解：(1)碳原子的杂化有 2 种，2 个双键碳为 sp^2 杂化，甲基为 sp^3 杂化。左侧的双键碳与氢之间成键方式为 sp^2-s，2 个双键碳之间为 sp^2-sp^2 和 p-p 成键，右侧双键碳与甲基碳之间按照 sp^2-sp^3 成键。

(2)碳原子的杂化有一种，都是 sp 杂化。碳与氢之间成键方式为 sp-s，2 个三键碳之间为 sp-sp 和 p-p 成键。

(3)碳原子的杂化有 3 种，由左到右依次为 sp^3、sp、sp、sp^2、sp^2。左侧的甲基碳与三键碳之间成键方式为 sp^3-sp，2 个三键碳之间为 sp-sp 和 p-p 成键，三键碳与双键碳之间为 sp-sp^2 成键，2 个双键碳之间按照 sp^2-sp^2 和 p-p 成键。

【**例题 1-2**】下列哪些化合物有偶极矩？

I_2　　CH_2Cl_2　　HBr　　$CHCl_3$　　CCl_4

解：(1)I_2 和 CCl_4 为非极性分子，偶极矩为零。二者的区别在于：I_2 是由非极性键组成的非极性分子，正、负电荷重心重合，而 CCl_4 是由极性键 C—Cl 组成，键的偶极矩加和以后大小相等、方向相反，整个分子的偶极矩为零。

(2)CH_2Cl_2、HBr、$CHCl_3$ 为极性分子，偶极矩不为零。以 $CHCl_3$ 和 CCl_4 为例，说明含有极性键的化合物不一定是极性分子。

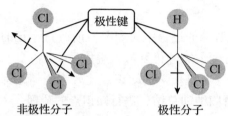

非极性分子　　　　极性分子

【例题 1-3】指出下列各化合物所含官能团的名称。

(1) $H_3CHC=CHCH_3$　　(2) CH_3CH_2Cl　　(3) CH_3CHCH_3　　(4) $CH_3CH_2\overset{O}{\overset{\|}{C}}-H$
　　　　　　　　　　　　　　　　　　　　　　　　　　$\underset{OH}{|}$

(5) $CH_3\overset{\|}{\underset{O}{C}}CH_3$　　(6) $CH_3CH_2\overset{O}{\overset{\|}{C}}-OH$　　(7) 苯胺 NH_2　　(8) $H_3CC\equiv CCH_3$

解：(1) 双键　(2) 卤素　(3) 羟基　(4) 羰基(醛基)　(5) 羰基(酮基)　(6) 羧基　(7) 氨基　(8) 三键。

【例题 1-4】根据电负性数据，用 δ^+ 和 δ^- 标明下列键或分子中带部分正电荷和部分负电荷的原子。

$C=O$　　$O-H$　　CH_3CH_2-Br　　$N-H$

解：$\overset{\delta^+}{C}=\overset{\delta^-}{O}$　　$\overset{\delta^-}{O}-\overset{\delta^+}{H}$　　$\overset{\delta^{++}}{CH_3}\overset{\delta^+}{CH_2}-\overset{\delta^-}{Br}$　　$\overset{\delta^-}{N}-\overset{\delta^+}{H}$。

【例题 1-5】下列化合物中带 * 碳原子的杂化形式哪一个是 sp 杂化?

A. $H_3\overset{*}{C}-CH=CH-C\equiv CH$　　B. 环己烯(带*)　　C. $\underset{b}{\overset{a}{C}}=\overset{*}{C}=\underset{d}{\overset{c}{C}}$　　D. $CH_3\overset{*}{\underset{}{C}}H\overset{O}{\|}$

解：C。在判断某一个碳原子的杂化方式时，可以数一下连在该碳原子上的 π 键个数，为 2，则是 sp 杂化；为 1，则是 sp^2 杂化；为 0，则是 sp^3 杂化。

A. 带 * 碳原子连接有 1 个 π 键，是 sp^2 杂化；B. 带 * 碳原子连接有 1 个 π 键，是 sp^2 杂化；C. 带 * 碳原子连接有 2 个 π 键，是 sp 杂化；D. 带 * 碳原子连接有 1 个 π 键，是 sp^2 杂化。所以，答案是 C。

1.3　思考题

【思考题 1-1】

1. 什么是原子轨道、分子轨道、杂化轨道、成键轨道和反键轨道？
2. 碳原子成键时有几种杂化形式？它们各与由碳原子形成的化合物的什么结构相对应？
3. 什么叫 σ 键？什么叫 π 键？它们是怎样形成的？它们彼此间有什么异同点？

【思考题 1-2】

什么叫共轭酸碱？指出 CH_3CH_2OH 的共轭酸碱。

1.4 思考题答案

【思考题 1-1】

答：1. 原子轨道是指把电子出现的概率约为 90%的空间圈出来，得到描述电子云形状的轮廓图。或具有特定能量的某一电子在核外空间出现机会最多的区域。

分子轨道是指具有特定能量的某一电子在相互键合的两个或多个原子核附近空间出现机会最多的区域。

鲍林(L. Pauling)提出了轨道杂化理论，这一理论认为激发态的碳原子在形成分子时，成键的电子云之间将产生排斥和干扰，称为微扰。微扰的结果又将使碳原子的电子构型(电子云或原子轨道的形状及空间分布状态)发生变化，这一过程称为杂化，杂化以后的原子轨道称为杂化轨道。

成键轨道是分子轨道理论中的一个化学概念。分子轨道是由原子轨道线性组合而成的，分子中的电子围绕整个分子运动，其波函数称为分子轨道。组合前后轨道总数目不变。若组合得到的分子轨道的能量比组合前的原子轨道能量低，所得分子轨道叫作成键轨道；反之叫作反键轨道。

2. 碳原子成键时有 3 种杂化形式：sp^3 杂化、sp^2 杂化和 sp 杂化。

当碳原子以 4 条单键和其他原子成键时，碳原子都以 sp^3 杂化形式出现。当碳原子以 1 条双键和 2 条单键与其他原子键合时，碳原子的杂化形式为 sp^2 杂化。此外，碳的正离子、碳的游离基(自由基)及处于共轭状态下的碳负离子也都属于 sp^2 杂化。

当碳原子以 1 条单键和 1 条三键与其他原子键合或以 2 条双键与其他 2 个原子键合时，碳原子的杂化形式为 sp 杂化。

3. σ 键是指原子轨道沿键轴方向互相重叠所形成的共价键，所以 σ 键也是轴对称的。

π 键是指由 p 轨道沿轨道轴侧面平行重叠所形成的共价键，π 键的电子称为 π 电子。

成键方式	重叠方式	对称性	电子密度集中区	节面数	稳定性	能否旋转
σ 键	原子轨道沿键轴方向（头碰头）	轴对称	2 个原子之间	0	稳定	能
π 键	由未参与杂化的 p 轨道平行重叠（肩并肩）	面对称	垂直对称地分布在成键原子核所在平面的上下方	1	不能单独存在	不能

【思考题 1-2】

答：根据布朗斯特-劳里定义，任何能释放质子的分子或离子均称为酸，凡能与质子结合的分子或离子均称为碱。一种酸释放质子后产生的碱，即为这种酸的共轭碱。一种碱与质子结合后所形成的酸，即为这种碱的共轭酸。

$$CH_3CH_2OH + OH^- \rightleftharpoons H_2O + CH_3CH_2O^-$$
　　　酸　　　　碱　　　　共轭酸　　　共轭碱

1.5 教材习题

1. 根据杂化轨道理论描述下列化合物中碳原子的原子轨道的杂化情况和相应的化学键。

$$CH_3OH \qquad CH_3-\overset{\overset{O}{\|}}{C}-H \qquad CH_3-C\equiv N$$

2. 根据布朗斯特-劳里的酸碱定义指出下列反应中哪些物质为酸、哪些物质为碱。
（1）$CH_3COOH + H_2SO_4 \rightleftharpoons CH_3COOH_2^+ + HSO_4^-$
（2）$ArOH + NaOH \rightleftharpoons ArO^-Na^+ + H_2O$
（3）$CH_3COOH + H_2O \rightleftharpoons CH_3COO^- + H_3O^+$
（4）$CH_3NH_2 + H_2O \rightleftharpoons CH_3NH_3^+ + HO^-$

1.6 教材习题答案

1.（1）CH_3OH 碳原子为 sp^3 杂化，碳原子以 4 条单键和其他原子成键。

（2）$CH_3-\overset{\overset{O}{\|}}{C}-H$ 甲基碳为 sp^3 杂化，碳原子以 4 条单键和其他原子成键；醛基碳为 sp^2 杂化，碳原子以 1 条双键和 2 条单键与其他原子键合。

（3）$CH_3-C\equiv N$ 甲基碳为 sp^3 杂化，碳原子以 4 条单键和其他原子成键；氰基碳为 sp 杂化，碳原子以 1 条单键和 1 条三键与其他原子键合。

2.（1）$CH_3COOH + H_2SO_4 \rightleftharpoons CH_3COOH_2^+ + HSO_4^-$
　　　　碱　　　　酸　　　　　共轭酸　　共轭碱
（2）$ArOH + NaOH \rightleftharpoons ArO^-Na^+ + H_2O$
　　　酸　　　碱　　　　共轭碱　　　共轭酸
（3）$CH_3COOH + H_2O \rightleftharpoons CH_3COO^- + H_3O^+$
　　　　酸　　　　碱　　　　共轭碱　　共轭酸
（4）$CH_3NH_2 + H_2O \rightleftharpoons CH_3NH_3^+ + OH^-$
　　　　碱　　　　酸　　　　共轭酸　　共轭碱

1.7 章节自测

1. 1828 年维勒（F. Wöhler）合成尿素时，他用的是（　　）。
A. 碳酸铵　　　　B. 醋酸铵　　　　C. 氰酸铵　　　　D. 草酸铵
2. 有机化合物的结构特点之一就是多数有机化合物都以（　　）。
A. 配价键结合　　B. 共价键结合　　C. 离子键结合　　D. 氢键结合
3. 下列共价键中极性最强的是（　　）。
A. H—C　　　　B. C—O　　　　C. H—O　　　　D. C—N

4. 通常有机化合物分子中发生化学反应的主要结构部位是(   )。
   A. 键　　　　　　　B. 氢键　　　　　　C. 所有碳原子　　　D. 官能团(功能基)

5. 下列化合物中的碳为 sp 杂化的是(   )。
   A. CH_3CH_3　　　B. $CH_2\!\!=\!\!CH_2$　　C. $CH\!\!\equiv\!\!CH$　　D.  ⌬

6. 下列哪些化合物有偶极矩(   )?
   A. I_2　　　　　　B. CH_2Cl_2　　　　C. HBr　　　　　　D. $CHCl_3$

7. 下面哪些是 π 键的性质(   )?
   A. 轨道侧面重叠　　　　　　　　　　B. 极化度大
   C. 不能自由旋转　　　　　　　　　　D. 稳定，能单独存在

8. 共价键的主要断裂方式有(   )。
   A. 均裂　　　　　　B. 异裂

9. 价键法的要点内容包括(   )。
   A. 自旋方向相反的电子配对形成共价键　　B. 共价键具有饱和性
   C. 共价键具有不饱和性　　　　　　　　　D. 共价键的方向性

10. 大多数有机化合物的主要特点包括(   )。
    A. 主要组成元素为碳和氢　　　　　　　B. 易燃烧
    C. 各原子之间以共价键结合　　　　　　D. 熔点、沸点较低
    E. 难溶于水而易溶于有机溶剂

1.8　章节自测答案

1. C　2. B　3. C　4. D　5. C　6. BCD　7. ABC　8. AB　9. ABD　10. ABCDE

第 2 章 饱和烃

2.1 主要知识点和学习要求

2.1.1 烷烃的同分异构

有机化合物中普遍存在同分异构现象，是造成有机化合物数量庞大的原因。同分异构现象是指具有相同分子式，但由于结构不同而形成不同化合物的现象，各化合物之间互称为同分异构体，简称异构体。有机化合物中的同分异构现象包括：

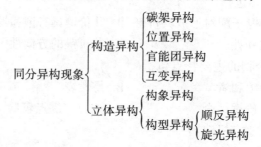

构造异构是指分子式相同，但分子中原子或基团相互连接次序和方式不同而造成的异构现象。立体异构是指分子式相同、分子中原子或基团相互连接次序和方式也相同，但原子或基团在空间的排布不同而造成的异构现象。

2.1.1.1 烷烃的构造异构

烷烃的构造异构表现为碳原子的相互连接顺序不同，称为碳架异构或碳链异构。从丁烷起，烷烃有碳架异构，碳原子数越多，异构体的数目越多。

在碳链中，根据碳原子直接连接的碳原子个数可将碳原子分为：一级（伯）、二级（仲）、三级（叔）、四级（季）碳原子，记为1℃、2℃、3℃、4℃，与相应碳原子相连的氢原子分别称为一级、二级、三级氢原子，即伯氢、仲氢、叔氢。

2.1.1.2 烷烃的构象

构象是由于单键的内旋转而导致分子中原子或基团在空间的不同分布状况，这种异构现象称为构象异构。构象异构的特点是构象异构体之间互相转变通过键的旋转即可实现，不涉及共价键的断裂。

乙烷的构象异构体理论上有无数种，其中典型构象为重叠式和交叉式，优势构象为交叉式；丁烷的典型构象为全重叠式、部分重叠式、邻位交叉式、对位交叉式，优势构象为对位交叉式；高级烷烃也以对位交叉式为其稳定构象，其碳链形成锯齿形构象，相邻两个碳原子的 C—H 键处于交叉位置。

烷烃的构象可用锯架式或纽曼（Newman）投影式表示。

2.1.1.3 学习要求

(1) 认识伯、仲、叔、季碳原子和伯、仲、叔氢原子。
(2) 掌握烷烃分子构象表示方法以及优势构象的概念。

2.1.2 烷烃的命名

2.1.2.1 普通命名法(习惯命名法)

(1) 根据碳原子总数命名为某烷,十以内用天干表示,十以上用中文数字表示。
(2) 直链烷烃称为正某烷;链端第二个碳上有一个甲基时称为异某烷;链端第二个碳上有两个甲基时称为新某烷。

2.1.2.2 系统命名法

(1) 选主链 选取结构式中的最长碳链作为主链,根据主链碳原子数命名为某烷,十以内用天干表示,十以上用中文数字表示。如最长碳链不只一条时,应选择含支链最多的最长碳链作为主链。

(2) 主链编号 遵循最低系列原则,即从最靠近支链一端开始将主链上的碳编号,如两端号码相同时,则依次比较下一取代基位次,最先遇到最小位次定为最低系列。如不同取代基位于主链两端相同位置且从两端编号取代基位次均相同时,应从靠近简单取代基(按次序规则排序)一端开始编号。

(3) 支链命名为基,写在主链名称前面,注意简单取代基在前,并将其出现的位置、数目标明。位置用阿拉伯数字标明,相同取代基的数目用中文数字标明。汉字与阿拉伯数字之间用短线隔开。

2.1.2.3 学习要求

(1) 掌握烷烃的普通命名法。
(2) 重点掌握烷烃的系统命名法。

2.1.3 烷烃的结构特征和化学性质

2.1.3.1 结构与化学性质

烷烃分子组成中只含有碳、氢两种元素,所有的碳都进行 sp^3 杂化,分子结构中的化学键是 C—C 单键和 C—H 键,都是 σ 键,且极性较小,σ 键的稳定性和化学键的弱极性决定了烷烃是一类比较稳定的化合物,难与强酸、强碱、强氧化剂(如 $KMnO_4$ 等)发生反应。烷烃主要能发生的反应是卤代、燃烧和热裂反应。

烷烃的典型反应为卤代反应,卤素的活泼性顺序是 F>Cl>Br>I,烷烃中不同类型氢原子的活泼性顺序为 3°H>2°H>1°H>甲烷上的氢原子。烷烃的卤代反应历程是共价键均裂的游离基型历程,反应包括链的引发、链的增长和链的终止 3 个阶段。

2.1.3.2 学习要求

(1) 掌握烷烃的化学性质,了解烷烃卤代反应机理。
(2) 掌握不同类型碳自由基结构与稳定性关系。

2.1.4 环烷烃的同分异构和命名

2.1.4.1 环烷烃的构造异构和命名

(1) 环烷烃的构造异构主要表现为 ①环系不同。②取代基的构造不同。③取代基在环上的相互位置不同。

(2)命名 ①简单单环烷烃的命名以环为母体,支链作为取代基。②隔离多环可将环作为取代基来命名。③桥环烷烃命名为二环[a.b.c]某烷,方括号中标明桥上碳原子数(桥头碳原子不计入内),大数在前。④螺环烷命名为螺[a.b]某烷,方括号中标明两个环中除了共用碳原子以外的碳原子数目,小的数字在前。

2.1.4.2 取代环烷烃的构型异构

环烷烃分子中,环的存在限制了环上碳碳 σ 键的自由旋转,当环上至少有两个碳原子各自连有两个互不相同的原子或基团时,就可以形成顺反异构体,顺反异构属于立体异构中的构型异构。

构型异构与构象异构的区别:构象异构体之间的相互转化通过单键的旋转即可完成,不涉及共价键的断裂;构型异构体的相互转化必须通过共价键的断裂才能实现。

2.1.4.3 环烷烃的构象异构

重点掌握环己烷的构象:①环己烷有船式和椅式两种典型构象,其中椅式构象为优势构象。②环己烷椅式构象中的 12 个碳氢键分为两种:一种是直立键(a 键);另一种为平伏键(e 键)。③一取代环己烷中取代基处于 e 键稳定;多取代环己烷中取代基处于 e 键越多越稳定;环上连有不同取代基时,较大基团处在 e 键上更为稳定。

2.1.4.4 学习要求

(1)掌握环烷烃的系统命名法。

(2)掌握环己烷及取代环己烷的构象。

2.1.5 环烷烃的化学性质

2.1.5.1 环的结构和化学性质

环烷烃的化学性质因环的大小不同而存在差异。

小环烷烃如环丙烷、环丁烷形成的是"弯曲"的 σ 键,由于重叠不是发生在电子云密度最大的方向,重叠程度较小,同时,sp^3 杂化轨道的偏离产生了角张力,使环丙烷、环丁烷分子中 C—C 键稳定性较差,所以易与 X_2、HX 等发生加成反应开环,环中 C—C 键的断开在连接氢原子最多和最少的两个碳原子之间发生,加成符合马尔考夫尼考夫规则(简称马氏规则),与烯烃的加成相似。

环戊烷、环己烷分子中的 C—C 键夹角接近或保持 109.5°,不存在角张力,环非常稳定,在光照或加热条件下,易发生卤代反应,与烷烃的性质相似。

在室温下,环烷烃对氧化剂较稳定,与一般氧化剂(如 $KMnO_4$ 溶液)不起作用,故可用 $KMnO_4$ 溶液来鉴别烯烃和小环烷烃。

2.1.5.2 学习要求

(1)理解环烷烃环的结构和稳定性。

(2)掌握环烷烃的化学性质。

2.2 典型例题

【例题 2-1】用系统命名法命名下列化合物。

(1) $H_3C-\underset{\underset{CH_3}{|}}{CH}-CH_2-\underset{\underset{CH_3}{|}}{CH}-\underset{\underset{CH_3}{|}}{CH}-CH_3$

(2) $H_3C-CH_2-\underset{\underset{CH_3}{|}}{CH}-\underset{\underset{CH_2CH_3}{|}}{CH}-CH_2-CH_3$

(3) $H_3C-CH_2-\underset{\underset{CH_3}{|}}{CH}-\underset{\underset{CH_3}{|}}{C}-CH_2-CH_3$ (含乙基侧链)

(4) 环己基-CH(CH₃)₂ 及 CH₃ 取代

解:(1)2,3,5-三甲基己烷。按照最低系列原则对主链碳进行编号。

(2)3-甲基-4-乙基己烷。如不同取代基位于主链两端相同位置,且从两端编号取代基位次均相同时,应从简单取代基一端开始编号。

(3)2,5-二甲基-3,4-二乙基己烷。选取结构式中的最长碳链作为主链,如最长碳链不只一条时,应选择含支链最多的最长碳链作为主链。

(4)1-甲基-2-异丙基环己烷。以环作为母体,环上碳原子的编号仍遵循最低系列原则,环上有不同取代基时,要用较小的数字表示较小取代基的位置。

【例题 2-2】化合物 $HOCH_2CH_2COOH$ 的优势构象式是( )。

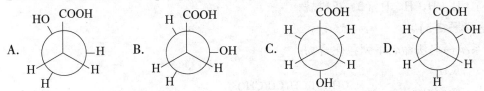

解:D。D 构象式中羧基与羟基间可以形成分子内氢键,而使其得到稳定,稳定性高于对位交叉式,因此是优势构象。

【例题 2-3】某饱和烃含有 4 个伯碳原子、1 个仲碳原子、1 个季碳原子,写出该化合物的化学结构。

解:本题是对伯、仲、叔、季碳原子概念的考察,由题意可推知该化合物结构为

$$H_3C-\underset{\underset{CH_3}{|}}{\overset{\overset{CH_3}{|}}{C}}-CH_2-CH_3$$

【例题 2-4】写出反应的主要产物。

环己基-环丙基 $\xrightarrow{HBr}$

解:环丙烷为张力环,不稳定,性质与烯烃相似,易发生开环加成反应;而环己烷分子中不存在张力,环比较稳定,与直链烷烃的性质类似,一般不发生开环反应。

取代环丙烷开环加成时,环中 C—C 键的断开主要是在连接氢原子最多和最少的 2 个碳原子之间发生,当与不对称试剂加成时遵循马氏规则,即氢加在含氢多的碳上,因此反应的主产物为:

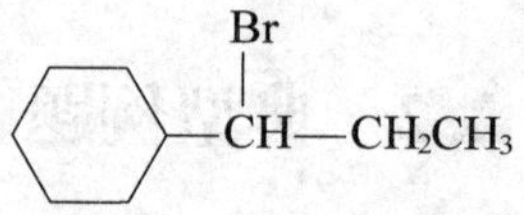

2.3 思考题

【思考题 2-1】

用系统命名法命名下列各化合物。

(1) 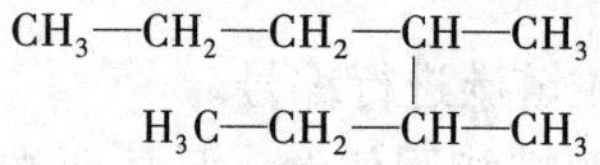 CH₃—CH₂—CH₂—CH—CH₃
        |
    H₃C—CH₂—CH—CH₃

(2) 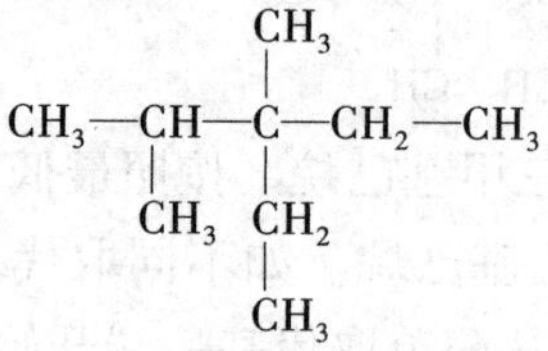
$$CH_3-CH-\underset{\underset{CH_3}{|}}{\underset{\underset{CH_2}{|}}{\overset{\overset{CH_3}{|}}{C}}}-CH_2-CH_3$$
  |
 CH₃

(3)
$$\underset{H}{\overset{H_3C}{>}} C \underset{CH_2-CH_3}{\overset{CH_2-CH_2-CH_3}{<}}$$

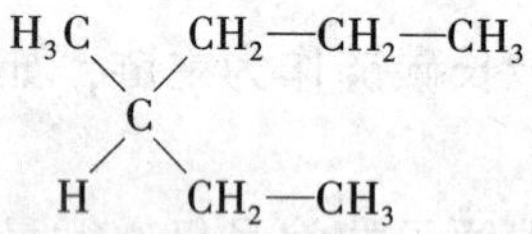

(4) 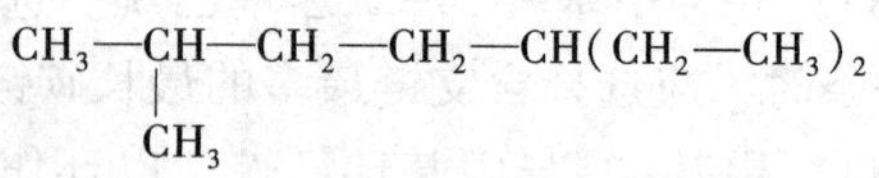 CH₃CHCH₂CH₂CH(CH₂—CH₃)₂
   |
  CH₃

【思考题 2-2】

写出下列各化合物的纽曼投影式，并指出哪一种是优势构象。

(1) CH₃CH₂CH₂Cl (2) 正戊烷

【思考题 2-3】

用系统命名法命名下列各化合物。

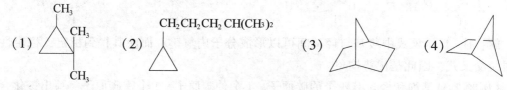

【思考题 2-4】

1. 写出反-1-甲基-2-乙基环己烷的稳定优势构象式。
2. 写出顺-1-甲基-4-叔丁基环己烷的稳定优势构象式。

【思考题 2-5】

完成下列反应，并注明反应条件。

(1) 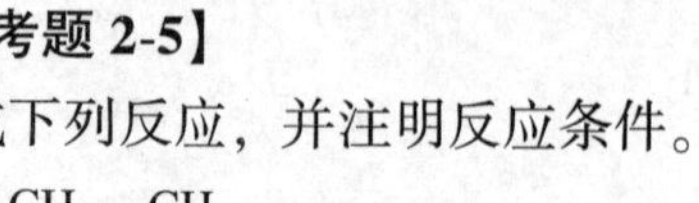
$$\underset{H_3C\ \ CH_3}{\overset{CH_3-CH_2}{\triangle}} + HBr \longrightarrow$$

(2)
$$\overset{CH_3}{\underset{CH_3}{\triangle}} + H_2SO_4 \longrightarrow (\quad) \overset{H_2O}{\longrightarrow}$$

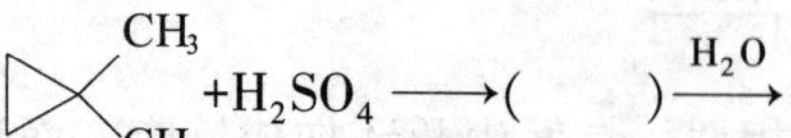

2.4 思考题答案

【思考题 2-1】
答：(1) 3,4-二甲基庚烷　(2) 2,3-二甲基-3-乙基戊烷　(3) 3-甲基己烷　(4) 2-甲基-5-乙基庚烷

【思考题 2-2】
答：

(1) 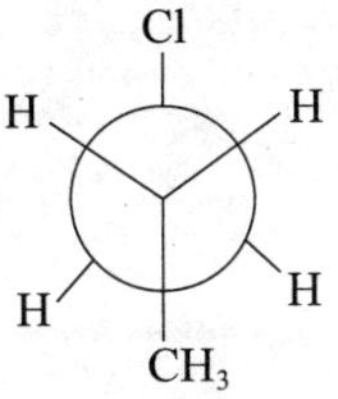 [Newman投影式：前面Cl和两个H，后面CH$_3$和两个H]

(2) 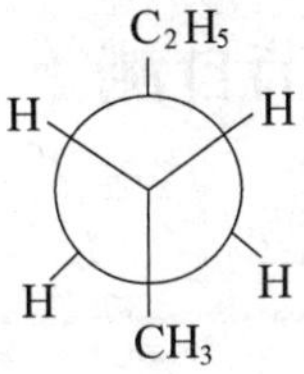 [Newman投影式：前面C$_2$H$_5$和两个H，后面CH$_3$和两个H]

【思考题 2-3】
答：(1) 1,1,2-三甲基环丙烷　(2) 4-甲基-1-环丙基戊烷　(3) 二环[2.2.1]庚烷　(4) 二环[2.1.1]己烷

【思考题 2-4】
答：

(1) 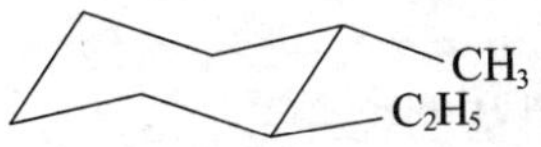 [环己烷，带CH$_3$和C$_2$H$_5$取代基]

(2) [环己烷，带CH$_3$和C(CH$_3$)$_3$取代基]

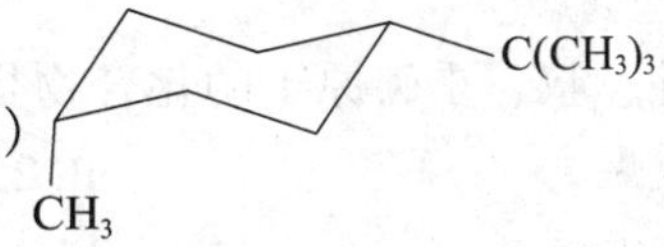

【思考题 2-5】
答：

(1) 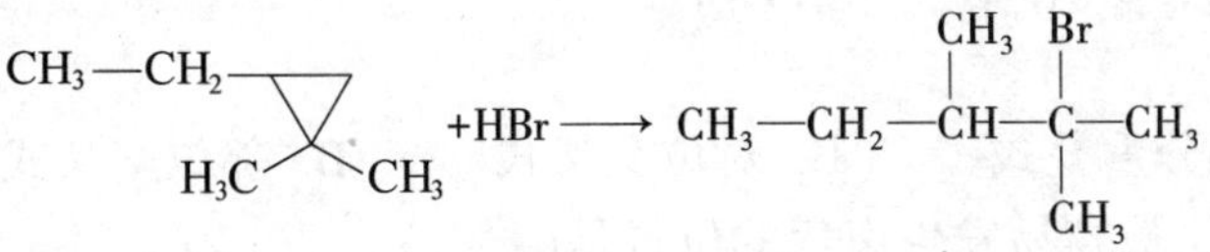 $CH_3-CH_2-\underset{\underset{CH_3}{|}}{\overset{\overset{CH_3}{|}}{C}}$ (环丙烷结构) $+HBr \longrightarrow CH_3-CH_2-\underset{\underset{CH_3}{|}}{\overset{\overset{CH_3}{|}}{C}}-CH_3$ (中间C上带Br)

(2) $\underset{\underset{CH_3}{|}}{\overset{\overset{CH_3}{|}}{C}}$ (环丙烷结构) $+H_2SO_4 \longrightarrow (CH_3-CH_2-\underset{\underset{CH_3}{|}}{\overset{\overset{OSO_3H}{|}}{C}}-CH_3) \xrightarrow{H_2O} CH_3-CH_2-\underset{\underset{CH_3}{|}}{\overset{\overset{OH}{|}}{C}}-CH_3$

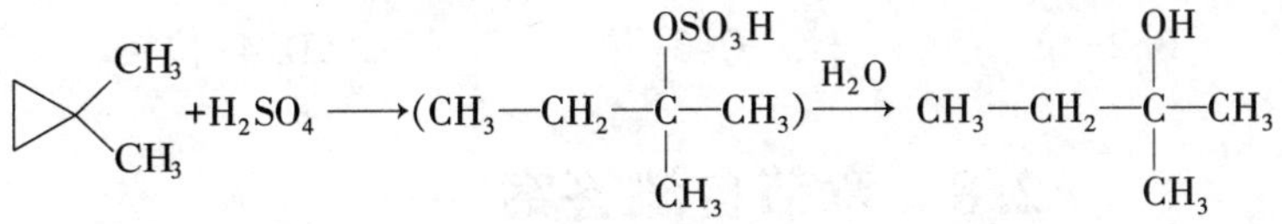

2.5 教材习题

1. 用化学方法鉴别下列化合物。
甲基环丙烷，环丁烷，环己烷

2. 某化合物 A 和 B，互为同分异构体，分子式为 C_4H_8，化合物 A 常温下能使溴水褪色，且化合物 A 和 B 都不能使高锰酸钾褪色。推测化合物 A 和 B 的结构式。

2.6 教材习题答案

1. $\begin{cases} 甲基环丙烷 \\ 环丁烷 \\ 环己烷 \end{cases} \xrightarrow{Br_2,\ CCl_4} \begin{array}{l} 室温褪色：甲基环丙烷 \\ 加热褪色：环丁烷 \\ 无现象：环己烷 \end{array}$

2.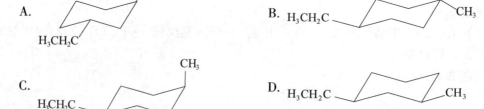

2.7 章节自测

1. 反-1-甲基-4-乙基环己烷的优势构象是( )。

2. 同时含有伯、仲、叔、季碳原子的化合物是( )。
   A. 2,2,4-三甲基戊烷   B. 2,3,4-三甲基戊烷
   C. 2,2,3,3-四甲基戊烷   D. 2,2,4,4-四甲基戊烷

3. 下列可用于鉴别环丙烷、环丁烷、丙烷的试剂是( )。
   A. $KMnO_4$，H^+ B. Br_2，CCl_4 C. HCl   D. H_2，Ni

4. 1-溴丙烷的优势构象是( )。
   A. 全重叠式   B. 部分重叠式   C. 对位交叉式   D. 邻位交叉式

5. 2-甲基丁烷卤代反应中，最容易发生卤代的位置是( )。
   A. 1-位   B. 2-位   C. 3-位   D. 4-位

2.8 章节自测答案

1. B   2. A   3. B   4. C   5. B

第 3 章 不饱和烃

3.1 主要知识点和学习要求

3.1.1 烯烃、炔烃的结构与命名

3.1.1.1 烯烃、炔烃的结构

分子中含有碳碳重键(碳碳双键或碳碳三键)的碳氢化合物,称为不饱和烃,其中含碳碳双键的称为烯烃,含碳碳三键的称为炔烃。烯烃分子中双键碳原子均为 sp^2 杂化,双键中含一个 σ 键和一个 π 键。炔烃分子中三键碳原子均为 sp 杂化,三键中含一个 σ 键和两个 π 键。

单烯烃的通式为 C_nH_{2n},碳碳双键是烯烃的官能团。炔烃和具有相同碳原子数的二烯烃是同分异构体,通式均为 C_nH_{2n-2},碳碳三键是炔烃的官能团。

3.1.1.2 烯烃、炔烃的命名

烯烃和炔烃除了存在碳链异构以外,还存在因官能团位置不同而产生的官能团位置异构。碳链异构和官能团位置异构都是由于分子中原子之间的连接方式不同而产生的,故均属于构造异构。

(1) 选主链规则　如果只有单一的双键或三键,则双键或三键分别作为主官能团,在命名单烯烃或单炔烃时,选择最长链必须包含主官能团,选择含双键或三键的最长碳链作为主链,看作母体,按主链碳原子的数目称为某烯或某炔。同时含有双键和三键时,则以三键为主官能团。

(2) 编号规则　在编号时应尽可能给官能团最小的序号,若双键和三键同时存在,且编号相同时,双键编号最小。

(3) 书写规则　将主链以外的取代基的位次、名称和数目分别写在母体名称前面。n-某烯-m-炔书写时注意主链碳原子总数写在烯的前面,如 1-丁烯-3-炔。

烯烃除了构造异构体外,某些烯烃由于双键不能自由内旋转,当每个双键碳上连接的两个原子或基团均不相同时,连接在双键两端碳原子上的 4 个原子或基团在空间上有两种不同的排列方式,即产生不同的构型,这种异构现象称为顺反异构,属于立体异构中的构型异构。

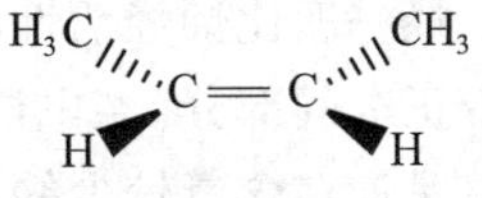

顺-2-丁烯 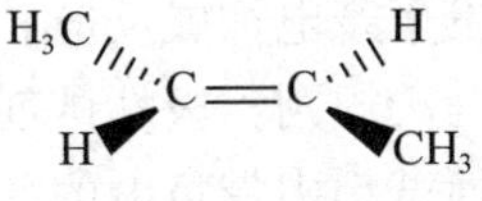　　　　反-2-丁烯

顺反异构体的命名可采用两种方法:顺反命名法和 Z、E 命名法,炔烃不存在顺反异构现象。顺反命名法是指相同原子或基团在双键同一侧的称为顺(cis-)式,在双键不同侧

的称为反($trans-$)式；Z、E 命名法是指按照"次序规则"两个优先的原子或基团在双键的同侧为 Z 型，在双键异侧为 E 型，在使用 Z、E 命名法时双键碳原子连接的原子和基团的优先次序判断是重点也是难点。

"次序规则"的要点是：

① 将与双键碳原子直接相连的原子按原子序数大小排列，原子序数大者为"优先"基团，同位素中则质量高者为"优先"基团。常见几种原子优先次序为 I>Br>Cl>S>F>O>N>C>D>H。例如，

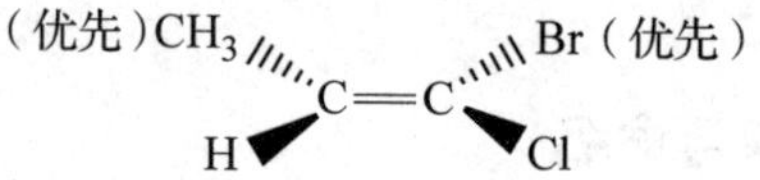

$$\text{(优先)}CH_3 \diagdown C=C \diagup Br \text{(优先)}$$
$$H \diagup \quad \diagdown Cl$$

(Z)-1-氯-1-溴丙烯

因为原子序数 C > H，Br > Cl，所以 CH_3 优先 H，Br 优先 Cl，两个优先基团在双键的同一侧，所以上述化合物为 Z 型。由于按照次序规则溴、氯这两个原子的优先次序是溴>氯，所以优先的溴在命名书写时写在后面，命名书写为(Z)-1-氯-1-溴丙烯。

② 如果与双键碳原子直接相连的原子其原子序数相同，则用外推法看与该原子相连的其他原子的原子序数。比较时，按原子序数由大到小排列，先比较原子序数最大的，如相同，再顺序比较原子序数居中的、原子序数最小的。如仍相同，再依次外推，直至比较出优先基团为止。

与双键碳原子相连的两个基团为—CH_3 和—CH_2CH_3 时，第一顺序的原子都是碳原子，但在—CH_3 中与第一顺序的碳相连的是 H、H、H 3 个第二顺序的原子，而在—CH_2CH_3 中与第一顺序的碳相连的是 C、H、H 3 个第二顺序的原子，由于第二顺序原子中的 C 原子优先于 H 原子，因此和—CH_3 相比—CH_2CH_3 为优先基团。

几种烃基的优先次序为：

$(CH_3)_3C-$ > $(CH_3)_2CH-$ > $CH_3CH_2CH_2-$ > CH_3CH_2- > CH_3-

③ 当基团含有重键时，可以把与双键或三键相连的原子看作是以单键与 2 个或 3 个相同原子相连。

3.1.1.3 学习要求

(1) 掌握双键原子的 sp^2 杂化，烯烃的同分异构现象，三键碳原子的 sp 杂化，共轭二烯烃的结构，共轭效应。

(2) 掌握烯烃的命名，构型的顺、反和 Z、E 标记法，次序规则，以及炔烃的命名。

3.1.2 烯烃、炔烃的化学性质

3.1.2.1 与极性试剂的亲电加成

由于 π 键电子云受原子核约束力小，流动性大，易给出电子，容易被亲电试剂进攻，因此，烯烃和炔烃均易发生亲电加成反应，而炔烃一般比烯烃活性小。

亲电加成方向服从马氏规则：极性试剂中带正电的部分(亲电试剂)，首先加在含氢较多的双键碳原子上，极性试剂中带负电的部分总是加在含氢较少的双键碳原子上。

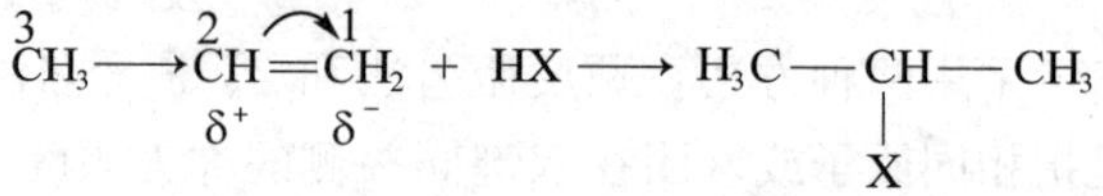

$$\overset{3}{CH_3}\longrightarrow \underset{\delta^+}{\overset{2}{CH}}=\underset{\delta^-}{\overset{1}{CH_2}} + HX \longrightarrow H_3C-\underset{\underset{X}{|}}{CH}-CH_3$$

马氏规则可以用电子诱导效应来解释，当乙烯中的一个氢原子被甲基取代以后，由于甲基的给电子效应，原来乙烯分子中对称分布的电子云发生极化，使双键电子云向右侧偏移，从而使远离甲基的双键1号碳原子周围电子云密度比2号碳原子的更高，1号碳原子带有部分的负电荷(δ^-)，2号碳原子带有部分的正电荷(δ^+)。这样就能解释加成反应时，带正电荷的亲电试剂(H^+)在进攻双键碳原子时是进攻1号碳原子，而不是进攻2号碳原子。而这个1号双键碳原子正好是含氢较多的双键碳原子，卤负离子加到带有部分的正电荷(δ^+)的2号双键碳原子，而这个2号双键碳原子正好是含氢较少的双键碳原子。

马氏规则本质上是电子诱导效应在起作用，当亲电试剂分子中不含氢原子时，马氏规则就可以用另一种表述方式：不对称烯烃与极性试剂加成时，试剂中带正电的部分(亲电试剂)，首先加在带部分负电荷(含氢较多)的双键碳原子上，然后试剂中带负电的部分加在带部分正电荷(含氢较少)的双键碳原子上。

烯烃和卤化氢分子发生加成反应的时候，首先卤化氢分子发生异裂生成氢正离子，氢正离子进攻双键碳中带部分负电荷的碳原子，形成碳氢单键，同时，与它相邻的另外一个双键碳原子失去一个电子以后形成碳正离子，可以形成两种过渡态：

$$H_3C-CH=CH_2 + HX \longrightarrow \begin{array}{l} \longrightarrow H_3C-CH_2-\overset{+}{C}H_2 \quad (3-1) \\ \longrightarrow H_3C-\overset{+}{C}H-CH_3 \quad (3-2) \end{array}$$

在这个反应过程中碳碳双键发生了下面的变化，碳碳π键打开，π键电子转移到碳氢之间，形成一个碳氢单键，而另外的一个双键碳原子就会失去一个电子，形成碳正离子，碳正离子是反应中间体，在式(3-1)中，只有一个乙基参与碳正离子正电荷的分散，而在式(3-2)中，则有两个甲基参与正电荷的分散，根据物理学上的规律，一个带电体系的稳定性取决于所带电荷的分散程度，电荷越分散，体系越稳定。因此，式(3-2)中的过渡态比式(3-1)中的过渡态的能量低，形成较低能级的过渡态，反应的活化能也随之降低，活化能越低，反应越快。因此，当不对称的烯烃与不对称的试剂进行亲电加成反应时，反应主要按下式进行：

$$H_3C-CH=CH_2 + HX \longrightarrow H_3C-\overset{+}{C}H-CH_3 \overset{X^-}{\longrightarrow} H_3C-\underset{X}{\overset{|}{C}H}-CH_3$$

反应的第二步，体系中的卤负离子和碳正离子发生碰撞结合，形成碳卤单键。在这个反应过程中，第二步反应是正、负离子发生碰撞，相对于第一步反应是快反应，所以，第一步反应决定了整个反应的快慢。其中，碳正离子是反应中间体，碳正离子的稳定性往往决定了反应的方向和反应的主要产物。碳正离子的稳定性有如下规律：叔碳正离子>仲碳正离子>伯碳正离子>甲基正离子。

$$CH_3-\underset{CH_3}{\overset{CH_3}{\overset{|}{\underset{|}{C}}}}{}^+ > CH_3-\overset{+}{C}H-CH_2CH_3 > CH_3-\overset{+}{C}H-CH_3 > CH_3CH_2-\overset{+}{C}H_2 > CH_3\overset{+}{C}H_2 > \overset{+}{C}H_3$$

在过氧化物存在下，烯烃与HBr发生自由基加成反应，得到反马氏规则加成产物。

3.1.2.2 氧化及α-H的反应

除亲电加成外，烯烃和炔烃还可进行催化加氢、聚合和氧化等反应。

(1) 氧化反应

①用酸性 $KMnO_4$ 氧化烯烃，氧化反应比在碱性条件下进行得更快，得到碳链断裂的氧化产物酮、羧酸、二氧化碳等。

$$R-CH=CH_2 \xrightarrow{KMnO_4, H^+} R-\overset{O}{\underset{}{C}}-OH + HO-\overset{O}{\underset{}{C}}-OH \longrightarrow CO_2 + H_2O$$
（羧酸）

$$\underset{R'}{\overset{R}{>}}C=CH-R'' \xrightarrow{KMnO_4, H^+} \underset{R'}{\overset{R}{>}}C=O + R''-COOH$$
（酮） （羧酸）

用酸性 $KMnO_4$ 氧化烯烃经常用来鉴别和推测氧化前烯烃的化学结构，同时也可以制备一定结构的有机酸和酮。根据烯烃氧化后的产物，可以推断双键的位置和烯烃的分子结构，用酸性 $KMnO_4$ 氧化烯烃的产物与烯烃结构的关系为：

烯烃结构	酸性 $KMnO_4$ 氧化产物
$CH_2=$	CO_2（二氧化碳）
$RCH=$	$RCOOH$（酸）
$R_2C=$	$R_2C=O$（酮）

炔烃可被 $KMnO_4$ 等氧化剂氧化，生成羧酸或二氧化碳。

②用含有 6%~8% 臭氧的氧气在低温下通入烯烃的非水溶液中，会生成不稳定的臭氧化物，这个反应称为臭氧化反应。臭氧化物可以直接在溶液中水解为醛和酮，但是水解时生成的过氧化物会把醛氧化成羧酸。

$$\underset{R'}{\overset{R}{>}}C=\underset{R''}{\overset{H}{<}} + O_3 \longrightarrow \underset{R'}{\overset{R}{>}}C\underset{O-O}{\overset{O}{<}}C\underset{R''}{\overset{H}{<}} \xrightarrow[H_2O_2]{H_2O} \underset{R'}{\overset{R}{>}}C=O + O=\underset{R''}{\overset{OH}{<}}C$$

所以水解时常加入还原剂（如锌粉），则可以防止醛被氧化为羧酸，保留醛的结构，通常臭氧化物的水解是在还原剂（如锌粉）存在下水解的。

$$\underset{R'}{\overset{R}{>}}C=\underset{R''}{\overset{H}{<}} + O_3 \longrightarrow \underset{R'}{\overset{R}{>}}C\underset{O-O}{\overset{O}{<}}C\underset{R''}{\overset{H}{<}} \xrightarrow[H_2O]{Zn} \underset{R'}{\overset{R}{>}}C=O + O=\underset{R''}{\overset{H}{<}}C$$

烯烃臭氧化物的还原水解产物与烯烃结构的关系为：

烯烃结构	臭氧化还原水解产物
$CH_2=$	$HCHO$（甲醛）
$RCH=$	$RCHO$（醛）
$R_2C=$	$R_2C=O$（酮）

所以，也可以用烯烃臭氧化物的还原水解产物来推断双键的位置和烯烃的分子结构。

(2) α-H 的反应 与双键直接相连的碳原子称为 α-碳原子，α-碳原子上所连接的

氢原子为 α-H。烯烃的 α-H 受到双键的影响，表现出与一般饱和碳原子上连接的氢原子不同的特殊活泼性，容易发生卤代反应。烯烃与卤素在室温下可发生双键的亲电加成反应，但在高温(500～600℃)时，则主要发生 α-H 被卤原子取代的反应。例如，丙烯与氯气在约 500℃ 时主要发生取代反应，生成 3-氯-1-丙烯，它主要用于制备甘油、环氧氯丙烷和树脂等。

$$CH_3-CH=CH_2 + Cl_2 \xrightarrow{500℃} ClCH_2-CH=CH_2$$

与烷烃的卤代反应相似，烯烃的 α-H 的卤代反应也是受光、高温、过氧化物(如过氧化苯甲酰)引发进行的自由基型取代反应。如果用 N-溴代丁二酰亚胺(N-bromo succinimide，NBS)为溴化剂，在光或过氧化物作用下，则 α-溴代可以在较低温度下进行。

3.1.2.3 炔烃

炔烃的化学性质和烯烃相似，也有加成、氧化和聚合等反应。这些反应都发生在三键上，所以三键是炔烃的官能团。但由于炔烃中的 π 键和烯烃中的 π 键在结构上有差异，造成两者在化学性质上有差别，即炔烃的亲电加成反应活泼性不如烯烃，且炔烃三键碳上的氢原子显示一定的酸性。

(1) 加成反应

① 催化加氢：在常用催化剂(如铂、钯)的催化下，炔烃和足够量的氢气反应生成烷烃，反应难以停止在烯烃阶段。如果只希望得到烯烃，可使用活性较低的催化剂。常用的是林德拉(Lindlar)催化剂(钯附着于碳酸钙上，加少量醋酸铅和喹啉使之部分毒化，从而降低催化剂的活性)，在其催化下，炔烃的氢化可以停留在烯烃阶段。

② 与卤素加成：炔烃也能和卤素(主要是氯和溴)发生亲电加成反应，反应是分步进行的，先加一分子卤素生成二卤代烯，然后继续加成得到四卤代烷烃。

炔烃的亲电加成不如烯烃活泼是由于不饱和碳原子的杂化状态不同造成的。三键中的碳原子为 sp 杂化，与 sp^2 杂化和 sp^3 杂化相比，它含有较多的 s 成分。s 成分多，则成键电子更靠近原子核，原子核对成键电子的约束力较大，所以三键的 π 电子比双键的 π 电子难以极化。换言之，sp 杂化的碳原子电负性较强，不容易给出电子与亲电试剂结合，因而三键的亲电加成反应比双键的加成反应慢。

③ 与水加成：在稀硫酸水溶液中，用汞盐作催化剂，炔烃可以和水发生加成反应。例如，乙炔在 10% 硫酸和 5% 硫酸汞水溶液中发生加成反应生成乙醛，这是工业上生产乙醛的方法之一。

$$CH\equiv CH + H_2O \xrightarrow[H_2SO_4]{HgSO_4} \left[\begin{array}{c} H \\ H \end{array} C=C \begin{array}{c} H \\ O-H \end{array}\right] \longrightarrow H-\underset{\underset{H}{|}}{\overset{\overset{O}{\|}}{C}}-C-H$$

乙烯醇　　乙醛

(2) 金属炔化物的生成　由于 sp 杂化碳原子的电负性较强，因此三键碳原子上的氢原子具有微弱酸性，可以被金属取代生成金属炔化物。例如，将乙炔通入银氨溶液或亚铜氨溶液中，则分别析出白色和红棕色的炔化物沉淀。

$$CH\equiv CH + 2[Ag(NH_3)_2]^+ \longrightarrow AgC\equiv CAg\downarrow + 2NH_4^+ + 2NH_3$$
乙炔银(白色)

不仅乙炔，凡是有 RC≡CH 结构的炔烃（端位炔烃）都可进行此反应，且上述反应非常灵敏，现象明显，可用来鉴别乙炔和端位炔烃。烷烃、烯烃和 R—C≡C—R 类型的炔烃均无此反应。

3.1.2.4 学习要求

（1）掌握烯烃的加成反应（加卤素、卤化烃、水、硫酸、次卤酸、催化氢化、自由基加成反应），氧化反应，α-H 的卤代反应，以及不同碳正离子结构和稳定性的关系；了解亲电加成反应机理。

（2）掌握炔烃的加成反应（加卤素、卤化氢、水、氰化氢），氧化反应，金属炔化物的生成。

3.1.3 共轭二烯烃的结构与性质

3.1.3.1 共轭二烯烃的结构

二烯烃分为累积二烯烃、隔离二烯烃和共轭二烯烃，通式为 C_nH_{2n-2}。多烯烃的双键两端连接的原子或基团不同时，也存在顺反异构现象。命名时要逐个标明其构型，例如，

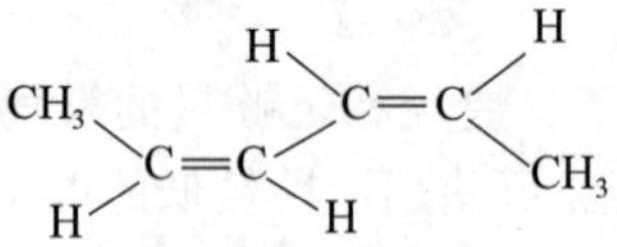

(2Z,4Z)-2,4-己二烯　　　　　　(2Z,4E)-2,4-己二烯

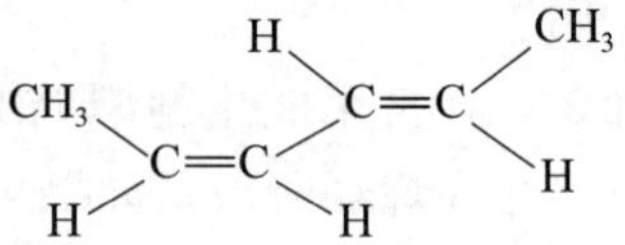

其中，共轭二烯烃中单双键交替排列，构成 π-π 共轭体系。由于共轭体系内原子间的相互影响，引起键长和电子云分布的平均化，体系能量降低，分子更稳定的现象称为共轭效应。

3.1.3.2 共轭二烯烃的性质

共轭二烯烃除具有烯烃的一般性质外，由于共轭效应的影响还表现出一些特殊的化学性质，如与亲电试剂发生 1,2 加成和 1,4 加成反应。

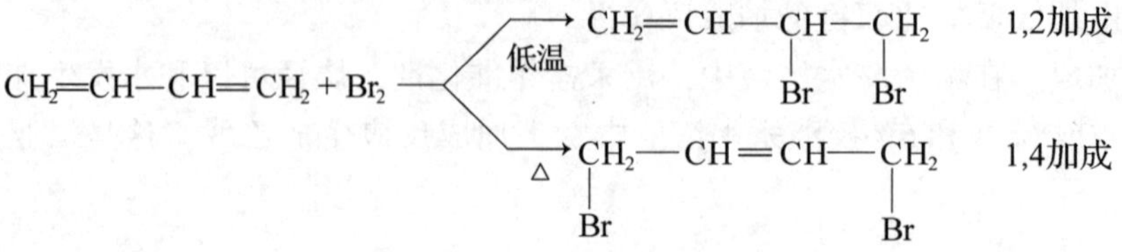

一般情况在低温条件下以 1,2 加成产物为主，在高温或极性条件下则以 1,4 加成为主要形式。双烯合成反应：共轭二烯烃与被吸电子基（—NO₂、—CN、—COOR、—COR、—CHO 等）活化了的重键可发生关环反应，称为双烯合成反应，也称狄耳斯-阿尔德(Diels-Alder)反应，例如，

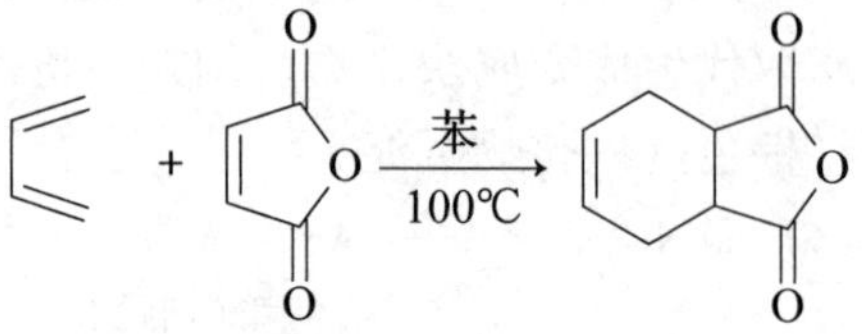

3.1.3.3 学习要求

掌握共轭二烯烃的 1,2 加成和 1,4 加成（加卤素、卤化氢），双烯合成反应（Diels-Alder 反应）。

3.1.4 电子效应

分子的性质依赖于它的化学结构，从电子理论观点来看，分子的化学结构是与它的电子云分布情况相适应的。分子中由于原子间的相互影响而产生电子云分布的变化，从而引起分子性质的变化，这种现象称为电子效应，主要包括诱导效应和共轭效应。

3.1.4.1 诱导效应

(1) 诱导效应的产生　由于原子或基团电负性的不同，引起分子中电子云按一定方向偏移或键的极性通过碳链依次诱导传递的效应称为诱导效应(inductive effect)，通常用符号 I 表示。

$$H-\overset{\overset{H}{|}}{\underset{\underset{H}{|}}{C_4}}-\overset{\overset{H}{|}}{\underset{\underset{H}{|}}{C_3}}\overset{\delta\delta\delta^+}{\longrightarrow}\overset{\overset{H}{|}}{\underset{\underset{H}{|}}{C_2}}\overset{\delta\delta^+}{\longrightarrow}\overset{\overset{H}{|}}{\underset{\underset{H}{|}}{C_1}}\overset{\delta^+}{\longrightarrow}\overset{\delta^-}{Cl}$$

在上面 1-氯丁烷结构中，由于 1 号碳原子和氯原子的电负性不同，氯原子的电负性大于碳原子的，C_1—Cl 键之间的共用电子对偏向于氯原子，导致这两个成键原子间 σ 键电子云密度分布发生变化，氯原子带有部分负电荷(用 δ^- 表示)，1 号碳原子带有部分正电荷(用 δ^+ 表示)。在静电引力作用下，这种变化会影响相邻 2 号碳原子和 3 号碳原子间 σ 键电子云密度分布，没有连接氯原子时 C_1—C_2 键的两个碳原子吸引电子的能力相同，现在受到氯原子的影响，1 号碳原子带有部分正电荷(用 δ^+ 表示)，C_1—C_2 键共用的电子对也向着 1 号碳原子方向偏移，2 号碳原子带有少量的正电荷(用 $\delta\delta^+$ 表示)，依此类推，同样 3 号碳原子带有更少量的正电荷(用 $\delta\delta\delta^+$ 表示)，这样使整个分子产生诱导效应。1-氯丁烷结构中箭头所指的方向就是电子偏移的方向，这个诱导效应产生的根本原因是氯原子的电负性大于碳原子的电负性引起的，这个电子偏移的方向都指向了氯原子。

上面所讲的是在静态分子中所表现出来的诱导效应，称为静态诱导效应，它是分子在静止状态的固有性质，没有外电场影响时也存在。在化学反应中，分子受外电场的影响或在反应时受极性试剂进攻的影响而引起的电子云分布的改变，称为动态诱导效应。

诱导效应主要取决于有关原子或基团的电负性，与氢原子相比，电负性越大，吸电子诱导效应(-I)越强；电负性越小，则供电子诱导效应(+I)越强。

-I 效应：—F > —OH > —NH_2 > —CH_3(同一周期)，—F > —Cl > —Br > —I(同一主族)。

中心原子带有正电荷的比不带正电荷的同类基团的吸电子诱导效应强，-I 效应：—N^+R_3 > —NR_2。

中心原子带有负电荷的比同类不带负电荷的基团供电诱导效应要强，+I 效应：—O^- > —OR。

一些常见吸电子基团的诱导效应强弱如下：

—NO_2 > —F > —Cl > —Br > —I > —OCH_3 > —OH > —H

一些常见给电子基团的诱导效应强弱如下：

$$(CH_3)_3C- > (CH_3)_2CH- > H_3C-CH_2- > H_3C- > H-$$

（2）诱导效应的特点

①诱导效应具有强弱性：—H>—CH$_3$>—CH$_2$CH$_3$>—CH(CH$_3$)$_2$>—C(CH$_3$)$_3$。

②诱导效应具有传递性：诱导效应是一种静电诱导作用，诱导效应在一个 σ 体系传递时，经过 3 个原子以后，影响就极弱了，超过 5 个原子后便没有了，但沿 π 键传递不减弱。诱导效应沿单键传递时，只涉及电子云密度分布的改变。

③诱导效应具有加和性：当几个基团或原子同时对某一键产生诱导效应时，方向相同，效应相加；方向相反，效应相减。

诱导效应是有机化合物中普遍存在的一种电子效应。

3.1.4.2 共轭效应

在单烯烃分子中，2 个 p 轨道形成 π 键时，2 个 p 电子只能围绕成键的 2 个原子运动，称为电子的定域。定域中的每一个电子只受到 2 个原子核的束缚，而在 1,3-丁二烯分子中，C_2—C_3 的 p 轨道重叠的结果使 4 个 p 电子的运动范围不再两两局限于 C_1—C_2、C_3—C_4 之间，而是扩展到 4 个碳原子核范围内运动，形成包括 4 个碳原子在内的共轭 π 键（或称大 π 键）。在分子结构中，含有 3 个或 3 个以上相邻且共平面的原子，这些原子中每一个原子的一个 p 轨道可与其相邻原子的一个相互平行的 p 轨道之间侧面重叠连在一起，p 轨道上的电子就会发生离域运动，这种现象称为电子的离域。凡能发生电子离域的结构体系称为共轭体系。由于电子的离域，引起键长和电子云分布的均匀化，体系能量降低，分子更稳定的现象称为共轭效应。共轭效应和诱导效应都是电子效应的基本形式，都会引起成键电子云发生偏移现象，共轭体系中原子或基团的相互作用而引起的电子云偏移的作用，常用 C 表示，+C 表示供电子共轭效应，-C 表示吸电子共轭效应。

共轭效应只存在于共轭体系中，沿共轭链传递，其强度不因共轭链的增长而减弱。这是由于离域 π 键的电子可以在整个共轭体系内流动，当共轭链中任一个原子的电子云密度受到内外因素的影响而发生变化时，整个共轭体系中的各个原子的电子云密度必然随之变化。

（1）π-π 共轭　由两个或两个以上 π 轨道彼此从侧面重叠而发生电子离域的共轭体系称为 π-π 共轭体系，如 1,3-丁二烯和 1,3,5-己三烯。π-π 共轭体系的结构特征包括：不饱和键、单键、不饱和键交替连接，组成该体系的不饱和键可以是双键，也可以是三键，组成该体系的原子也不仅限于碳原子，还可以是氧、氮等其他原子。

1,3-戊二烯分子中，由于甲基的推电子诱导效应（单箭头表示），使 π 键电子云向右侧偏移（弯箭头表示），共轭体系中所有共轭原子均受到影响，π 电子云更多围绕 C_1 和 C_3 原子周围，使 C_1 和 C_3 原子周围电子云密度增大而带有部分负电荷，使 C_2 和 C_4 原子周围电子云密度相应减少而带有部分正电荷。这种分子内部的甲基导致共轭体系内电子云偏移及排布的变化，称为静态共轭效应。如果 1,3-丁二烯分子受到来自外界的影响因素，导致共轭体系内电子云偏移就称为动态共轭效应。

共轭体系中 π 电子云转移时，各电子的电子云密度出现疏密交替（极性交替）的现象。

(2) p-π 共轭　由 π 轨道和相邻原子的 p 轨道侧面重叠而发生电子离域的共轭体系称为 p-π 共轭体系。p-π 共轭体系的结构特征：与 π 键碳原子直接相连的原子上有 p 轨道，这个 p 轨道与 π 键的 p 轨道平行，从侧面重叠构成 p-π 共轭体系。

① 氯乙烯：在氯乙烯分子中，氯原子与 2 个双键碳原子在同一平面上，氯原子中含孤电子对的 p 轨道与双键的 π 轨道侧面重叠，使 C—Cl 原子间单键也有部分双键的特征，形成 3 个原子 4 个电子的共轭体系，构成离域的电子数多于组成该共轭体系的原子数，因此属于多电子 p-π 共轭。由于氯原子 p 轨道中有 2 个电子，电子云密度大于 π 键轨道中的电子云密度，所以 p 轨道中的未共用的电子对总是向 π 轨道流动。氯原子上的弯箭头表示未共用的电子对的流动方向，双键上的弯箭头则表示 π 电子在氯原子未共用的电子对的流动影响下发生偏移的方向。氯原子给电子的共轭效应影响氯乙烯分子中电荷出现交替极性分布，亲电加成反应时符合马氏规则。

由于氯原子是 3p 轨道与双键碳原子的 2p 轨道重叠，相对于同电子层的 p 轨道之间重叠程度小，共轭效应较弱。此外，氯原子电负性较大，氯乙烯分子 p-π 共轭体系中 C_1—Cl 原子间 σ 键电子偏向氯原子，氯原子体现的是吸电子诱导效应。在氯乙烯分子中，氯原子同时存在两种电子效应，且方向相反。

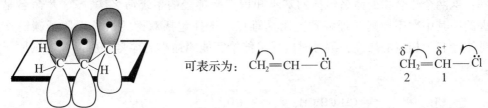

② 烯丙基碳正离子：烯丙基碳正离子中构成离域 π 键的电子数少于组成该共轭体系的原子数，因此叫作缺电子 p-π 共轭。烯丙基碳正离子 p-π 共轭体系中由于 C_3 原子 p 轨道中没有电子，π 键中 2 个电子在 3 个碳原子上离域运动，所以 π 轨道中的电子总是向带正电荷的碳原子空的 p 轨道流动，正电荷分布在整个离域体系上，这样就会使正电荷得以分散，故烯丙基正离子的稳定性比叔碳正离子还要大。碳正离子的稳定性有如下规律：烯丙基正离子＞叔碳正离子＞仲碳正离子＞伯碳正离子＞甲基正离子。

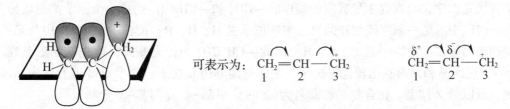

碳正离子的稳定性往往决定了反应的方向和反应的主要产物，在比较化合物反应活性时，由于烯丙基正离子稳定性比叔碳正离子还要大，在一些化学反应中这个影响因素是需

要重点考虑的。同时 π 键 2 个电子在 3 个碳原子上离域运动，正电荷在 C_1 和 C_3 原子分布较多，体系出现交替极性结构。

3.2 典型例题

【例题 3-1】 用系统命名法命名下列化合物。

(1) $CH_3-C\equiv C-\overset{\overset{\displaystyle CH_3}{|}}{C}=CH_2$　　(2) $CH\equiv C-CH=CH_2$

解：（1）对于既有双键又有三键的不饱和烃，命名时选择包括双键和三键在内的最长碳链为主链，编号时应使不饱和键的位次尽可能小，以炔为母体，命名时把取代基写在前面，并用阿拉伯数字分别标出不饱和键的位置。命名为 n-某烯-m-炔（注意主链碳原子总数写在烯的前面）。所以，按照不饱和键的位次尽可能小，第一个结构命名为 2-甲基-1-戊烯-3-炔。

（2）双键、三键处在相同的位次，则给双键最低编号，所以第二个结构命名为 1-丁烯-3-炔。

【例题 3-2】 用系统命名法命名下列化合物，有构型要标明。

(1) $\underset{CH_3CH_2}{\overset{CH_3}{\diagdown}}C=C\underset{CH(CH_3)_2}{\overset{CH_2CH_3}{\diagup}}$　　(2) $\underset{Br}{\overset{CH_3}{\diagdown}}C=C\underset{CH_2CH_2Cl}{\overset{CH_3}{\diagup}}$

解： 这两个化合物的命名包括的基本知识点是烯烃的系统命名法，Z、E 命名是重点要掌握的，其中次序规则的理解和应用是难点。选择包括双键的最长碳原子碳链作为主链，母体命名为相应的烯烃，编号时应尽可能给官能团最小的序号，所以双键碳原子编号如下：

(1) $\underset{\underset{1\quad\;2}{CH_3CH_2}}{\overset{CH_3}{\diagdown}}\overset{}{\underset{3}{C}}=\overset{}{\underset{4}{C}}\underset{\underset{}{CH(CH_3)_2}}{\overset{\overset{5\;\;6\;\;7}{CH_2CH_2CH_3}}{\diagup}}$　　(2) $\underset{\underset{4\;\;5}{Br}}{\overset{\overset{1}{CH_3}}{\diagdown}}\overset{}{\underset{2}{C}}=\overset{}{\underset{3}{C}}\underset{CH_2CH_2Cl}{\overset{CH_3}{\diagup}}$

（1）选择包括双键的最长 7 个碳原子碳链作为主链，母体命名为庚烯，编号时应尽可能给官能团最小的序号，所以双键碳原子编号为 3 号和 4 号碳原子。

双键碳上 4 个基团在空间的伸展方式已给出，有顺反异构现象的要标明其构型。因两个双键碳上没有相同基团，只能用 Z、E 标记法。按照次序规则 3 号碳原子上甲基和乙基先比较优先次序，与双键 3 号碳原子相连的—CH_3 和—CH_2CH_3 的第一个原子都是碳原子，但在—CH_3 中与第一顺序碳相连的第二顺序原子是 H、H、H，而在—CH_2CH_3 中与第一顺序碳相连的第二顺序原子是 C、H、H，因此—CH_2CH_3 为优先基团，优先基团乙基在下。4 号碳上正丙基和异丙基比较优先次序，优先基团异丙基在下，两个双键碳上优先基团在同侧，所以是 Z 构型。化合物名称命名为 (Z)-3-甲基-4-异丙基-3-庚烯。

（2）选择包括双键的最长 5 个碳原子碳链作为主链，母体命名为戊烯，编号时应尽可能给官能团最小的序号，所以双键碳原子编号为 2 号和 3 号碳原子。

双键碳上 4 个基团在空间的伸展方式已给出，有顺反异构现象的要标明其构型。因两个双键碳上有相同基团甲基,相同基团甲基在双键同一侧,可以命名为顺-3-甲基-5-氯-2-溴-2-戊烯。同时还可以用 Z、E 标记法命名,按照次序规则 2 号碳原子上优先基团溴原子在下,3 号碳上优先基团在下,所以是 Z 构型。化合物名称命名为 (Z)-3-甲基-5-氯-2-溴-2-戊烯。在书写这个名称时,由于按照次序规则溴、氯、甲基这 3 个取代基的优先次序是溴>氯>甲基,所以在书写命名时不优先的甲基先写,最优先的溴后书写。

【例题 3-3】 写出用酸性 $KMnO_4$ 氧化烯烃得到的产物。

(1) $CH_3—CH=CH_2 \xrightarrow{KMnO_4, H^+}$
(2) $\begin{matrix}CH_3\\CH_3CH_2\end{matrix}C=CHCH_2CH_3 \xrightarrow{KMnO_4, H^+}$

解:在酸性条件下氧化烯烃,氧化反应比在碱性条件下进行得更快,得到碳链断裂的氧化产物酮、羧酸、二氧化碳等。

(1) $CH_3—CH=CH_2 \xrightarrow{KMnO_4, H^+} CH_3—\overset{O}{\overset{\|}{C}}—OH + HO—\overset{O}{\overset{\|}{C}}—OH \longrightarrow CO_2 + H_2O$
              羧酸

(2) $\begin{matrix}CH_3\\CH_3CH_2\end{matrix}C=CHCH_2CH_3 \xrightarrow{KMnO_4, H^+} \begin{matrix}CH_3\\CH_3CH_2\end{matrix}C=O + CH_3CH_2—\overset{O}{\overset{\|}{C}}—OH$
                酮   羧酸

用酸性 $KMnO_4$ 氧化烯烃经常用来鉴别和推测氧化前烯烃的化学结构,同时也可以制备一定结构的有机酸和酮。

【例题 3-4】 写出用臭氧(用含有臭氧 6%~8% 的氧气作氧化剂)氧化烯烃得到的产物。

$$\begin{matrix}CH_3\\CH_3CH_2\end{matrix}C=C\begin{matrix}H\\CH_3\end{matrix} + O_3 \xrightarrow{H_2O}$$

解:

$$\begin{matrix}CH_3\\CH_3CH_2\end{matrix}C=C\begin{matrix}H\\CH_3\end{matrix} + O_3 \longrightarrow \begin{matrix}H_3C\\CH_3CH_2\end{matrix}\overset{O}{\underset{O—O}{C—C}}\begin{matrix}H\\CH_3\end{matrix} \xrightarrow{H_2O} \begin{matrix}H_3C\\CH_3CH_2\end{matrix}C=O + O=C\begin{matrix}OH\\CH_3\end{matrix}$$

臭氧化物可以直接在溶液中水解为醛和酮,但是水解时生成的过氧化物会把醛氧化成羧酸。为了防止生成的过氧化物继续氧化醛、酮,通常臭氧化物在还原剂(如锌粉)存在下水解。

$$\begin{matrix}CH_3\\CH_3CH_2\end{matrix}C=C\begin{matrix}H\\CH_3\end{matrix} + O_3 \xrightarrow[H_2O]{Zn} \begin{matrix}H_3C\\CH_3CH_2\end{matrix}C=O + O=C\begin{matrix}H\\CH_3\end{matrix}$$

烯烃臭氧化和臭氧化物的还原水解过程中,烯烃中的 $CH_2=$ 和 $RCH=$ 这部分结构是生成 HCHO 和 RCHO,而不是 HCOOH 和 RCOOH,这是容易混淆的,应引起重视。同时,也要和烯烃用酸性 $KMnO_4$ 氧化时 $CH_2=$ 这部分是生成 CO_2 的加以区别。

【例题 3-5*】 由丙烯合成 1,2-二氯-3-溴丙烷。

解:物质的合成或转化是由原料出发,经过合理的反应生成目标物的过程。该过程涉及官能团的形成或消除或转移、碳链的增长或缩短或异构化、官能团的保护与还原等，同时还必须有一个合理的合成或转化路线。要达到上述要求，除了需要熟练掌握各类化合物的化学反应之外，还必须经过一定的练习。

路线设计时，首先看原料与目标物在组成或结构上的关联性和差异，明确合成转化的任务，再依据所给定的条件，依据原料及可能涉及的中间产物的性质，找出最好的合成线路。

本例中原料物 $CH_3CH=CH_2$ 与目标产物 1,2-二氯-3-溴丙烷相比较，原料的双键消失，引入两个氯原子，很容易想到烯烃加氯气；饱和碳上引入溴原子则必然是 α-H 的溴代。合成路线设计为：

$$CH_3-CH=CH_2 \xrightarrow[\text{光照}]{Br_2} CH_2-CH=CH_2 \xrightarrow[CCl_4]{Cl_2} CH_2-CH-CH_2$$
$$\quad\quad\quad\quad\quad\quad\quad\quad\quad\quad\quad |\quad\quad\quad\quad\quad\quad\quad\quad\quad |\quad\quad |\quad\quad |$$
$$\quad\quad\quad\quad\quad\quad\quad\quad\quad\quad\quad Br\quad\quad\quad\quad\quad\quad\quad\quad Br\quad Cl\quad Cl$$

方法确定，路线还必须合理。本例题中如果先和氯气加成再溴代就是一个不好的路线。

【例题 3-6】 有 4 种化合物 A、B、C、D，分子式均为 C_5H_8，它们都能使溴的四氯化碳溶液褪色。A 能与硝酸银的氨溶液作用生成沉淀，B、C、D 则不能。当用热的酸性 $KMnO_4$ 溶液氧化时，A 得到 CO_2 和 $CH_3CH_2CH_2COOH$，B 得到乙酸和丙酸；C 得到戊二酸；D 得到丙二酸和 CO_2。指出 A、B、C、D 的结构式。

解： 化合物的结构包括碳链骨架结构和官能团类型，以及官能团在碳链骨架上的位置，其中碳链骨架结构和官能团这两个是最重要的信息。做推导结构题，首先要根据分子式计算化合物的不饱和度，可以根据不饱和度初步判断未知化合物中可能存在的官能团结构，再根据题中给出的化学性质，以及反应产物的结构推出未知化合物的碳链骨架结构。当未知化合物的碳链骨架结构和官能团这两个最重要的信息确定后，未知化合物的结构就基本确定下来了。对于只有 C、H、O 3 种元素的化合物，不饱和度根据与饱和烷通式为 C_nH_{2n+2} 中相差的氢原子的个数来计算，每少两个氢原子就多一个不饱和度，饱和烷烃的不饱和度为 0，环烷烃和烯烃的不饱和度为 1，环烯烃、二烯烃和炔烃的不饱和度为 2。

不饱和度计算公式为 $\Omega=(2N_4+2+N_3-N_1)/2$，其中 N_4、N_3、N_1 代表分子中四价、三价和一价的原子数，氢和卤素原子为一价原子，氮原子为三价原子，氧原子为二价原子，氧原子对不饱和度计算没有贡献，故不需要考虑二价的氧原子数，这种方法适用于含碳、氢、单价卤素、氮和氧的化合物。

4 种化合物 A、B、C、D 分子式为 C_5H_8，通过计算 $\Omega=(2\times5+2+0-8)/2=2$，不饱和度为 2，不饱和度为 2 的化合物可能有炔烃、二烯烃、环烯烃。

A 能与硝酸银的氨溶液作用生成沉淀，说明它为末端炔烃，即 $CH_3CH_2CH_2C\equiv CH$。根据 B 得到乙酸和丙酸这两个氧化产物结构，B 应为 $CH_3C\equiv CCH_2CH_3$。C 的氧化产物碳原子数目仍为 5，故应为 5 个碳原子的环烯烃，即环戊烯（⬠）。根据 D 的氧化产物丙二酸和 CO_2 结构，可推知 D 应含 $=CHCH_2CH=$ 和 $CH_2=$ 结构，故 D 的结构式为 $CH_2=CHCH_2CH=CH_2$。

【例题3-7】比较下列碳正离子的稳定性。

(1) $CH_3CH_2\overset{+}{C}H_2$ (2) $(CH_3)_3\overset{+}{C}$ (3) $CH_2=CH\overset{+}{C}(CH_3)_2$ (4) $(CH_3)_2\overset{+}{C}H$ (5) $\overset{+}{C}H_3$

解：碳正离子的稳定性顺序为(3)>(2)>(4)>(1)>(5)。碳正离子的电荷越分散，该碳正离子越稳定。烯丙基正离子中存在共轭效应，叔、仲、伯碳正离子中存在诱导效应，这些都会使正电荷得以分散，但是共轭效应大于诱导效应，碳正离子的稳定性有如下的规律：烯丙基正离子>叔碳正离子>仲碳正离子>伯碳正离子>甲基正离子。第三个化合物碳正离子为烯丙基正离子，同时又是叔碳正离子，所以第三个化合物烯丙基正离子比第二个化合物叔碳正离子稳定性还要大。

3.3 思考题

【思考题3-1】

1. 用系统命名法命名下列各化合物(构型注明)。

(1) 结构式 (2) 结构式

(3) 结构式 (4) 结构式

2. 写出下列化合物的结构式。

(1) (Z)-3-甲基-2-戊烯 (2) (E)-3-甲基-5-氯-2-戊烯

(3) 4-乙烯基-4-庚烯-2-炔 (4) 3-甲基-3-戊烯-1-炔

(5) 异戊二烯 (6) 1-甲基环戊烯

【思考题3-2】

下列碳正离子哪个较稳定？为什么？

(1) $\overset{+}{C}H_3$ $CH_3\overset{+}{C}HCH_3$ $CH_2=CH-\overset{+}{C}H_2$ $CH_3CH_2\overset{+}{C}H_2$ $CH_3CH_2-\overset{+}{\underset{CH_3}{C}}-CH_3$

(2) $CH_3CH_2-\overset{+}{C}H-CH=CH_2$ $\overset{+}{C}H_2-CH=CH-CH_3$ $(CH_3)_2\overset{+}{C}-CH=CH_2$ $(CH_3)_2\overset{+}{C}-CH_2-CH_3$

【思考题3-3】

完成下列反应。

(1) $CH_3CH_2-CH=CHCH_3 + HBr \longrightarrow$

(2) $CH_3-CH=\underset{CH_3}{C}-CH_3 + HCl \longrightarrow$

(3) $F_3C-CH=CH_2 + HCl \longrightarrow$

(4) 环己烯-CH$_3$ $\xrightarrow{KMnO_4, H^+}$

【思考题3-4*】

完成反应。

环己烯-CH$_3$ $\xrightarrow[HBr]{过氧化物}$

3.4 思考题答案

【思考题 3-1】

答：1.
(1) (E)-3-乙基-2-己烯
(2) (E)-4,4-二甲基-2-戊烯
(3) (Z)-3-甲基-4-异丙基-3-庚烯
(4) 3-甲基-己烷

2.

(1) $\begin{array}{c}CH_3 \\ H\end{array}C=C\begin{array}{c}CH_2CH_3 \\ CH_3\end{array}$

(2) $\begin{array}{c}H \\ CH_3\end{array}C=C\begin{array}{c}CH_2CH_2Cl \\ CH_3\end{array}$

(3) $CH_3CH_2-CH-C\equiv C-CH_3$
$\qquad\qquad\quad|$
$\qquad\qquad CH=CH_2$

(4) $CH_3-CH=C-C\equiv CH$
$\qquad\qquad\;\;|$
$\qquad\qquad CH_3$

(5) $CH_2=CH-C=CH_2$
$\qquad\qquad\;|$
$\qquad\qquad CH_3$

(6) 1-甲基环戊烯

【思考题 3-2】

答：(1) $CH_2=CH-\overset{+}{C}H_2$ 较稳定，烯丙基正离子中碳正原子 p 轨道中没有电子，π 键 2 个电子在 3 个碳原子上离域运动，所以 π 轨道中的电子总是向带正电荷的碳原子空的 p 轨道流动，正电荷分布在整个离域体系上，这样就会使正电荷得以分散，故烯丙基正离子稳定性比叔碳正离子还要大。

(2) $(CH_3)_2\overset{+}{C}-CH=CH_2$ 较稳定，它是烯丙基正离子，又属于叔碳正离子。

【思考题 3-3】

答：

(1) $CH_3CH_2-\underset{\underset{Br}{|}}{CH}-CH_2CH_3$

(2) $CH_3-CH_2-\underset{\underset{CH_3}{|}}{\overset{\overset{Cl}{|}}{C}}-CH_3$

(3) $F_3C-CH_2-CH_2Cl$

(4) $CH_3-\underset{O}{\overset{\|}{C}}-CH_2CH_2CH_2CH_2-\underset{O}{\overset{\|}{C}}-OH$

【思考题 3-4*】

答：由于过氧化物的存在而引起烯烃加成取向的改变，称为过氧化物效应。该反应的反应历程是自由基加成反应历程，不是亲电加成反应历程。

环己烯-CH₃ $\xrightarrow[\text{HBr}]{\text{过氧化物}}$ 环己烷-CH₃,Br

3.5 教材习题

1. 写出 2-甲基-2-丁烯与下列试剂的反应产物。
(1) H_2, Ni (2) Br_2 (3) HBr (4) HBr, H_2O_2 (5) H_2SO_4 (6) H_2O, H^+
(7) Br_2, H_2O (8) 冷、稀的 $KMnO_4$, OH^- (9) 热的酸性 $KMnO_4$ (10) O_3, 然后锌粉, H_2O

2. 完成下列反应，并注明反应条件。

(1) $CH_3-CH_2-CH_2-\underset{\underset{CH_3}{|}}{C}=CH_2 + H_2SO_4 \longrightarrow \xrightarrow{H_2O}$

(2) $CH_3-CH_2-\underset{\underset{CH_3}{|}}{C}=CH-CH_3 + HBr \longrightarrow$

(3) $(CH_3)_2C=CH-CH_3 + KMnO_4 \xrightarrow[H_2SO_4]{H_2O}$

(4) $CH_2=CH-CH=CH_2 + CH_2=CH-CH_2Cl \xrightarrow{光照}$

(5) $H_3C-\bigcirc + HCl \longrightarrow$

(6) $(CH_3)_2C=CH-CH_3 \xrightarrow{稀冷 KMnO_4, OH^-}$

(7) $CH_3-CH=CH-\underset{\underset{CH_3}{|}}{C}=CH_2 \xrightarrow[\text{②Zn, }H_2O]{\text{①}O_3}$

(8) $CH_3CH_2C\equiv CH + H_2O \xrightarrow[H_2SO_4]{HgSO_4}$

(9) $CH_3CH_2C\equiv CH + [Cu(NH_3)_2]^+ \longrightarrow$

(10) $\diagup\!\!\!\diagdown + \bigcirc \xrightarrow{\Delta}$

(11) $\bigcirc + CH_2=CH-CN \xrightarrow{\Delta}$

3. 用化学方法鉴别下列各组化合物。
(1) 2-甲基丁烷，3-甲基-1-丁烯，3-甲基-1-丁炔，环丁烷
(2) 乙烯基乙炔，1,3-丁二烯，环丙烷
(3) 环丙烷，甲基环己烷，3-甲基环己烯
(4) 乙炔，2-丁炔，环丁烷，环己烷

4. 根据给出的化学性质，推导化合物的结构，并用反应式写出推测理由。
(1) 某化合物 A，分子式为 C_6H_{10}，催化氢化时得到 2-甲基戊烷，与 $HgSO_4$ 的硫酸溶液反应时得到分子式为 $C_6H_{12}O$ 的化合物，A 不与银氨溶液反应。试推 A 的结构式。
(2) 化合物 A，分子式为 $C_{11}H_{20}$，催化氢化时能与 2mol 氢发生加成反应，经氧化反应后得到下面一系列的化合物。试推 A 的结构式。

$$\underset{\substack{\|\\O}}{CH_3-CH_2-C-CH_3} \qquad CH_3CH_2COOH \qquad HOOCCH_2CH_2COOH$$

（3）化合物 A 和 B 都含碳 88.82%，含氢 11.18%，两个化合物都能使溴的四氯化碳溶液褪色，A 与银氨溶液反应生成灰白色沉淀，而 B 则不能。A 经氧化后得二氧化碳和丙酸，B 得二氧化碳和草酸(HOOC—COOH)。试推 A 的结构式。

（4）化合物 A 和 B，经催化加氢后得到同一种烷烃，它们都只能与 1mol 溴发生加成反应，A 经高锰酸钾氧化得乙酸和 2-甲基丙酸，B 得丙酮和丙酸。试推 A 和 B 的结构式。

$$\underset{乙酸}{CH_3-\underset{\|O}{C}-OH} \qquad \underset{2-甲基丙酸}{CH_3-\underset{CH_3}{\underset{|}{CH}}-\underset{\|O}{C}-OH} \qquad \underset{丙酮}{\underset{H_3C}{\overset{H_3C}{>}}C=O} \qquad \underset{丙酸}{CH_3CH_2-\underset{\|O}{C}-OH}$$

（5）某烃分子式为 C_6H_{10}，与臭氧反应后再在锌粉存在下水解得到己二醛。试推某烃结构式。

$$(O=CH-CH_2-CH_2-CH_2-CH_2-CH=O)$$

3.6 教材习题答案

1.（1）$CH_3-CH_2-\underset{\underset{CH_3}{|}}{CH}-CH_3$
（2）$CH_3-\underset{\underset{Br}{|}}{CH}-\underset{\underset{Br}{|}}{\overset{\overset{CH_3}{|}}{C}}-CH_3$
（3）$CH_3-CH_2-\underset{\underset{CH_3}{|}}{\overset{\overset{Br}{|}}{C}}-CH_3$

（4）$CH_3-\underset{\underset{Br}{|}}{CH}-\underset{\underset{CH_3}{|}}{CH}-CH_3$
（5）$CH_3-CH_2-\underset{\underset{CH_3}{|}}{\overset{\overset{OSO_3H}{|}}{C}}-CH_3$
（6）$CH_3-CH_2-\underset{\underset{CH_3}{|}}{\overset{\overset{OH}{|}}{C}}-CH_3$

（7）$CH_3-\underset{\underset{Br}{|}}{CH}-\underset{\underset{OH}{|}}{\overset{\overset{CH_3}{|}}{C}}-CH_3$
（8）$CH_3-\underset{\underset{OH}{|}}{CH}-\underset{\underset{CH_3}{|}}{\overset{\overset{CH_3}{|}}{C}}-CH_3$
（9）$CH_3COOH,\ CH_3\underset{\|O}{C}CH_3$

（10）$CH_3\underset{\|O}{C}H,\ CH_3\underset{\|O}{C}CH_3$

2.（1）$CH_3CH_2-\underset{\underset{CH_3}{|}}{\overset{\overset{OSO_3H}{|}}{C}}-CH_3,\ CH_3-CH_2-\underset{\underset{CH_3}{|}}{\overset{\overset{OH}{|}}{C}}-CH_3$

（2）$CH_3CH_2-\underset{\underset{Br}{|}}{\overset{\overset{CH_3}{|}}{C}}-CH_2-CH_3$
（3）$CH_3COOH,\ CH_3\underset{\|O}{C}CH_3$
（4）环己烯-CH_2Cl

（5）1-甲基-1-氯环己烯
（6）$CH_3-\underset{\underset{OH}{|}}{CH}-\underset{\underset{OH}{|}}{\overset{\overset{CH_3}{|}}{C}}-CH_3$

(7) $CH_3CHO + CH_3\overset{O}{\underset{}{C}}CHO + HCHO$ (8) $CH_3CH_2\overset{O}{\underset{}{C}}CH_3$

(9) $CH_3CH_2C\equiv CCu\downarrow$ (10) 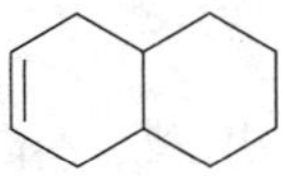 [结构式] (11) 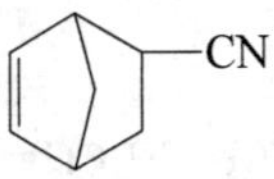 [结构式带CN]

3.

(1) $\begin{cases}\text{2-甲基丁烷}\\ \text{3-甲基-1-丁烯}\\ \text{3-甲基-1-丁炔}\\ \text{环丁烷}\end{cases} \xrightarrow{KMnO_4, H^+} \begin{cases}\text{褪色}\begin{cases}\text{3-甲基-1-丁烯}\\ \text{3-甲基-1-丁炔}\end{cases}\xrightarrow{[Ag(NH_3)_2]^+} \begin{matrix}\text{无明显现象：3-甲基-1-丁烯}\\ \text{沉淀现象：3-甲基-1-丁炔}\end{matrix}\\ \text{无明显现象}\begin{cases}\text{2-甲基丁烷}\\ \text{环丁烷}\end{cases}\xrightarrow[\triangle]{Br_2/CCl_4}\begin{matrix}\text{无明显现象：2-甲基丁烷}\\ \text{褪色：环丁烷}\end{matrix}\end{cases}$

(2) $\begin{cases}\text{乙烯基乙炔}\\ \text{1,3-丁二烯}\\ \text{环丙烷}\end{cases} \xrightarrow{KMnO_4, H^+} \begin{cases}\text{褪色}\begin{cases}\text{乙烯基乙炔}\\ \text{1,3-丁二烯}\end{cases}\xrightarrow{[Ag(NH_3)_2]^+}\begin{matrix}\text{沉淀现象：乙烯基乙炔}\\ \text{无明显现象：1,3-丁二烯}\end{matrix}\\ \text{无明显现象：环丙烷}\end{cases}$

(3) $\begin{cases}\text{环丙烷}\\ \text{甲基环己烷}\\ \text{3-甲基环己烯}\end{cases} \xrightarrow{KMnO_4, H^+} \begin{cases}\text{无明显现象}\begin{cases}\text{环丙烷}\\ \text{甲基环己烷}\end{cases}\xrightarrow{Br_2, CCl_4}\begin{matrix}\text{褪色：环丙烷}\\ \text{无明显现象：甲基环己烷}\end{matrix}\\ \text{褪色：3-甲基环己烯}\end{cases}$

(4) $\begin{cases}\text{乙炔}\\ \text{2-丁炔}\\ \text{环丁烷}\\ \text{环己烷}\end{cases}\xrightarrow{KMnO_4, H^+}\begin{cases}\text{褪色}\begin{cases}\text{乙炔}\\ \text{2-丁炔}\end{cases}\xrightarrow{[Ag(NH_3)_2]^+}\begin{matrix}\text{白色沉淀现象：乙炔}\\ \text{无明显现象：2-丁炔}\end{matrix}\\ \text{无明显现象}\begin{cases}\text{环丁烷}\\ \text{环己烷}\end{cases}\xrightarrow[\triangle]{Br_2, CCl_4}\begin{matrix}\text{褪色：环丁烷}\\ \text{无明显现象：环己烷}\end{matrix}\end{cases}$

4. (1) A 的结构式为 $CH_3-C\equiv C-\underset{\underset{CH_3}{|}}{C}HCH_3$，反应式如下：

$CH_3-C\equiv C-\underset{\underset{CH_3}{|}}{C}HCH_3 \xrightarrow{H_2, Ni} CH_3-CH_2CH_2\underset{\underset{CH_3}{|}}{C}HCH_3$

$CH_3-C\equiv C-\underset{\underset{CH_3}{|}}{C}HCH_3 + H_2O \xrightarrow[H_2SO_4]{HgSO_4} CH_3-CH_2\overset{O}{\underset{}{C}}\underset{\underset{CH_3}{|}}{C}HCH_3$

$CH_3-C\equiv C-\underset{\underset{CH_3}{|}}{C}HCH_3 \xrightarrow{[Ag(NH_3)_2]^+} \text{不反应}$

(2)化合物 A 的结构式为 $\mathrm{CH_3CH_2CH{=}CHCH_2CH_2CH{=}C(CH_3)CH_2CH_3}$，反应式如下：

$$\mathrm{CH_3CH_2CH{=}CHCH_2CH_2CH{=}C(CH_3)CH_2CH_3 \xrightarrow{H_2,\ Ni} CH_3(CH_2)_6CH(CH_3)CH_2CH_3}$$

$$\mathrm{CH_3CH_2CH{=}CHCH_2CH_2CH{=}C(CH_3)CH_2CH_3 \xrightarrow{KMnO_4,\ H^+} CH_3CH_2C(=O)CH_3 + CH_3CH_2COOH + HOOCCH_2CH_2COOH}$$

(3)化合物 A 的结构式为 $\mathrm{CH_3CH_2C{\equiv}CH}$，反应式如下：

$$\mathrm{CH_3CH_2C{\equiv}CH \xrightarrow{Br_2,CCl_4} CH_3CH_2CBr_2CHBr_2}$$

$$\mathrm{CH_3CH_2C{\equiv}CH \xrightarrow{[Ag(NH_3)_2]^+} CH_3CH_2C{\equiv}CAg\downarrow}$$

$$\mathrm{CH_3CH_2C{=}CH \xrightarrow{KMnO_4,\ H^+} CH_3CH_2COOH + CO_2 + H_2O}$$

(4) A 的结构式为 $\mathrm{CH_3{-}CH{=}CH{-}CH(CH_3){-}CH_3}$，B 的结构式为 $\mathrm{CH_3{-}CH_2{-}CH{=}C(CH_3){-}CH_3}$，反应式如下：

$$\mathrm{CH_3{-}CH{=}CH{-}CH(CH_3){-}CH_3 \xrightarrow{H_2,\ Ni} CH_3{-}CH_2{-}CH_2{-}CH(CH_3){-}CH_3}$$

$$\mathrm{CH_3{-}CH_2{-}CH{=}C(CH_3){-}CH_3 \xrightarrow{H_2,\ Ni} CH_3{-}CH_2{-}CH_2{-}CH(CH_3){-}CH_3}$$

$$\mathrm{CH_3{-}CH{=}CH{-}CH(CH_3){-}CH_3 \xrightarrow{Br_2,\ CCl_4} CH_3{-}CHBr{-}CHBr{-}CH(CH_3){-}CH_3}$$

$$\mathrm{CH_3{-}CH_2{-}CH{=}C(CH_3){-}CH_3 \xrightarrow{Br_2,\ CCl_4} CH_3{-}CH_2{-}CHBr{-}CBr(CH_3){-}CH_3}$$

$$\mathrm{CH_3{-}CH{=}CH{-}CH(CH_3){-}CH_3 \xrightarrow{KMnO_4,\ H^+} CH_3COOH + (CH_3)_2CHCOOH}$$

$$\mathrm{CH_3{-}CH_2{-}CH{=}C(CH_3){-}CH_3 \xrightarrow{KMnO_4,\ H^+} CH_3CH_2COOH + CH_3{-}C(=O){-}CH_3}$$

(5)该烃的结构式为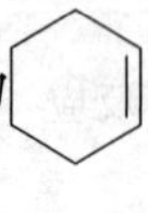，反应式如下：

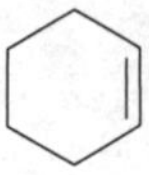 $\mathrm{\xrightarrow[Zn,\ H_2O]{O_3} OHC(CH_2)_4CHO}$

3.7 章节自测

1. 按照次序规则下列基团哪个是最优先基团（　　）？
   A. —CH_2CH_3　　　B. —$C(CH_3)_3$　　　C. —CH_2Cl　　　D. —$CH(CH_3)_2$

2. 下列化合物哪个是顺-2-丁烯（　　）？

   A. 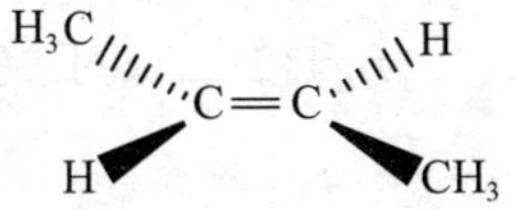 H_3C、H 连于 C=C 两端（H 与 CH_3 顺式）
   B. H、C_2H_5 与 H_3C、H
   C. H_3C、C_2H_5 与 H、H
   D. 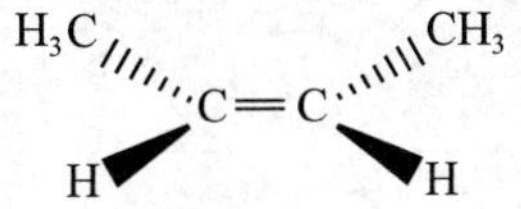 H_3C、CH_3 与 H、H

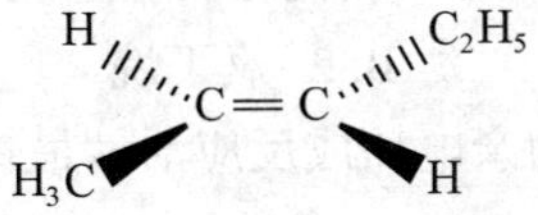

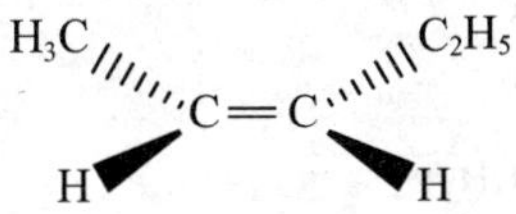

3. 下列化合物哪个是(Z)-1-氯-1-溴-1-丙烯（　　）？

   A. 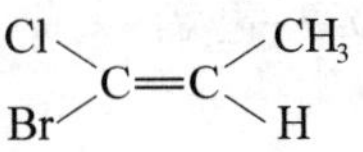 Cl、Br 与 CH_3、H
   B. 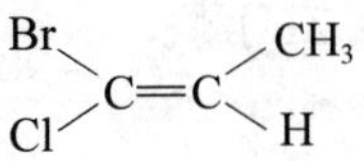 Br、Cl 与 CH_3、H
   C. 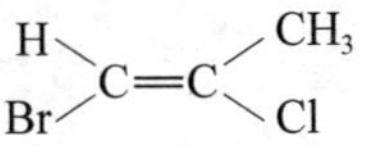 H、Br 与 CH_3、Cl
   D. 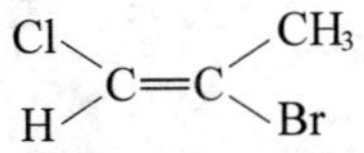 Cl、H 与 CH_3、Br

4. 系统命名法命名化合物（H、C_2H_5 与 H_3C、CH_3 的 C=C 结构），名称正确的是（　　）。

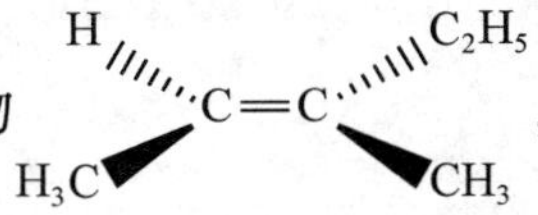

   A. (E)-3-甲基-2-戊烯　　　B. (Z)-3-甲基-2-戊烯
   C. (Z)-3-甲基-2-己烯　　　D. (E)-3-甲基-2-己烯

5. 可以鉴别 1-丁炔和 2-丁炔的是（　　）。
   A. 溴水　　　B. 银氨溶液　　　C. 氯化氢　　　D. 溴化氢

6. 下列化合物用酸性 $KMnO_4$ 氧化不能生成乙酸的化合物是（　　）。
   A. $CH_2=CH_2$
   B. $CH_3CH=CHCH_3$
   C. $CH_3CH=CH_2$
   D. $CH_3-\underset{\underset{CH_3}{|}}{C}=CHCH_3$

7. 化合物 A 能与硝酸银的氨溶液作用生成沉淀，当用热的酸性 $KMnO_4$ 溶液氧化时，A 得到 CO_2 和 $CH_3CH_2CH_2COOH$，推断 A 的化学结构为（　　）。
   A. 2-戊炔　　　B. 2-戊烯　　　C. 1-戊炔　　　D. 1-戊烯

8. 下列化合物中，不能使酸性 $KMnO_4$ 褪色但是能使溴的四氯化碳溶液褪色的是（　　）。

   A. 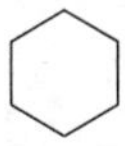 环己烷　　　B. 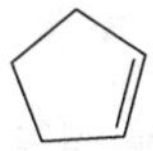 环戊二烯　　　C. 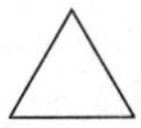 环丙烷　　　D. 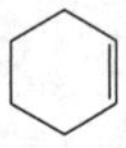 环己烯

9. 下列化合物不是 π-π 共轭体系的是（　　）。

   A.  苯　　　B. $CH_2=CH-CH=CH_2$

C. 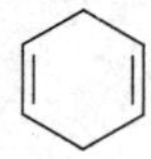 ⬡ D.  ⬡

10. 下列碳正离子最稳定的是(　　)。

A. $CH_3CH_2\overset{+}{C}H_2$ B. $CH_2=CH\overset{+}{C}HCH_3$

C. $(CH_3)_2\overset{+}{C}H$ D. $(CH_3)_3\overset{+}{C}$

11. 化合物 1-丁烯和氯化氢反应生成的主要产物是(　　)。

A. 1-氯丁烷　　B. 2-氯丁烷　　C. 3-氯丁烷　　D. 1,2-二氯丁烷

12. 下列化合物亲电加成反应活性最快的是(　　)。

A. $CH_2=CH_2$ B. $CH_3CH=CHCH_3$

C. $CH_3CH=CH_2$ D. $CH_3-\underset{\underset{CH_3}{|}}{C}=CHCH_3$

13. 下列化合物用酸性 $KMnO_4$ 氧化生成丙酸的化合物是(　　)。

A. 2-丁烯　　B. 2-丁炔　　C. 2-己烯　　D. 3-己烯

3.8　章节自测答案

1. C　2. D　3. B　4. A　5. B　6. A　7. C　8. C　9. C　10. B　11. B　12. D　13. D

第 4 章　芳香烃

4.1　主要知识点和学习要求

4.1.1　苯的结构与苯及其同系物的命名

4.1.1.1　苯的结构

近代物理学研究表明，苯的分子式为 C_6H_6，为平面正六边形结构，6 个碳原子和 6 个氢原子在同一平面，C—C 键夹角均为 120°，C—C 键长均为 0.139nm，不存在单双键的差别。

苯分子的 6 个碳原子均为 sp^2 杂化，每个碳原子都以 2 个 sp^2 杂化轨道与相邻的碳原子形成两条 σ 键，并以一个 sp^2 杂化轨道与一个氢原子形成 σ 键，6 个碳原子上未参与杂化的 p 轨道都垂直于苯环所在的平面而相互平行，p 轨道彼此侧面重叠形成一个闭合的环状大 π 键，这使 π 键 p 轨道上的 6 个电子高度离域，苯环形成了一个 π 电子云完全平均化的闭合共轭体系，键长、键角完全相等，分子能量显著降低。苯的结构如下所示。

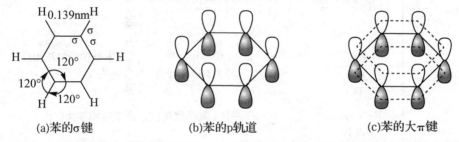

(a)苯的σ键　　　　　(b)苯的p轨道　　　　　(c)苯的大π键

苯的这种结构使其具有特殊的稳定性，而加成和氧化反应会破坏苯环稳定封闭的共轭体系，因此不易发生加成和氧化反应；但由于离域的 π 电子流动性大，易向亲电试剂提供电子，且取代不会破坏苯环稳定共轭体系，故易发生亲电取代。

4.1.1.2　苯及其同系物的命名

(1) 烷基结构比较简单的烷基苯，通常以苯作为母体，烷基为取代基，称为某烷基苯。

(2) 当取代基为烯、炔、较复杂基或含有多个苯环时，以苯环为取代基来命名。

(3) 两个或多个取代基的取代苯，取代基的位置可用编号表示，二取代苯也可用邻(o)、间(m)或对(p)来表示。

(4) 当苯环上有多种官能团时，根据官能团优先次序选择母体来命名。例如，苯环上同时有羧基和硝基，以羧酸作为母体来命名。

4.1.1.3　学习要求

(1) 掌握苯环的结构特征和其芳香性的关系。

(2) 掌握常见取代苯的命名方法。

4.1.2 苯及其同系物的化学性质

4.1.2.1 苯环的亲电取代反应

在苯环的亲电取代反应中，缺电子的试剂正离子或强极性分子向苯环进攻，同时苯环上的氢原子以质子形式离去。苯环的亲电取代反应需要有催化剂的存在下才能顺利进行，催化剂的作用是使试剂转化为带正电荷的离子或缺电子的极性分子。反应机理大体是相似的，如下所示：

$$\text{C}_6\text{H}_6 + E^+ \rightleftharpoons [\text{C}_6\text{H}_6 \cdot E^+] \xrightarrow[\text{加成}]{\text{慢}} [\text{C}_6\text{H}_6\text{(H)(E)}]^+ \xrightarrow[-H^+,\text{消除}]{\text{快}} \text{C}_6\text{H}_5E$$

π络合物　　碳正离子 σ-络合物

芳环上典型的亲电取代反应主要有卤化、硝化、磺化、烷基化和酰基化(Friedel-Crafts反应，简称傅-克反应)，归纳如下：

- $\xrightarrow[\triangle]{X_2, FeCl_3}$ C$_6$H$_5$—X（X: Cl, Br）
- $\xrightarrow[\text{浓}H_2SO_4, \triangle]{\text{浓}HNO_3}$ C$_6$H$_5$—NO$_2$（硝化反应）
- $\xrightleftharpoons[\triangle]{\text{浓}H_2SO_4}$ C$_6$H$_5$—SO$_3$H（磺化反应）
- $\xrightarrow{RX, AlCl_3}$ C$_6$H$_5$—R（烷基化反应，可能有重排和多烷基化反应；环上有吸电子基时，傅-克反应难发生）
- $\xrightarrow{R-CO-X, AlCl_3}$ C$_6$H$_5$—CO—R（酰基化反应，不重排和多元取代）

4.1.2.2 苯环侧链上的反应

苯环很稳定，不易发生氧化和加成反应，但侧链可发生氧化反应和 α-H 卤代反应。

$$\text{C}_6\text{H}_5\text{—CH(H}\alpha\text{)—CH}_3 \xrightarrow{Cl_2/h\nu \text{ 或 } \triangle} \text{C}_6\text{H}_5\text{—CCl—CH}_3 \quad (4-1)$$

$$\xrightarrow[\triangle]{KMnO_4, H^+} \text{C}_6\text{H}_5\text{—COOH} \quad (4-2)$$

反应(4-1)中 α-H 卤代为自由基机理。反应(4-2)中苯环侧链氧化是 α-H 被氧化，无论侧链长短均氧化为一个碳的羧基，若无 α-H，则不发生该反应。

4.1.2.3 芳环上的加成反应和氧化反应

特殊情况下芳环也可以发生氧化和加成反应，如苯在 V_2O_5 催化下可高温氧化为顺丁烯二酸酐；高温、高压下催化加氢，苯环的 3 个双键可同时发生加成得到环己烷。

4.1.2.4 学习要求

掌握苯环的亲电取代反应(卤化、硝化、磺化、烷基化和酰基化)、氧化反应和 α-H 的卤代反应，了解苯环亲电取代反应机理。

4.1.3 苯环亲电取代反应的定位效应

4.1.3.1 定位效应

当苯环上已有一个基团，若发生进一步的取代反应，后进入基团进入取代基的位置受原有基团的影响，这种效应称为定位效应。根据一取代苯进行亲电取代反应时与苯相比的活性和第二个取代基进入苯环的位置的规律，可将取代基分为两类：

(1) 邻对位定位基　它们使第二个取代基主要进入其邻和对位者(邻和对位取代物之和>60%)，称为邻对位定位基，又称第一类定位基。如—O^-、—$N(CH_3)_2$、—NH_2、—OH、—OCH_3、—$NHCOCH_3$、—$OCOCH_3$、—CH_3、—CH_2Cl、—Cl、—I、—Ph 等。在邻对位定位基中，除卤素、氯甲基少数基团外，一般使苯环活化，定位基定位能力由强到弱大致顺序如上。邻对位定位基的结构特征：直接与苯环相连的原子一般不含重键，带有负电荷或多数都有未共用电子对。

(2) 间位定位基　它们使第二个取代基主要进入其间位者(间位取代物之和>40%)，称为间位定位基，又称第二类定位基。如—$\overset{+}{N}(CH_3)_3$、—NO_2、—CN、—SO_3H、—CHO、—$COCH_3$、—COOH、—COOCH_3、—$CONH_2$、—$\overset{+}{N}H_3$ 等。间位定位基都使苯环钝化，这类定位基定位能力由强到弱大致顺序如上。间位定位基的结构特征：定位基中与苯环直接相连的原子一般都有重键，或带有正电荷。

4.1.3.2 多取代苯的定位效应

(1) 无论取代基的种类是否相同，当它们的定位效应一致时，新进入取代基进入它们共同确定的位置。

(2) 取代基的种类相同，但定位效应不同，新进入的取代基主要进入定位能力强的定位基所确定的位置。

(3) 取代基的种类不同，定位效应不同，新进入的取代基主要进入邻对位定位基所确定的位置。

4.1.3.3 定位效应的应用

(1) 预测芳香环取代反应的主要产物。
(2) 合成取代芳环的化合物时，选择适当的合成路线。

4.1.3.4 学习要求

掌握苯环的定位效应，可以应用定位效应预测亲电取代的主产物和合理设计取代苯的合成路线。

4.1.4 稠环芳烃

4.1.4.1 萘的结构和性质

萘可认为是两个苯环稠合而成的，分子式为 $C_{10}H_8$。两个苯环处于同一平面上。萘分子中每个碳原子均以 sp^2 杂化轨道与相邻的碳原子形成碳碳 σ 键，每个碳原子中未参与杂化的 p 轨道互相平行侧面重叠形成一个闭合的共轭大 π 键,但不像苯那样完全均匀化。因此,萘与苯有相似的性质,但比苯活泼一些。

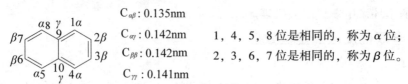

$C_{\alpha\beta}$: 0.135nm
$C_{\alpha\gamma}$: 0.142nm
$C_{\beta\beta}$: 0.142nm
$C_{\gamma\gamma}$: 0.141nm

1,4,5,8 位是相同的,称为 α 位;
2,3,6,7 位是相同的,称为 β 位。

(1) 亲电取代反应　萘的亲电取代反应活性大于苯的。
①卤代和硝化:取代基主要进入 α 位。
②磺化反应:与温度有关,低温条件下 α 位,高温下 β 位,且 α 取代物加热可以向 β 取代物转化。
(2) 氧化和还原　萘容易和强氧化剂(如 $KMnO_4$、$K_2Cr_2O_7$ 等)发生反应,也可在空气中催化氧化。萘比苯更容易被还原,钠与乙醇产生的氢气可使萘中的一个环氢化生成四氢萘。如继续反应则比较困难,需在催化剂下才能反应。

4.1.4.2　蒽和菲的结构和性质

蒽和菲都由 3 个苯环稠合而成,分子式均是 $C_{14}H_{10}$,其结构式和环系编号为

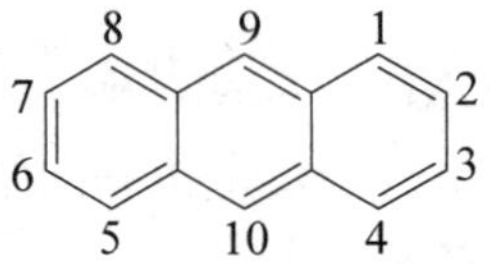

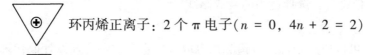

蒽 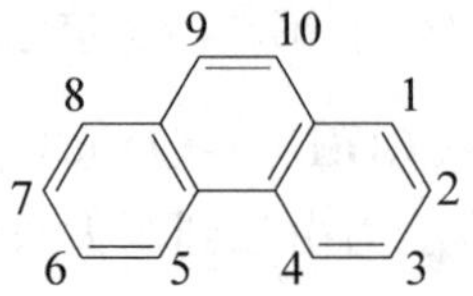　　　　　　　　　菲

蒽和菲也具有芳香性,它们比苯活泼,易发生加成反应,也容易发生氧化反应,试剂主要进攻 9,10 位。

4.1.5　非苯芳烃

休克尔(Hückel)规则:在平面单环体系中,π 电子数目为 $4n+2$ 时,具有芳香性。其中,$n = 0, 1, 2, \cdots$。

根据休克尔规则,可以方便地判断环系是否具有芳香性,尤其是对于一些非苯芳烃芳香性的判定。如[18]-轮烯、环丙基正离子及其衍生物、环庚三烯正离子、环戊二烯负离子、环辛四烯二价负离子等。例如,

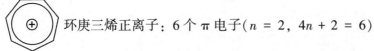

环丙烯正离子:2 个 π 电子($n = 0$, $4n+2 = 2$)

环庚三烯正离子:6 个 π 电子($n = 2$, $4n+2 = 6$)

还有一些非碳环体系的芳环,也可以利用休克尔规则判断其芳香性,将在后面章节讨论。

4.2 典型例题

【例题 4-1】 用系统命名法命名下列化合物。

(1) 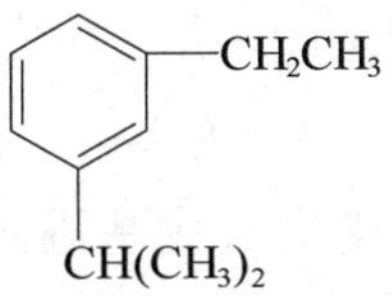 1-乙基-3-异丙基苯 (2) 4-苯基-1-丁炔 (3) 3-硝基-5-溴苯甲酸

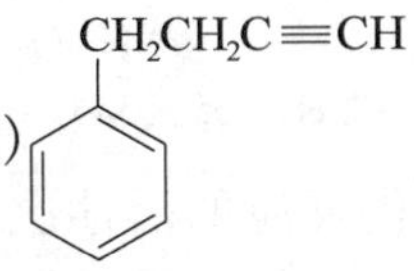

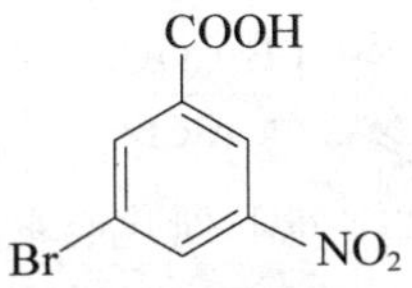

解：(1) 1-乙基-3-异丙基苯。该化合物为二烷基取代苯，通常以苯为母体，从小取代基乙基所在位置开始编号，其他取代基的编号尽可能小，命名为 1-乙基-3-异丙基苯。

(2) 4-苯基-1-丁炔。该化合物苯环上的取代基为不饱和的烃基，应以烃基为母体，所以该化合物母体为炔烃，应从靠近三键端开始编号，苯环为取代基，在 4 号位，命名为 4-苯基-1-丁炔。

(3) 3-硝基-5-溴苯甲酸。该化合物的苯环上有多个官能团，应首先选择母体，当—COOH、—Br 和—NO$_2$ 同时存在时，一般以—COOH 作为母体，其他作为取代基，从羧基开始相同位置按照先小后大原则依次对苯环编号，命名为 3-硝基-5-溴苯甲酸。

【例题 4-2】 以苯或甲苯为原料合成。

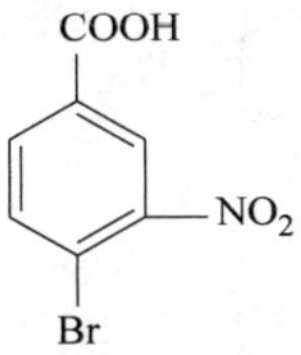

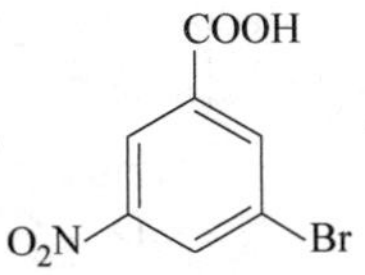

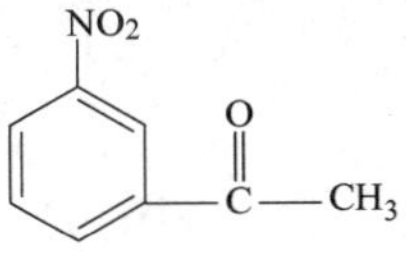

解： 设计取代苯的合成路线一定要考虑基团的定位效应。

(1) 目标产物的—COOH 可通过甲苯的甲基氧化得到，原料应选择甲苯，—COOH 为间位定位基，如果先氧化，不利于羧基对位溴的引入，如果先硝化，不利于硝基进入羧基的间位，所以应该先甲苯溴代后氧化，再硝化，硝基正好进入羧基的间位和溴的邻位。合成步骤如下：

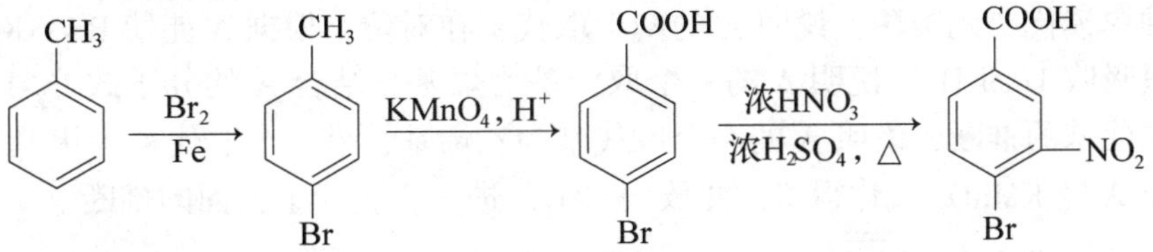

(2) 目标产物的—COOH 通过甲苯的甲基氧化得到，原料选择甲苯，—COOH 为间位定位基，溴和硝基均在羧基的间位，故应先氧化，氧化后如果先溴代后硝化，不利于硝基进入溴的间位，所以应该甲苯先氧化后硝化，再溴代，溴进入羧基和硝基的间位。合成步骤如下：

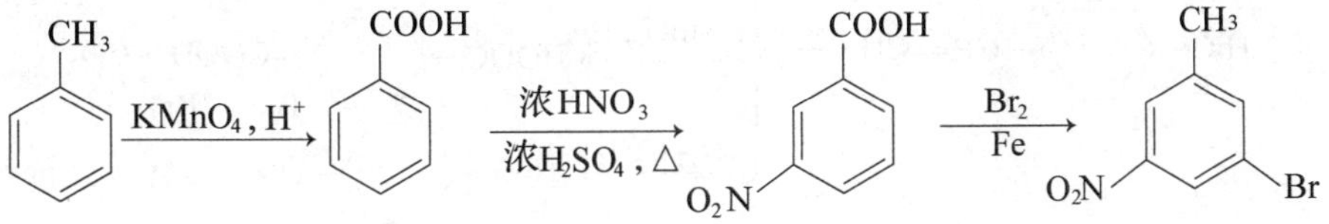

(3) 硝基和羧基都是间位定位基,目标产物的乙酰基可通过的傅-克反应的酰基化得到,当芳环上有吸电子基时,傅-克反应很难发生,因此应先酰基化后硝化。合成步骤如下:

$$\text{C}_6\text{H}_6 \xrightarrow[\text{AlCl}_3]{\text{CH}_3\text{COCl}} \text{C}_6\text{H}_5\text{COCH}_3 \xrightarrow[\text{浓H}_2\text{SO}_4, \triangle]{\text{浓HNO}_3} m\text{-NO}_2\text{C}_6\text{H}_4\text{COCH}_3$$

【例题 4-3】试排列下列化合物亲电取代反应的活性次序,并指出取代基进入的主要位置。

A: C₆H₅OH B: C₆H₅OCH₃ C: C₆H₅COCH₃ D: C₆H₅NO₂ E: C₆H₅OCOCH₃

解: —OH、—OCH₃、—OCOCH₃ 为邻对位定位基,活化基团致活能力依次减弱;—NO₂、—COCH₃ 为间位定位基,钝化基团致钝能力依次减弱。

取代基进入位置(箭头表示):

A、B、E 进入邻对位;C、D 进入间位。

亲电取代反应的活性:A>B>E>C>D。

【例题 4-4】某芳香化合物 A 分子式为 C_9H_{10},能使 Br_2/CCl_4 褪色,A 常压氢化只吸收 1mol H_2,经 $KMnO_4$ 氧化后得二元羧酸 B,并放出 CO_2,B 溴代后只生成一种单溴代二元羧酸。试推测 A 和 B 的结构式。

解: 由 A 的分子式 C_9H_{10} 可得出其不饱和度为 5,据此对该化合物的结构可以有个初步的推断范围。根据 A 氧化后得二元羧酸 B,说明 A 为二取代苯;根据该二元羧酸溴代后只生成一种单溴代二元羧酸,说明 A 的两个取代基在对位;根据 A 能使 Br_2/CCl_4 褪色,A 常压氢化只吸收 1mol H_2,说明 A 的一个取代基为烯基,结合 A 的分子式 C_9H_{10},且 A 是对位的二取代苯的推断,说明 A 的一个取代基为乙烯基,另一个取代基为甲基,B 为对苯二甲酸;而 A 经 $KMnO_4$ 氧化得 B,并放出 CO_2,进一步验证了上面的推断。

A 的结构式为 H_3C—C₆H₄—CH=CH₂,B 的结构式为 HOOC—C₆H₄—COOH

相关反应式如下:

$$H_3C\text{-}C_6H_4\text{-}CH=CH_2 \begin{cases} \xrightarrow{1\text{mol } H_2} H_3C\text{-}C_6H_4\text{-}CH_2CH_3 \\ \xrightarrow{KMnO_4, H^+} HOOC\text{-}C_6H_4\text{-}COOH + CO_2 \\ \xrightarrow{Br_2, CCl_4} H_3C\text{-}C_6H_4\text{-}CHBr\text{-}CH_2Br \end{cases}$$

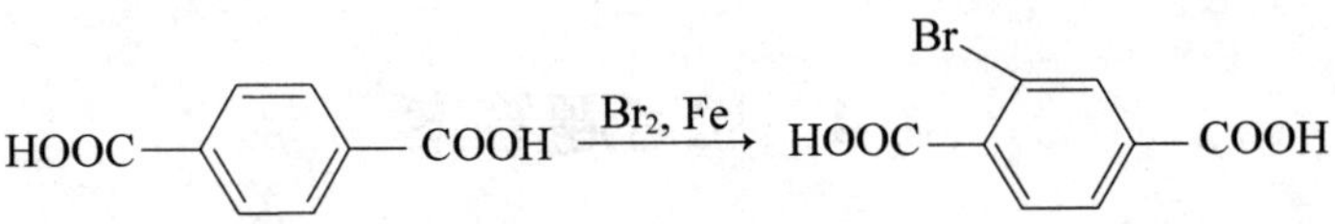

HOOC-C₆H₄-COOH $\xrightarrow{Br_2, Fe}$ HOOC-C₆H₃(Br)-COOH

4.3 思考题

【思考题 4-1】

写出下列化合物的结构式。

(1) 对-氯苄氯　(2) 2-甲基-3-苯基戊烷　(3) 1,2-二苯基乙烷

【思考题 4-2】

完成下列反应式。

(1) 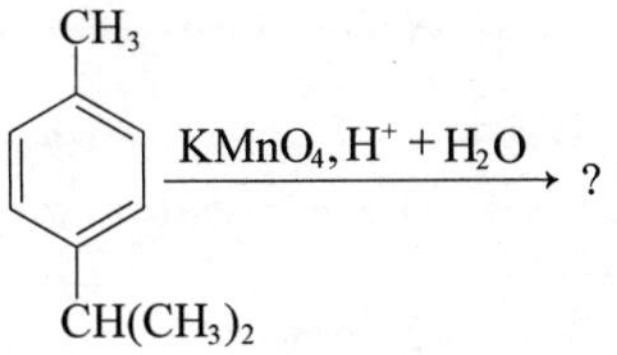 1,4-(CH₃)(CH(CH₃)₂)C₆H₄ $\xrightarrow{KMnO_4, H^+ + H_2O}$?

(2) 苯 + (?) $\xrightarrow{无水 AlCl_3}$ 二苯甲酮

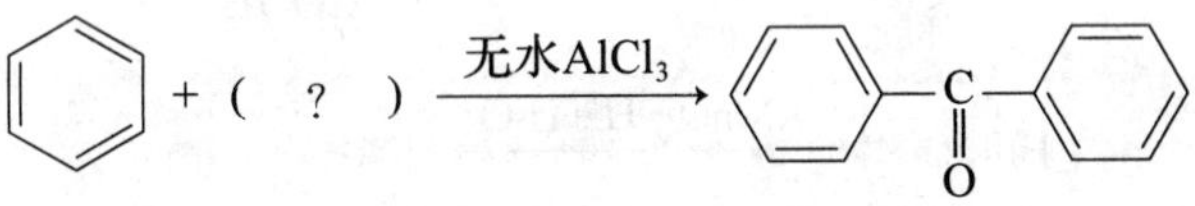

(3) C₆H₅-CH₃ + Cl₂ $\xrightarrow{光照}$? $\xrightarrow[无水 AlCl_3]{苯}$?

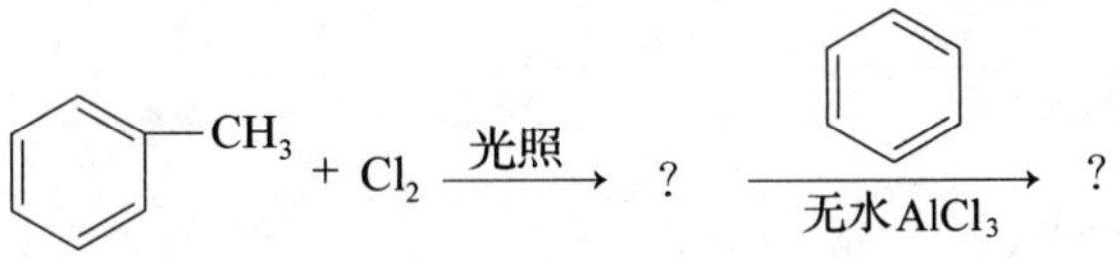

【思考题 4-3】

1. 判断下列化合物进行一元硝化反应时，硝基进入苯环的位置(用"→"表示)。

(1) 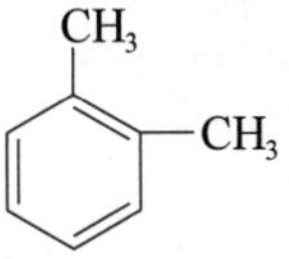 邻二甲苯　(2) 3-甲基苯甲醚　(3) 2-硝基甲苯　(4)  对氯苯酚

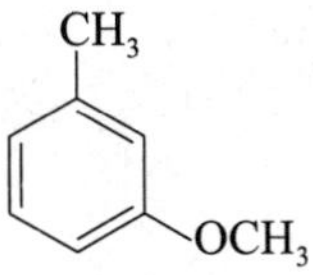

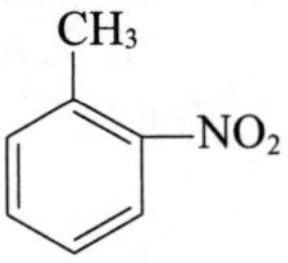

2. 比较下列化合物硝化反应的反应顺序。

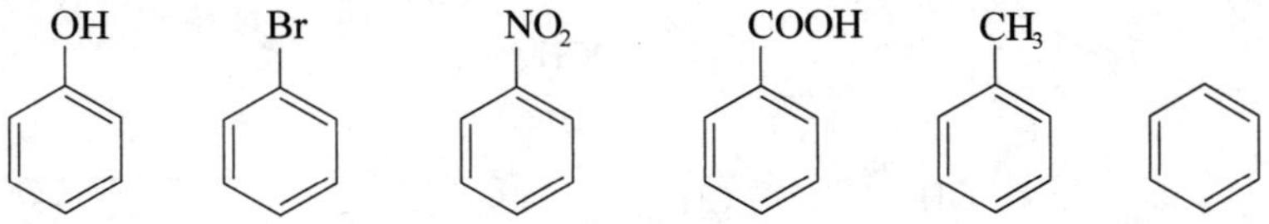

苯酚　溴苯　硝基苯　苯甲酸　甲苯　苯

【思考题 4-4】

按照休克尔规则，判断下列化合物有无芳香性。

(1) 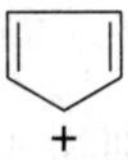 环戊二烯正离子　(2) 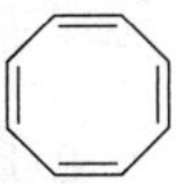 环辛四烯　(3) 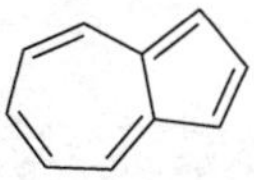 薁　(4) 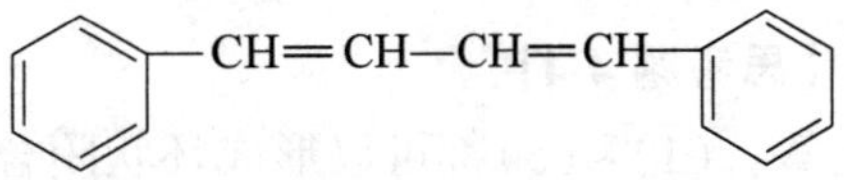 C₆H₅-CH=CH-CH=CH-C₆H₅

(5)  环丙烯正离子

4.4 思考题答案

【思考题 4-1】

答：

(1) 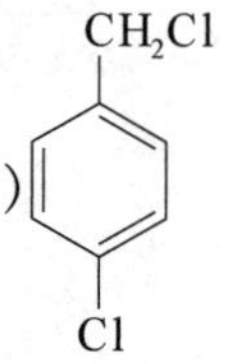 对氯甲苯 (ClCH₂-C₆H₄-Cl)

(2) 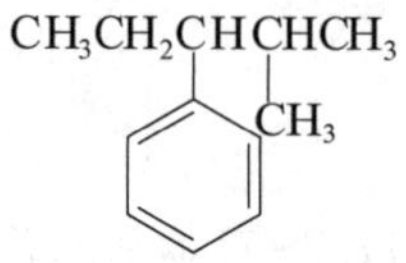 邻异丙基乙苯

(3) 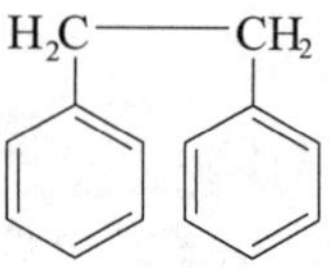 1,2-二苯基乙烷

【思考题 4-2】

答：

(1) 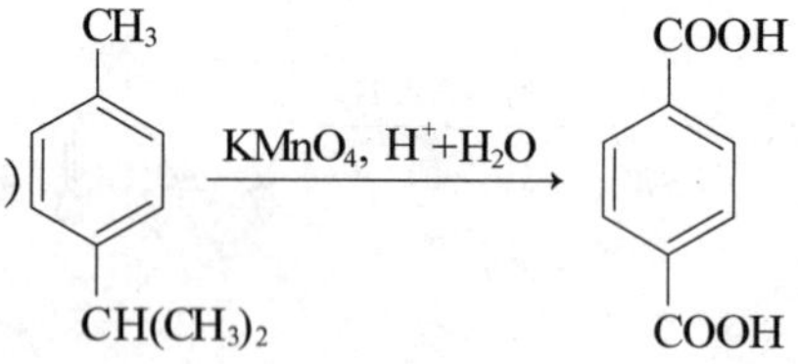 对异丙基甲苯 $\xrightarrow{KMnO_4, H^+ + H_2O}$ 对苯二甲酸

(2)  苯 + 苯甲酰氯 $\xrightarrow{\text{无水}AlCl_3}$ 二苯甲酮

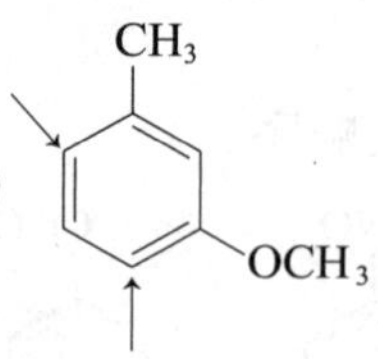

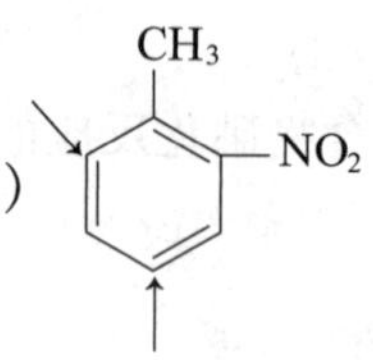

(3) 甲苯 + Cl_2 $\xrightarrow{\text{光照}}$ 苄氯 $\xrightarrow{\text{苯, 无水}AlCl_3}$ 二苯甲烷

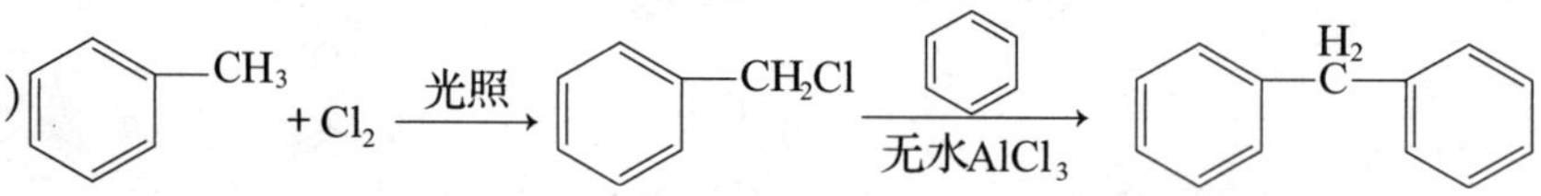

【思考题 4-3】

答：1. (1) 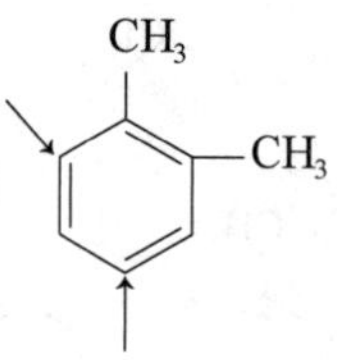 邻二甲苯（取代位置如箭头所示） (2) 3-甲基-4-甲氧基（取代位置如箭头所示） (3) 2-甲基-3-硝基（取代位置如箭头所示） (4) 对氯苯酚（取代位置如箭头所示）

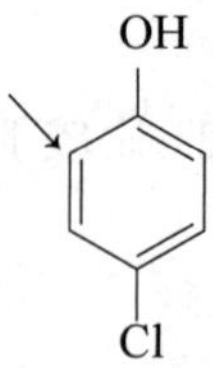

2. 反应的先后次序为：苯酚 > 甲苯 > 溴苯 > 苯甲酸 > 硝基苯

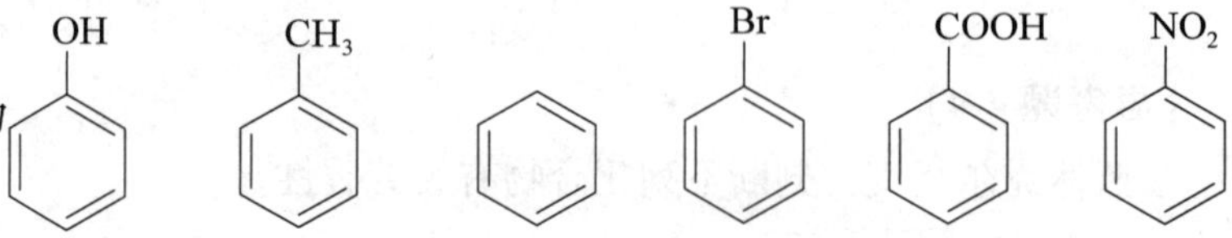

【思考题 4-4】

答：(1)~(5)都可以形成环状闭合共轭体系，参与共轭的 π 电子数分别为 4、8、10、6、2。根据休克尔规则可知：(3)(4)(5)有芳香性，(1)和(2)无芳香性。

4.5 教材习题

1. 用简便方法鉴别下列各组化合物。
   (1) 乙烯、环丙烷、苯和甲苯
   (2) 3-氯环丙烯、乙炔、苯和萘

2. 用指定的原料和必要的无机试剂合成下列化合物(需写出各步反应式，注明反应条件)。
   (1) 由甲苯合成间-氯苯甲酸
   (2) 由苯合成十二烷基磺酸钠(洗涤剂主要成分)

$$C_{12}H_{25}-\langle\bigcirc\rangle-SO_3Na$$

   (3) 由甲苯和乙酰氯合成 4-甲基-3-硝基苯乙酮

3. 某芳烃分子式为 C_9H_{12}，用酸性高锰酸钾氧化后，得一种二元酸。将原来的烃进行硝化，得到的一元硝基化合物有两种。试推测该芳烃结构式。

4. A、B、C 三种芳烃互为异构体的化合物，其分子式为 C_9H_{12}。氧化后 A 得一元酸，B 得二元酸，C 得三元酸。进行硝化时，A 主要得到两种一硝基化合物，B 只得到两种一硝基化合物，而 C 只得到一种一硝基化合物。试推测 A、B、C 的构造式。

4.6 教材习题答案

1.

(1) $\begin{cases}乙烯\\环丙烷\\苯\\甲苯\end{cases} \xrightarrow{KMnO_4, H^+} \begin{cases}褪色\begin{cases}乙烯 \xrightarrow{溴水} 褪色：乙烯\\甲苯 \longrightarrow 无现象：甲苯\end{cases}\\无现象\begin{cases}苯 \xrightarrow{溴水} 无现象：苯\\环丙烷 \longrightarrow 褪色：环丙烷\end{cases}\end{cases}$

(2) $\begin{cases}3-氯环丙烯\\乙炔\\苯\\萘\end{cases} \xrightarrow{溴水} \begin{cases}褪色\begin{cases}3-氯环丙烯 \xrightarrow{[Ag(NH_3)_2]^+} 无现象：乙烯\\乙炔 \longrightarrow 灰白色沉淀：乙炔\end{cases}\\无现象\begin{cases}苯 \xrightarrow{KMnO_4, H^+} 无现象：苯\\萘 \longrightarrow 褪色：萘\end{cases}\end{cases}$

2.

(1) 甲苯 $\xrightarrow{KMnO_4, H^+}$ 苯甲酸 $\xrightarrow{Fe, Cl_2}$ 间-氯苯甲酸

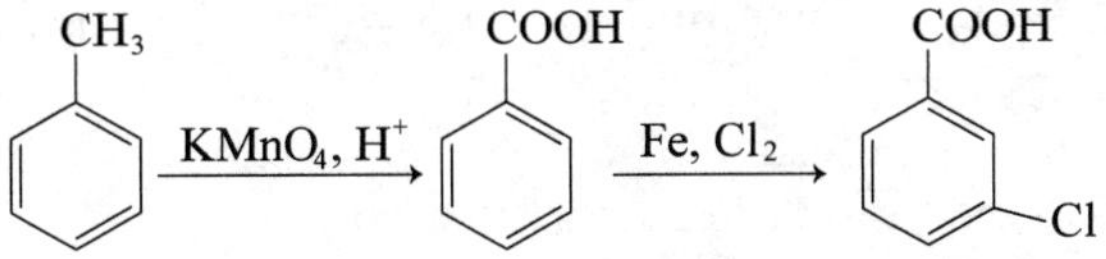

(2) C₆H₆ + C₁₂H₂₅Cl $\xrightarrow{AlCl_3}$ C₆H₅-C₁₂H₂₅ $\xrightarrow{浓H_2SO_4}$ C₁₂H₂₅-C₆H₄-SO₃H $\xrightarrow{NaOH}$ C₁₂H₂₅-C₆H₄-SO₃Na

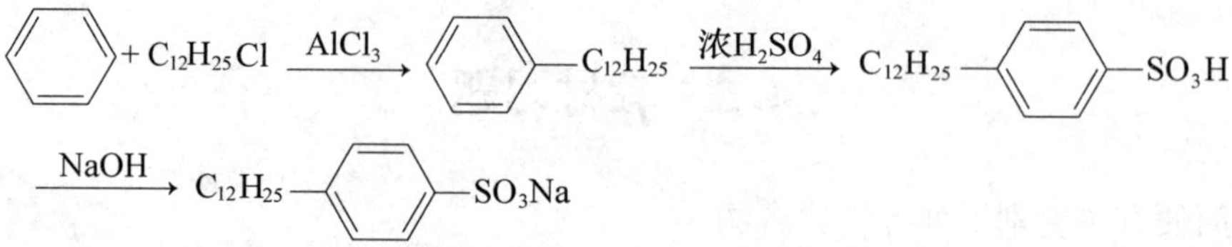

(3) 甲苯 $\xrightarrow[AlCl_3]{CH_3COCl}$ 对甲基苯乙酮 $\xrightarrow{HNO_3, H_2SO_4}$ 4-甲基-3-硝基苯乙酮

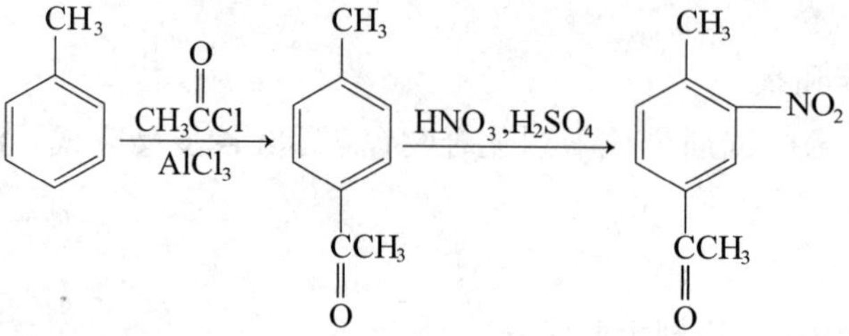

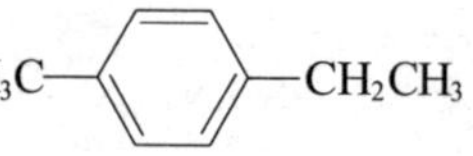

3. 该芳烃的结构式为 H₃C-C₆H₄-CH₂CH₃ (对位)，反应式如下：

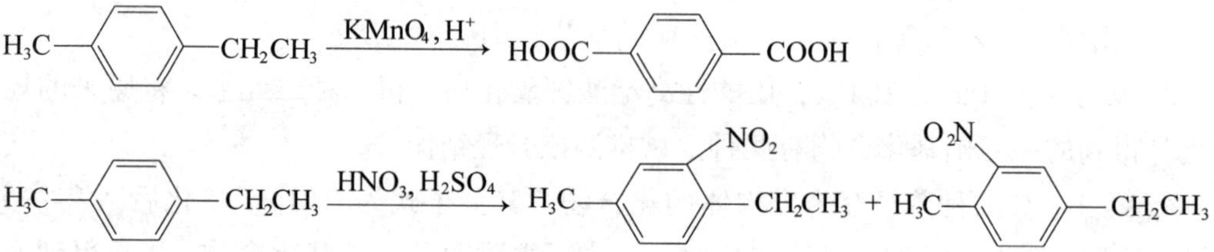

H₃C-C₆H₄-CH₂CH₃ $\xrightarrow{KMnO_4, H^+}$ HOOC-C₆H₄-COOH

H₃C-C₆H₄-CH₂CH₃ $\xrightarrow{HNO_3, H_2SO_4}$ H₃C-C₆H₃(NO₂)-CH₂CH₃ + H₃C-C₆H₃(NO₂)-CH₂CH₃

4. 化合物 A 的结构式为 C₆H₅-CH₂CH₂CH₃ 或 C₆H₅-CH(CH₃)₂，化合物 B 的结构式为 H₃C-C₆H₄-CH₂CH₃ (对位)，化合物 C 的结构式为 1,3,5-三甲基苯。相关反应式如下：

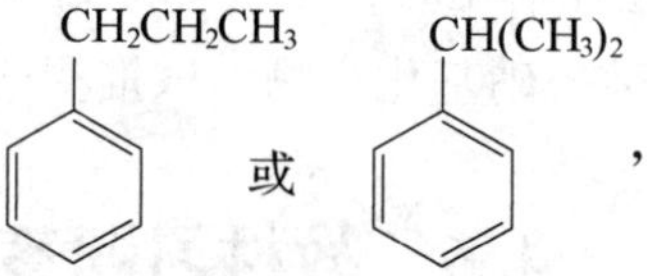

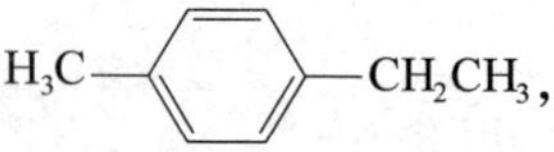

C₆H₅-CH₂CH₂CH₃ 或 C₆H₅-CH(CH₃)₂ $\xrightarrow{[O]}$ C₆H₅-COOH

$\xrightarrow{HNO_3, H_2SO_4}$ o-O₂N-C₆H₄-CH₂CH₂CH₃ + p-O₂N-C₆H₄-CH₂CH₂CH₃

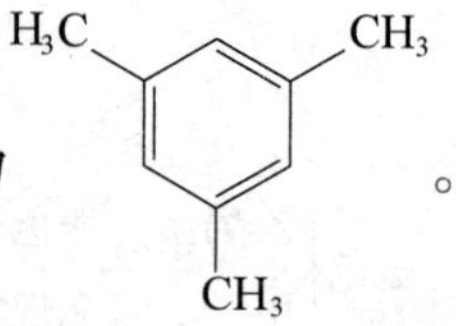

或 o-O₂N-C₆H₄-CH(CH₃)₂ + p-O₂N-C₆H₄-CH(CH₃)₂

H₃C-C₆H₄-CH₂CH₃ $\xrightarrow{[O]}$ HOOC-C₆H₄-COOH

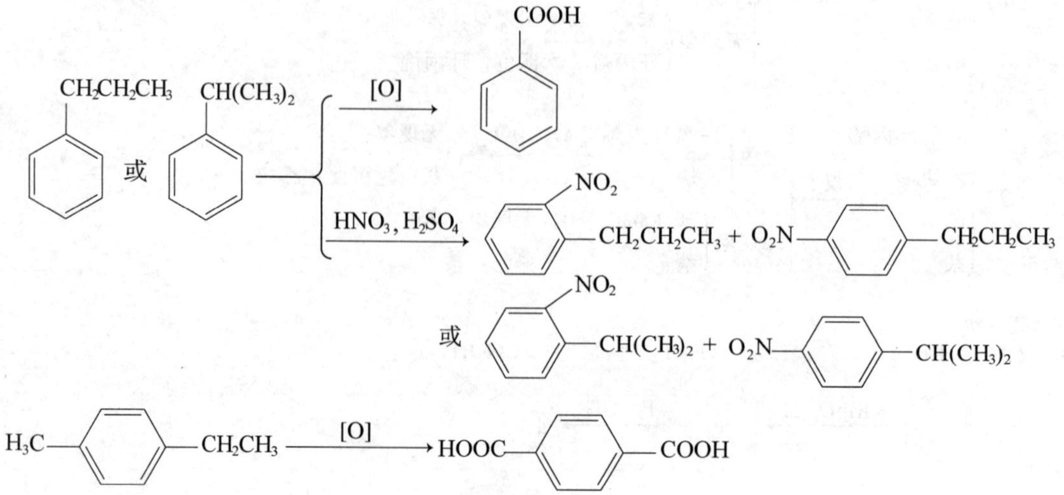

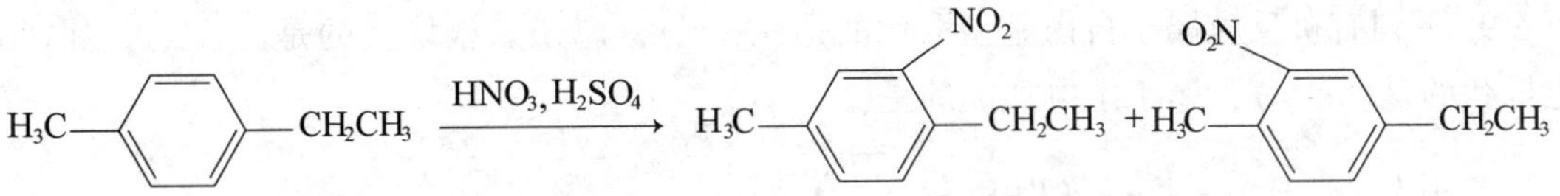

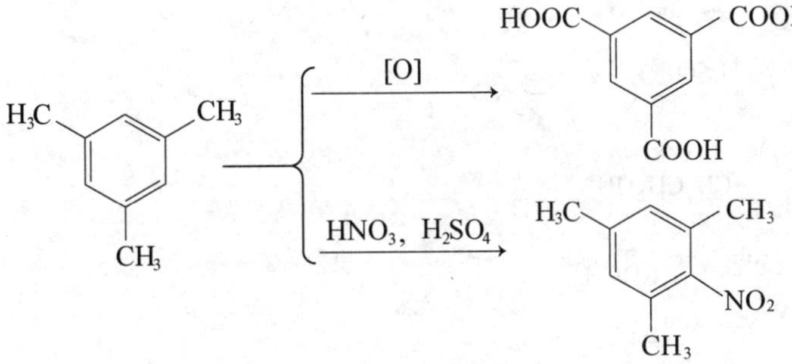

4.7 章节自测

1. 下列化合物在 $AlCl_3$ 存在下，能与溴甲烷发生傅-克烷基化的是(　　)。
   A. 硝基苯　　　　　B. 苯甲酸　　　　　C. 苯酚　　　　　D. 苯乙醛

2. 下列化合物中具有芳香性的是(　　)。

3. 鉴别甲苯、苯，可以用(　　)。
   A. 溴水　　　　　　B. $KMnO_4$　　　　C. 硝化混酸　　　D. $FeCl_3$

4. 下列取代基属于活化基团的是(　　)，属于钝化基团的是(　　)。
   A. —OH　　　　　　B. —CH_3　　　　　C. —NO_2　　　　D. —OCH_3
   E. —CHO　　　　　F. —Cl

5. 判断 a. 苯、b. 溴苯、c. 硝基苯、d. 甲苯进行硝化反应时的活性顺序(　　)。
   A. abcd　　　　　　B. dabc　　　　　　C. dbac　　　　　D. adbc

6. 下列物质中不能被 $KMnO_4$ 氧化的是(　　)。

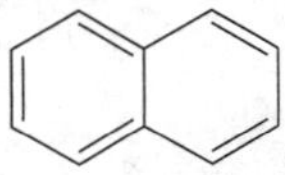

7. 不能用于鉴别苯酚和苯的是(　　)。
   A. 溴水　　　　　　B. 酸性 $KMnO_4$　　C. 硝化混酸　　　D. $FeCl_3$

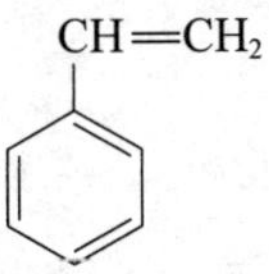

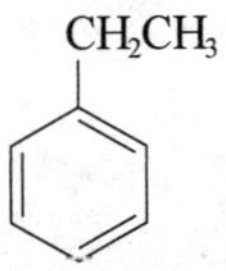

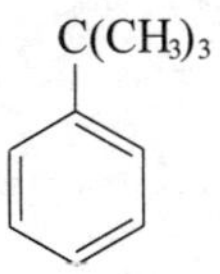

8. 以下关于苯的说法中正确的是(　　)。
   A. 在催化剂作用下，苯与液溴反应生成溴苯，属于加成反应
   B. 从凯库勒结构式看，苯分子含有碳碳双键，应属于烯烃
   C. 因为苯是有芳香气味的烃，所以苯属于芳香烃
   D. 苯为平面六边形结构，所有碳碳键的键长都相等

9. 下列有机反应属于自由基型取代的是(　　)，属于亲核取代的是(　　)，属于亲电取代的是(　　)，属于亲电加成的是(　　)。

A. 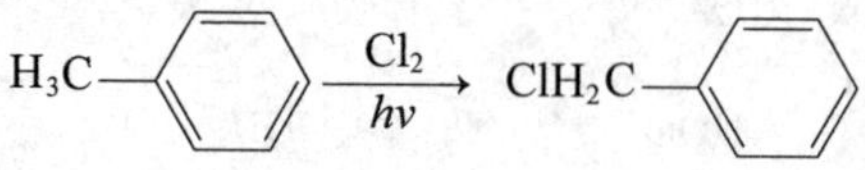 H₃C—C₆H₅ $\xrightarrow[hv]{Cl_2}$ ClH₂C—C₆H₅

B. 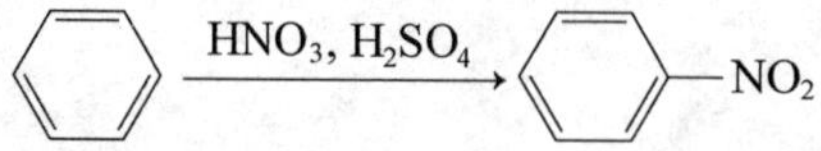 C₆H₆ $\xrightarrow{HNO_3, H_2SO_4}$ C₆H₅—NO₂

C. CH₃CH₂Br $\xrightarrow[H_2O]{NaOH}$ CH₃CH₂OH

D. CH₃CH=CH₂ $\xrightarrow{HBr}$ CH₃CHCH₃
　　　　　　　　　　　　　　|
　　　　　　　　　　　　　　Br

10. 某芳烃分子式为 $C_{10}H_{14}$，可以被酸性 $KMnO_4$ 氧化为苯甲酸，那么该芳烃可能的构造式有(　　)种。

A. 2　　　　B. 1　　　　C. 3　　　　D. 4

4.8　章节自测答案

1. C　2. B　3. B　4. ABD，CEF　5. B　6. C　7. C　8. D　9. A，C，B，D　10. C

第5章 卤代烃

5.1 主要知识点和学习要求

5.1.1 卤代烃分类与命名

5.1.1.1 卤代烃的分类

根据卤原子的种类,可分为氟代烃、氯代烃、溴代烃和碘代烃。

根据卤原子的多少,可分为一卤代烃和多卤代烃。

根据烃基的情况,可分为以下两类:

(1)脂肪族卤代烃 可分为饱和卤代烃(卤代烷烃)和不饱和卤代烃。

(2)芳香族卤代烃。

根据与卤原子直接相连的碳原子的类型,可分为第一(伯)卤代烃、第二(仲)卤代烃和第三(叔)卤代烃。

5.1.1.2 卤代烃的命名

结构比较简单的卤代烃可按相应的烃称为卤(代)某烃,如氯乙烯、溴乙烷等。

卤代烃的系统命名法,其原则基本和烷烃类似,把卤原子和支链同样作为取代基处理。

(1)卤代烷烃 应选择含有卤原子的最长碳链作为主链,称为某烷,主链的编号应遵循取代基序号最小的原则。

(2)不饱和卤代烃 应选取含有卤原子的最长不饱和碳链作为主链,并且从靠近重键的一端进行编号。

(3)卤原子取代在芳环上的卤代芳烃 一般以芳烃为主链,并标明卤原子的取代位置。

(4)卤原子取代在侧链上的卤代芳烃 一般以脂肪侧链为主链,芳环和卤原子都作为取代基。

5.1.2 卤代烷烃的化学性质

5.1.2.1 卤代烷烃结构与化学性质的关系

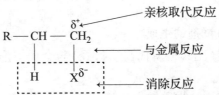

卤素是卤代烃的官能团,所以卤代烃的化学性质主要表现在碳卤键的断裂。在碳卤键中,由于卤原子的电负性比较大,所以,C—X 键是极性共价键。C—F 键极性最强,其碳原子最容易受到亲核试剂的进攻而发生取代反应,而实际上卤代烃在烃基相同时,各种不同卤素的卤代烃活泼性顺序为 RI>RBr>RCl>RF。这说明决定碳卤键的反应活性大小的主

要因素不是键的极性大小,而是键的离解能大小(即碳卤键的反应活性是极性和极化度共同作用的结果)。

碳卤键的断裂,除了亲核取代反应,还容易与活泼金属反应,生成有机金属化合物;还能与 β-碳原子上的氢发生消除反应。

5.1.2.2 卤代烷烃的取代反应

卤代烃中卤原子易被其他基团取代,反应时卤素以负离子的形式离去,试剂负离子与烃链结合起来,所以卤代烷烃的取代反应属于亲核取代反应,其通式为

$$RX + Nu^- \longrightarrow RNu + X^-$$

$$Nu = -OH, -OR, -CN, -NH_2, -ONO_2$$

(1) 被羟基取代 卤代烷与氢氧化钠或氢氧化钾的水溶液作用时,发生水解反应,卤原子被羟基取代生成醇。

卤代烃水解反应的反应速度以叔卤代烃最快,伯卤代烃次之,仲卤代烃最慢。

(2) 被氰基取代 卤代烃与氰化钠或氰化钾一起回流加热,卤原子将被氰基取代生成腈。生成的腈比原来的卤代烃多了一个碳原子,腈还可以水解生成羧酸,这是有机合成中增长碳链的重要方法之一。

(3) 被烷氧基取代 卤代烃与醇钠一起加热,卤原子将被烷氧基取代生成醚和卤化钠,这是合成醚的重要方法,称为威廉姆森(A. W. Williamson)反应。

(4) 被巯基取代 卤代烷与硫氢化钠反应,卤原子可被巯基取代生成硫醇。

(5) 被氨基取代 卤代烷与氨反应生成胺。

(6) 卤代烷烃与硝酸银的乙醇溶液反应 卤代烷烃和硝酸银的乙醇溶液反应生成硝酸酯,同时产生卤化银沉淀,生成卤化银沉淀的速度为叔卤代烷>仲卤代烷>伯卤代烷。

以氯代烷为例,叔氯代烷在室温下立即出现氯化银沉淀;仲氯代烷在室温下只能缓慢地起反应,只有在加热的条件下才能迅速反应;伯氯代烷则需要较长时间加热才能反应。所以,可以用硝酸银的乙醇溶液鉴别伯、仲、叔3种卤代烷烃。

5.1.2.3 消除反应

卤代烃与氢氧化钠(氢氧化钾)的醇溶液作用时,脱去卤素与 β-碳原子上的氢原子而生成烯烃。这类有机物分子脱去一些小分子(如 H_2O、HX、NH_3 等)同时形成重键的反应称为消除反应。氢原子来自 β-碳原子,所以如果卤代烷烃的 β-碳原子上没有氢原子,消除反应将不能发生。

消除反应遵循的规则:札依采夫规则(了解札依采夫规则的实质:生成体系内能更低,体系更稳定的物质)。

5.1.2.4 格林亚(Grignard)试剂的生成

在无水乙醚中,卤代烃(尤其是溴代与碘代烃)与金属镁形成烷(烃)基卤化镁,即格林亚试剂(简称格氏试剂)。

格林亚试剂遇含有活泼氢的物质如水、醇、酸、氨(胺)等,将发生分解反应而生成相应的烃。因此,在应用格林亚试剂时,必须隔绝水汽。

5.1.3 亲核取代反应历程

卤代烃亲核取代反应可按两种历程进行反应。

5.1.3.1 单分子亲核取代反应(S_N1)

叔卤代烷的水解反应是典型的单分子亲核取代反应，它可以分两步进行：第一步是C—X键异裂，离解生成碳正离子和卤素负离子，这一步的反应速度比较慢。由于碳正离子不够稳定，它一旦生成，便立即与溶液中的OH^-结合，所以第二步反应速度非常快。因此，第一步是决速步。这一步只决定于C—X键的异裂，与亲核试剂无关，故称单分子亲核取代反应，以S_N1表示（通过决速步理解S_N1、S_N2历程）。

5.1.3.2 双分子亲核取代反应(S_N2)

溴甲烷的水解反应历程是一步完成的反应，它的特点是C—X键的断裂与C—O键的形成同时进行。OH^-从C—Br背面进攻碳原子，当OH^-接近到碳原子一定程度以后，C—O键将部分形成，同时C—Br键则被拉长并减弱，形成一个过渡态。当OH^-与中心碳原子进一步接近，并最终形成稳定C—O键时，C—Br键便彻底断裂，溴将带着一对共用电子以溴离子的形式离开有机分子。由于反应中过渡态配合物的形成需要溴甲烷和试剂两种反应物，而反应速度又取决于过渡态配合物的形成速度，所以这一历程叫作双分子亲核取代反应，常以S_N2表示。

5.1.3.3 影响反应历程的诸因素

卤代烷的亲核取代反应究竟是S_N1历程还是S_N2历程，由烃基的结构、反应试剂的性质等因素来决定。

(1) 烃基结构对反应历程的影响　S_N1反应决定于碳正离子的形成及稳定性。

碳正离子的稳定性：

$$R_3C^+>R_2CH^+>RCH_2^+>CH_3^+$$

S_N1反应的速度：

$$R_3C—X>R_2CH—X>RCH_2—X>CH_3—X$$

S_N2反应决定于过渡态形成的难易，当反应中心碳原子（α-碳）上连接的烃基多时，过渡态难以形成，S_N2反应就难以进行。

当伯卤代烷的β-碳原子上有侧链时，取代反应速度明显下降。

原因：α-碳原子和β-碳原子上连接的烃基越大或基团越大时，产生的空间位阻越大，阻碍了亲核试剂从离去基团背面进攻α-碳原子。

普通卤代烃的亲核取代反应有如下的规律性：

$$\xrightarrow{\quad S_N1\text{ 有利}\quad}$$

$$CH_3—X \qquad CH_3CH_2—X \qquad (CH_3)_2CH—X \qquad (CH_3)_3C—X$$
$$\text{伯} \qquad\qquad \text{仲} \qquad\qquad \text{叔}$$

$$\xleftarrow{\quad S_N2\text{ 有利}\quad}$$

(2) 反应试剂的影响　试剂的亲核能力越强，对S_N2反应越有利；反之，弱亲核试剂（如NO_3^-）则不利于进行S_N2反应。常见的试剂其亲核能力顺序为$CN^-\approx SH^->OH^-\gg NO_3^-$。

由于S_N1反应起步于C—X键的异裂离解，所以它一般不受试剂亲核能力的影响。

(3) 试剂和烃基的综合影响　一般来说，当试剂的亲核能力较强时，卤代甲烷和伯卤

代烷按 S_N2 反应历程进行，叔卤代烷按 S_N1 反应历程进行，仲卤代烷则既可按 S_N1 历程，又可按 S_N2 历程进行。不过对仲卤代烷，这两种历程的反应速度都比较慢，所以对卤代烷的碱性水解来讲，反应速度的顺序关系是叔>伯>仲。当试剂亲核能力很弱时，则无论是哪一种卤代烷，都只能按 S_N1 历程发生反应。所以，卤代烷烃与硝酸银的乙醇溶液反应，生成卤化银沉淀的速度为叔卤代烷>仲卤代烷>伯卤代烷。

5.1.4 消除反应历程

5.1.4.1 单分子消除反应(E1)

单分子消除反应分两步进行。首先，卤代烷烃在极性溶剂中异裂为碳正离子，然后，碳正离子在强碱作用下，β-碳原子上脱去一个氢原子，与此同时，β-碳原子上的电子云也重新分配并转移到 α 碳原子和 β-碳原子之间形成 π 键。其中，第一步反应是决速步，只有卤代烃参与反应，因此，这种两步进行的反应历程为单分子消除反应历程，以 E1 表示。

5.1.4.2 双分子消除反应(E2)

双分子消除反应是一步历程，亲核试剂进攻 β-氢原子形成一个中间过渡态，最后 β-氢原子以质子形式离去，同时，C—X 键断裂，卤原子以卤素负离子的形式离去，在 α-碳原子和 β-碳原子之间形成 π 键。这样的反应是一步完成的，只有卤代烷和试剂两种物质参与反应，所以称为双分子消除反应历程，以 E2 表示。

5.1.4.3 消除反应与取代反应的竞争

卤代烃的消除反应和亲核取代反应历程相似，同时存在于同一反应体系中，反应物与进攻试剂相同，彼此相互竞争。

(1) 烃基结构的影响　一般来说，伯卤代烃的 S_N2 反应快，E2 反应慢，但随着 α-碳原子上的支链增多，S_N2 反应速度减慢，E2 反应速度加快。

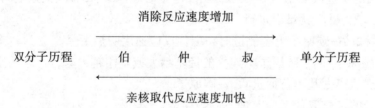

(2) 反应条件的影响

①试剂的影响：亲核性强的试剂有利于取代反应，碱性强的试剂有利于消除反应。

②溶剂的影响：溶剂的极性越强，越有利于进行取代反应；溶剂的极性弱则对消除反应有利。

(3) 反应温度的影响　高温对消除反应有利。

5.1.5 卤代烯烃和卤代芳烃

5.1.5.1 分类

依据卤代烯烃中卤原子与双键的相对位置，卤代烯烃可分为乙烯型卤代烃、烯丙型卤代烃和隔离型卤代烯烃；卤代芳烃可分为苯型、苄型和隔离型 3 种情况。

5.1.5.2 化学性质

(1) 乙烯型和苯型卤代烃 这一类卤代烃中卤原子 p 轨道上的未共用电子对与双键或苯环上的 π 电子云形成稳定的 p-π 共轭体系。所以，无论是碳卤键的取代反应，还是碳碳重键的加成反应，乙烯型和苯型卤代烃活泼性都要降低。

(2) 烯丙型和苄型卤代烃 这一类卤代烃中卤原子离解后所形成的碳正离子缺电子的 p 轨道，可以与双键或苯环上的 π 电子云形成稳定的 p-π 共轭体系，使反应的过渡态趋于稳定，因而降低了反应的活化能，决定了烯丙型和苄型卤代烃的活泼性，容易发生取代反应，反应活泼性大于相应的烷烃。

(3) 隔离型卤代烃 这一类卤代烃中卤原子与双键(芳环)相隔较远，彼此间影响较小，因而其卤素的活泼性与卤代烷的近似。

总之，卤代烷、卤代烯烃和卤代芳烃中卤原子的活泼性顺序为烯丙型(苄型)>隔离型>乙烯型(苯型)

5.1.6 学习要求

(1) 熟练掌握卤代烃的化学性质。
(2) 理解亲核取代反应历程。

5.2 典型例题

【例题 5-1】用系统命名法命名下列化合物。

(1) 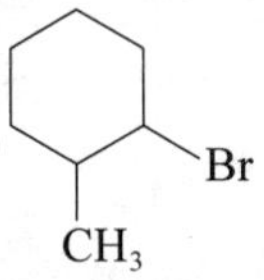 [结构式：2-溴-1-甲基环己烷]
(2) [结构式：环己基-CH₂CH(CH₃)-CH₂Br]
(3) 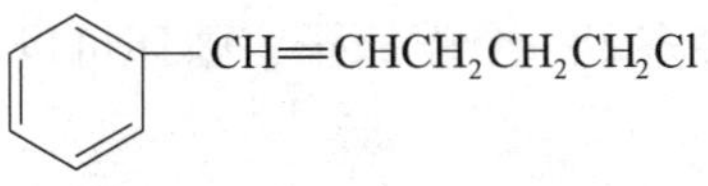 [结构式：苯基-CH=CHCH₂CH₂CH₂Cl]
(4) 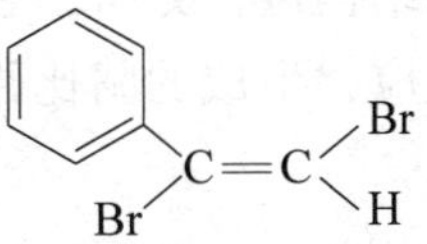 [结构式：苯基-C(Br)=C(Br)(H)]

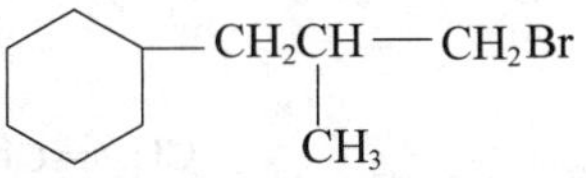

解：(1) 1-甲基-2-溴环己烷。卤代环烷烃的命名，一般情况下以脂环烃为母体，卤原子和支链都看作取代基，当环上有多个取代基，编号时应遵循最低系列原则。但由于环没有端基，有时会出现几种都符合最低系列原则，如本题可命名为 1-甲基-2-溴环己烷或 2-甲基-1-溴环己烷。在系统命名法中，这种情况下应让顺序规则中较小的基团位次小，即本化合物名称为 1-甲基-2-溴环己烷。

(2) 2-甲基-1-环己基-3-溴丙烷。卤代环烷烃的命名，一般情况下以脂环烃为母体，卤原子和支链都看作取代基，但环上取代基比较复杂时，应将链作为母体，环作为取代基，按照链状烷烃的命名原则和方法来命名，编号时应遵循最低系列原则，环己基与溴所连碳原子都在链端，都可编号为 1，但在顺序规则中，环己基是较小的基团，所以环己基碳原子编号为 1。本化合物名称为 2-甲基-1-环己基-3-溴丙烷。

(3) 1-苯基-5-氯-1-戊烯。卤代烯烃的命名，以烯烃为母体，以含有双键的最长碳链为主链，从双键一端开始编号，卤素作为取代基。本化合物名称为1-苯基-5-氯-1-戊烯。

(4) 反-1-苯基-1,2-二溴乙烯或(E)-1-苯基-1,2-二溴乙烯。卤代烯烃的命名，以烯烃为母体，以含有双键的最长碳链为主链，并以双键位次最小为原则进行编号，卤素作为取代基，可命名为1-苯基-1,2-二溴乙烯。从立体异构角度考虑，可有两种命名方法，一种为顺反命名法，两个相同的基团位于双键异侧，本化合物名称可命名为反-1-苯基-1,2-二溴乙烯；另一种为Z、E命名法，优势基团位于双键异侧，为E构型，本化合物名称可命名为(E)-1-苯基-1,2-二溴乙烯。

【例题5-2】 用简便化学方法鉴别氯化苄和对氯甲苯。

解： 氯化苄、对氯甲苯均为卤代芳烃，按其分类，氯化苄属于苄型卤代烃，苄型卤代烃的卤原子离解后所形成的碳正离子缺电子的p轨道可与苯环的π电子云形成稳定的p-π共轭体系，使反应的过渡态趋于稳定，因而降低了反应的活化能，苄型卤代烃容易发生取代反应。对氯甲苯属于苯型卤代烃，这一类卤代烃卤原子p轨道上的未共用电子对与苯环上的π电子云形成稳定的p-π共轭体系，苯型卤代烃很难发生取代反应。

$$\begin{cases} 氯化苄 \\ 对氯甲苯 \end{cases} \xrightarrow{硝酸银的乙醇溶液} \begin{matrix} 立刻出现沉淀：氯化苄 \\ 无现象：对氯甲苯 \end{matrix}$$

【例题5-3】 以乙烯为原料，采用适当无机试剂合成丙酸。

$$CH_2=CH_2 \cdots\cdots \rightarrow \cdots\cdots \rightarrow CH_3CH_2-COOH$$

解： (1) 解题思路

$$CH_3CH_2-COOH \Longrightarrow CH_3CH_2-CN$$
$$\Downarrow$$
$$CH_2=CH_2 \Longleftarrow CH_3CH_2-Br$$

从目标产物丙酸的结构进行分析，它是比乙烯多一个碳原子的羧酸，很容易想到卤素被氰基取代生成腈的反应，生成的腈比原来的卤代烃多了一个碳原子，腈还可以水解生成羧酸。

(2) 合成

$$CH_2=CH_2 \xrightarrow{HBr} CH_3CH_2-Br \xrightarrow{NaCN}$$
$$CH_3CH_2-CN \xrightarrow{H_2O} CH_3CH_2-COOH$$

【例题5-4】 以乙烯为原料，采用适当无机试剂合成丁二酸。

$$CH_2=CH_2 \cdots\cdots \rightarrow \cdots\cdots \rightarrow HOOC-CH_2CH_2-COOH$$

解： (1) 解题思路

$$HOOC-CH_2CH_2-COOH \Longrightarrow NC-CH_2CH_2-CN$$
$$\Downarrow$$
$$CH_2=CH_2 \Longleftarrow Br-CH_2CH_2-Br$$

从目标产物丁二酸的结构进行分析，可看成是在乙烯两侧各增加一个羧基，与例题 5-3 的解题思路极为相似。很容易想到乙烯与卤素的加成，生成 1,2-二卤代乙烷，然后进行氰基取代、水解生成丁二酸的合成思路。

(2) 合成

$$CH_2=CH_2 \xrightarrow{Br_2, CCl_4} Br-CH_2CH_2-Br \xrightarrow{NaCN} NC-CH_2CH_2-CN \xrightarrow{H_2O} HOOC-CH_2CH_2-COOH$$

【例题 5-5】 以乙烯为原料，采用适当无机试剂合成丁二酸二乙酯。

$$CH_2=CH_2 \cdots\cdots \rightarrow \cdots\cdots \rightarrow CH_3CH_2OOC-CH_2CH_2-COOCH_2CH_3$$

解：解题思路

$$CH_3CH_2OOC-CH_2CH_2-COOCH_2CH_3 \Rightarrow HOOC-CH_2CH_2-COOH + CH_3CH_2OH$$

$$\Downarrow$$

$$NC-CH_2CH_2-CN$$

$$\Downarrow$$

$$Br-CH_2CH_2-Br$$

$$\Downarrow$$

$$CH_2=CH_2 \Rightarrow CH_3CH_2Br$$

从目标产物丁二酸二乙酯的结构进行分析，与例题 5-4 的相关。只需将例题 5-4 的产物用乙醇酯化即可。

【例题 5-6】 下列化合物，发生消除反应的主要产物是( )。

$$CH_3CH=CH-CH_2-\underset{Br}{\overset{|}{C}}HCH(CH_3)_2 \xrightarrow[\Delta]{NaOH, CH_3CH_2OH} \begin{array}{l} \rightarrow CH_3CH=CH-CH=CHCH(CH_3)_2 \quad A \\ \rightarrow CH_3CH=CH-CH_2-CH=C(CH_3)_2 \quad B \end{array}$$

解：A。

解题思路：卤代烃的消除反应遵循札依采夫规则，札依采夫规则更普遍的说法是：消除反应的主要产物是生成双键碳原子上具有较多烃基的烯烃。这是由于双键碳原子上具有烃基越多，就会有更多的 C—H 键与双键体系形成 σ-π 共轭(超共轭)体系，使体系内能更低，体系更稳定，正是这种体系的稳定性，决定了消除反应的方向，这也是札依采夫规则的本质。

从这个角度解释，B 应该是主要产物。但根据札依采夫规则的实质(生成物体系的稳定性)来看，A 结构中存在 π-π 共轭体系，故 A 体系内能更低，更易生成。

【例题 5-7】 某溴代烃 $C_5H_{11}Br$(A) 与 NaOH 的醇溶液作用时生成 C_5H_{10}(B)。B 氧化得一分子羧酸(C) 和一分子酮(D)。B 与 HBr 作用得到 A 的异构体 E。推导 A、B、C、D、E 的结构，并写出相关反应式。

解：

化合物 A	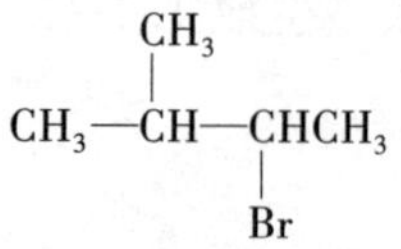 CH₃-CH(Br)-CH(CH₃)-CH₃ (2-甲基-3-溴丁烷结构)	化合物 B	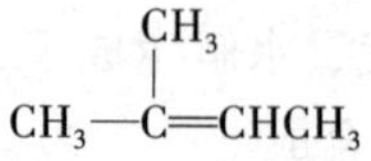 (CH₃)₂C=CHCH₃
化合物 C	CH₃COOH	化合物 D	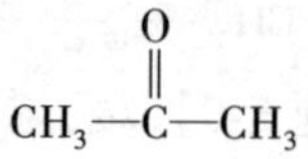 CH₃COCH₃
化合物 E	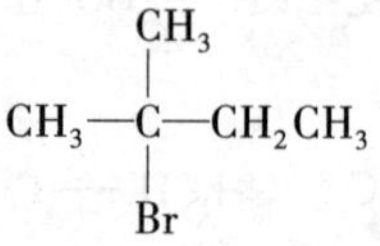 CH₃-C(Br)(CH₃)-CH₂CH₃		

解题思路： B 的分子式为 C_5H_{10}，不饱和度为 1，它的结构可能为单烯烃或结构中有一碳环，而 B 是由溴代烃 $C_5H_{11}Br$ 与 NaOH 的醇溶液作用而生成的，所以 B 的结构只能为单烯烃。B 氧化得一分子羧酸和一分子酮，氧化得到的羧酸最少有 2 个碳原子，酮最少有 3 个碳原子，而 B 有 5 个碳原子，所以，C 为乙酸，D 为丙酮，根据烯烃氧化反应特点，B 为 2-甲基-2-丁烯，B 与 HBr 加成得到 A，该反应要遵循马氏规则，得到 2-甲基-2-溴丁烷，该化合物为 E，是 A 的异构体。

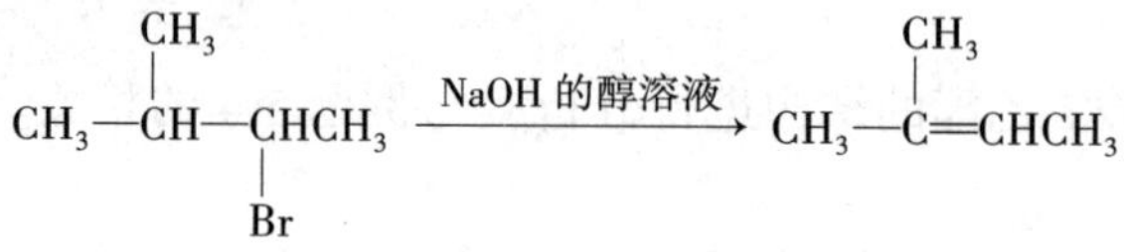

$$CH_3-CH(Br)-CH(CH_3)-CH_3 \xrightarrow{\text{NaOH 的醇溶液}} (CH_3)_2C=CHCH_3$$
$$\qquad\qquad A \qquad\qquad\qquad\qquad\qquad\qquad B$$

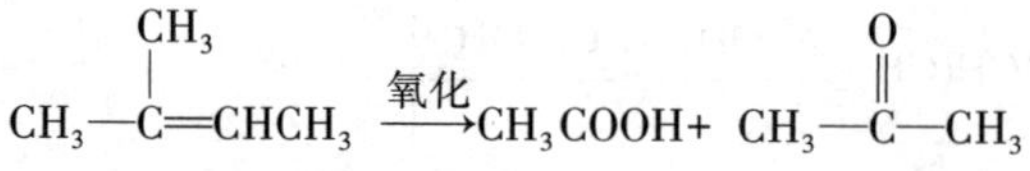

$$(CH_3)_2C=CHCH_3 \xrightarrow{\text{氧化}} CH_3COOH + CH_3COCH_3$$
$$\qquad B \qquad\qquad\qquad\qquad C \qquad\qquad D$$

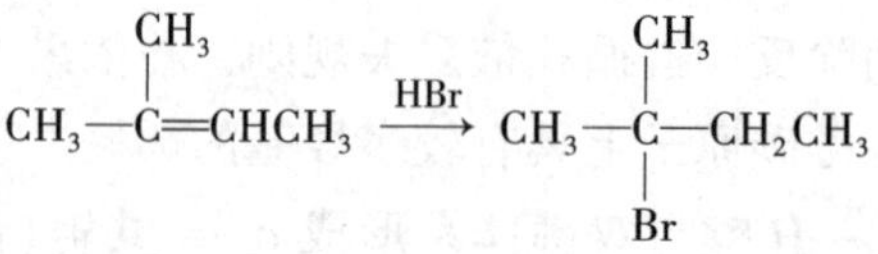

$$(CH_3)_2C=CHCH_3 \xrightarrow{HBr} CH_3-C(Br)(CH_3)-CH_2CH_3$$
$$\qquad B \qquad\qquad\qquad\qquad\qquad E$$

5.3 思考题

【思考题 5-1】

用系统命名法命名下列化合物。

（1）CH₃-CH(Br)-CH₂-C(CH₃)₂-CH₃   （2）邻氯甲苯   （3）苄基氯（C₆H₅CH₂Cl）

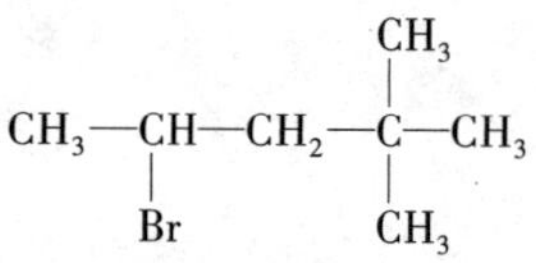

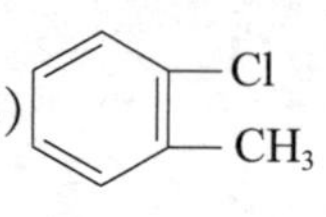

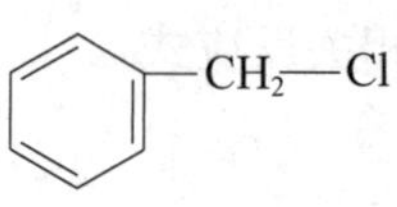

(4) $CH_2=CH-CH_2-CH-CH_3$
          　　　　　　　　　$|$
          　　　　　　　CH_2-Cl

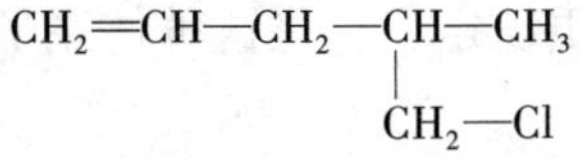

(5) 结构式：Cl 和 CH_2CH_3 在一侧，CH_3 和 CH_3 在另一侧的C=C

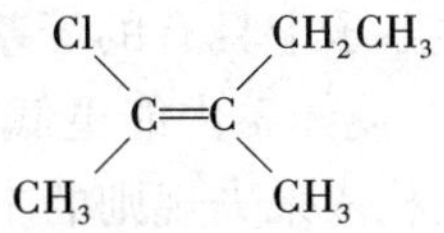

【思考题 5-2】

正己烷与水组成的二相体系中，在上层的是什么？溴乙烷与水组成的二相体系中，在上层的是什么？

【思考题 5-3】

1. 卤代烃的取代反应是属于亲电取代反应，还是亲核取代反应？
2. 以共轭效应解释札依采夫规则？
3. 完成下列反应。

(1) $CH_3-CH_2-CH_2-CH_2-Br \xrightarrow[C_2H_5OH]{KOH} ? \xrightarrow{HBr} ? \xrightarrow[C_2H_5OH]{KOH}$

(2) 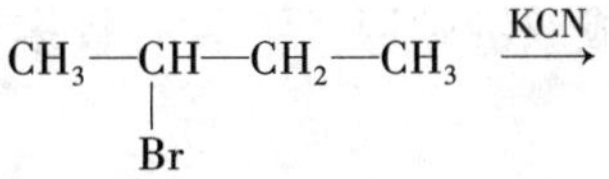 $CH_3-\underset{\underset{Br}{|}}{CH}-CH_2-CH_3 \xrightarrow{KCN}$

【思考题 5-4】

1. 试分析反应条件对亲核取代反应和消除反应的影响？
2. 按 S_N1 和 S_N2 反应将下列化合物的反应活泼性顺序排列。

(1) $CH_3-CH_2-CH_2-CH_2-CH_2-Br$　(2) CH_3-Br　(3) 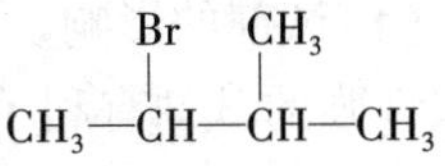 $CH_3-\underset{\underset{Br}{|}}{CH}-\underset{\underset{CH_3}{|}}{CH}-CH_3$

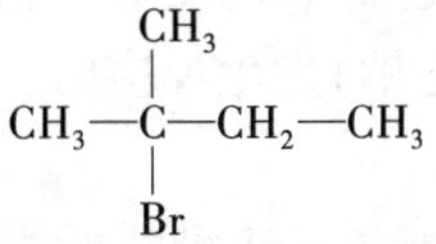

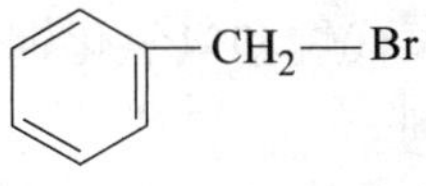

(4) $CH_3-\underset{\underset{Br}{|}}{\overset{\overset{CH_3}{|}}{C}}-CH_2-CH_3$　(5) 苯-CH_2-Br　(6) 间甲基苯溴

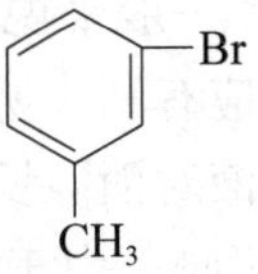

【思考题 5-5】

用共轭效应理论分析不同类型的卤代烃的反应活性次序。

5.4　思考题答案

【思考题 5-1】

答：(1) 2,2-二甲基-4-溴戊烷　(2) 2-氯甲苯　(3) 苄氯
(4) 4-甲基-5-氯-1-戊烯　(5) (Z)-3-甲基-2-氯-2-戊烯

【思考题 5-2】

答：正己烷与水组成的二相体系中，在上层的是正己烷，因为正己烷的密度小于水的，且两者互相不溶解。同理，由于溴乙烷的密度比水的大，所以，溴乙烷与水组成的二相体系中，在上层的是水。

【思考题 5-3】

答：1. 亲核取代反应。
2. 札依采夫规则更普遍的说法是，消除反应的主要产物是生成双键碳原子上具有较

多烃基的烯烃。这是由于双键碳原子上具有的烃基越多，就会有更多的 C—H 键与双键体系形成 σ-π 共轭（超共轭）体系，使体系内能更低，体系更稳定，正是这种体系的稳定性，决定了消除反应的方向，这也是札依采夫规则的本质。

3.（1）

$$CH_3-CH_2-CH_2-CH_2-Br \xrightarrow[C_2H_5OH]{KOH} CH_3-CH_2-CH=CH_2 \xrightarrow{HBr}$$

$$CH_3-CH_2-\underset{Br}{CH}-CH_3 \xrightarrow[C_2H_5OH]{KOH} CH_3-CH=CH-CH_3$$

第一步反应是卤代烃的消除反应，卤代烃与氢氧化钠（氢氧化钾）的醇溶液作用时，脱去卤素与 β-碳原子上的氢原子而生成烯烃，故生成 1-丁烯。第二步反应是烯烃与溴化氢的加成反应，要遵循马氏规则，即氢原子主要加成在含氢较多的双键碳原子上，故生成 2-溴丁烷。第三步反应依然是卤代烃的消除反应，卤代烃与氢氧化钠（氢氧化钾）的醇溶液作用时，脱去卤素与 β-碳原子上的氢原子而生成烯烃，但有两个 β-碳原子上有氢原子，此时反应遵循札依采夫规则，消除反应的主要产物是生成双键碳原子上具有较多烃基的烯烃，即 2-丁烯。

（2）

$$CH_3-\underset{Br}{CH}-CH_2-CH_3 \xrightarrow{KCN} CH_3-\underset{CN}{CH}-CH_2-CH_3$$

【思考题 5-4】

答：1.（1）试剂的影响。亲核性强的试剂有利于取代反应，亲核性弱的试剂对取代反应不利；碱性强的试剂有利于消除反应，碱性弱的试剂对消除反应不利。

（2）溶剂的影响。一般来说，溶剂的极性越强，越有利于进行取代反应；相反，溶剂的极性弱则对消除反应有利。所以，卤代烷和氢氧化钾（氢氧化钠）发生反应时，水溶液对取代反应有利，醇溶液对消除反应有利。

（3）反应温度的影响。由于消除反应的活化过程中需要拉长 C—H 键，所需要的活化能较取代反应大，因此升高温度对消除反应有利。

2. S_N1 5>4>3>1>2>6 S_N2 5>2>1>3>4>6

【思考题 5-5】

答：（1）乙烯型和苯型卤代烃。由于这一类型的卤代烃直接与卤原子相连的碳原子是 sp^2 杂化，并以 π 键与其他碳原子相结合，所以，卤原子 p 轨道上的未共用电子对可与双键上的 π 电子云相互作用，形成 p-π 共轭体系。由于 p-π 共轭效应的结果，使卤原子上的未共用电子对部分地向 C—X 键转移，卤原子的电子云密度有所降低，而 C—X 键的电子云密度却略有增高，同时因为卤原子的未共用电子对已不为卤原子所独占，而为整个共轭体系所共有，即 C—X 键的极性降低，C—X 键也更加牢固，卤原子的反应活泼性显著减弱，很难发生亲核取代反应。在 p-π 共轭体系中，在卤原子未共用电子对离域的同时碳碳双键的 π 电子云也将离域扩展到整个共轭体系而不再局限于两个碳原子之间，因此使碳碳双键变长。所以，碳碳重键的加成反应，氯代乙烯的活泼性要降低。

氯苯具有完全类似的情况，其卤原子和芳环的活泼性都显著地减弱。

（2）烯丙型和苄型卤代烃。和乙烯型卤代烃相反，烯丙型和苄型卤代烃的反应活性要比卤代烷更大，这是因为当卤原子离解后所形成的碳正离子（碳正离子是 sp^2 杂化）缺电子的 p 轨道可以与双键中的 π 键形成空 p 轨道共轭而使正电荷得以分散而变得稳定，因而降低了反应的活化能，决定了烯丙型和苄型卤代烃的活泼性，容易发生取代反应，反应活泼性大于相应的烷烃。

(3)隔离型卤代烃。隔离型卤代烃中的卤原子与双键(芳环)相隔较远，彼此间影响较小，因而其卤素的活泼性与卤代烷近似。

5.5　教材习题

1. 用简便的化学方法鉴别下列各组化合物。

(1) 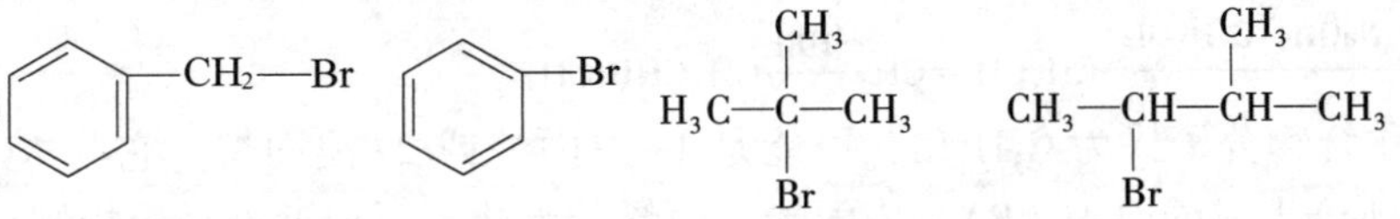

$CH_3—CH_2—CH_2—CH_2—Br$

(2) $H_2C═CH—CH_3$　$H_2C═CH—CH_2—Cl$　$H_3C—C(CH_3)(Cl)—CH_2—CH_3$　$H_2C═CH—Cl$

2. 某化合物 C_3H_7Br(A)，与 KOH 的醇溶液反应生成 C_3H_6(B)，B 氧化分解后得到一分子乙酸和一分子 CO_2，B 与溴化氢作用得 C，C 为 A 的同分异构体。试写出 A、B、C 的结构式，并用反应式表示推导过程。

3. 某化合物 C_3H_6(A)，与 Br_2 加成后得 B，B 与 KOH-C_2H_5OH 共热得 C，C 能与硝酸银的氨溶液生成灰白色沉淀。试用反应式表示 A→B→C 的各步反应。

5.6　教材习题答案

1.

(1) 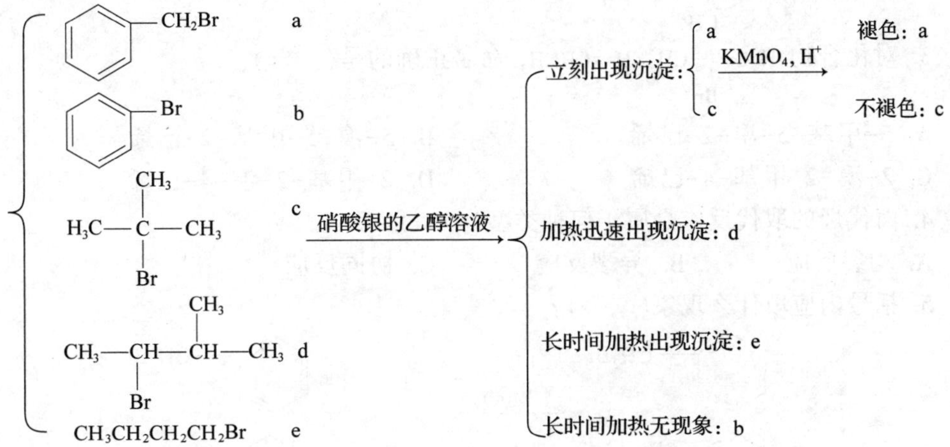
CH₂Br a
Br b
c
d
CH₃CH₂CH₂CH₂Br e
硝酸银的乙醇溶液
立刻出现沉淀：
KMnO₄, H⁺
褪色：a
不褪色：c
加热迅速出现沉淀：d
长时间加热出现沉淀：e
长时间加热无现象：b

(2)
$$\begin{cases} H_2C=CH-CH_3 & a \\ H_2C=CH-CH_2-Cl & b \\ H_3C-\underset{\underset{Cl}{|}}{\overset{\overset{CH_3}{|}}{C}}-CH_2CH_3 & c \\ H_2C=CH-Cl & d \end{cases} \xrightarrow{\text{硝酸银的}\atop\text{乙醇溶液}} \begin{cases} \text{立刻出现沉淀} \begin{cases} b \\ c \end{cases} \xrightarrow{KMnO_4, H^+} \begin{matrix}\text{紫色褪去：b} \\ \text{无现象：c}\end{matrix} \\ \text{无现象} \begin{cases} a \\ d \end{cases} \xrightarrow{Br_2} \begin{matrix}\text{褪色：a} \\ \text{无现象：d}\end{matrix} \end{cases}$$

2. A：$CH_3CH_2CH_2Br$ B：$CH_3CH=CH_2$ C：$CH_3CHBrCH_3$

$CH_3CH_2CH_2Br \xrightarrow{NaOH, C_2H_5OH} CH_3CH=CH_2 \xrightarrow{HBr} CH_3CHBrCH_3$

解题思路：化合物分子式为 C_3H_7Br，可能是 1-溴丙烷或 2-溴丙烷。它与 KOH 的醇溶液反应（消除反应）生成的 C_3H_6（B），为丙烯。丙烯与溴化氢反应遵循马氏规则，得的 C 为 2-溴丙烷，它与 A 为同分异构体，所以 A 的结构为 1-溴丙烷。

3. A：$CH_3CH=CH_2$ B：$CH_3CHBrCH_2Br$ C：$CH_3C\equiv CH$

$CH_3CH=CH_2 \xrightarrow{Br_2} CH_3CHBrCH_2Br \xrightarrow{KOH, C_2H_5OH} CH_3C\equiv CH \xrightarrow{[Ag(NH_3)_2]^+} CH_3C\equiv CAg$

解题思路：化合物 A 的分子式为 C_3H_6，不饱和度为 1，它的结构可能为丙烯或环丙烷，它与 Br_2 加成后得 B，B 与 $KOH-C_2H_5OH$ 共热得 C，C 能与硝酸银的氨溶液生成灰白色沉淀，可知 C 的结构为丙炔，B 的结构为 1,2-二溴丙烷，则 A 的结构为丙烯。

5.7　章节自测

1. 下列卤代烃按照单分子亲核取代反应历程进行，反应速度最快的是（　　）。
   A. 烯丙型卤代烃   B. 仲氯代烃   C. 伯卤代烃   D. 乙烯型卤代烃
2. 下列卤代烃按照双分子亲核取代反应历程进行，反应速度最快的是（　　）。
   A. 烯丙型卤代烃   B. 仲氯代烃   C. 伯卤代烃   D. 乙烯型卤代烃
3. 对化合物 $H_3C-\underset{\underset{Br}{|}}{\overset{\overset{CH_3}{|}}{C}}-CH_2CH=CHCH_3$ 命名正确的是（　　）。
   A. 5-甲基-5-溴-2-己烯   B. 5-溴-5-甲基-2-己烯
   C. 2-溴-2-甲基-4-己烯   D. 2-甲基-2-溴-4-己烯
4. 卤代烃的取代反应是属于何种类型（　　）？
   A. 均裂反应   B. 异裂反应   C. 协同反应
5. 括号内应填什么现象（　　）？

$C_6H_5CH_2Br$ 和 C_6H_5Br $\xrightarrow{KMnO_4}$ （　　）$C_6H_5CH_2Br$ 和 C_6H_5Br 无现象

A. 紫色褪去 B. 白色沉淀
C. 砖红色沉淀 D. 气泡

6. $CH_3CH_2CH_2CH_2Br \xrightarrow{NaOH\text{醇溶液}}$ (   )。

A. 丁醇 B. 1-丁烯

7. 溴乙烷与水组成的二相体系中，上层是(   )。

A. 水 B. 溴乙烷

8. 溴甲烷与亲核试剂发生(   )反应。

A. 亲电取代反应 B. 亲核取代反应

9. 卤代烃的消除反应要遵循(   )。

A. 马氏规则 B. 札依采夫规则

10. 卤代烃在氢氧化钠的水溶液中，发生(   )。

A. 消除反应 B. 取代反应

5.8 章节自测答案

1. A 2. A 3. A 4. B 5. A 6. B 7. A 8. B 9. B 10. B

第6章 醇、酚、醚

6.1 主要知识点和学习要求

6.1.1 醇、酚、醚的结构与命名

6.1.1.1 醇、酚、醚的结构

醇、酚、醚都是含氧衍生物。醇和酚分子中都含有羟基。醚可看成是醇或酚分子中羟基上的氢原子被烃基取代后的产物。

醇是羟基与脂肪烃基或脂环烃基相连的化合物。醇的官能团是羟基，它决定着醇类的主要特性。从结构上讲，醇分子中的羟基一般直接和 sp^3 杂化的碳原子相连接。在某些烯醇分子中羟基虽然连接在 sp^2 杂化的碳原子上，但因该烯醇不稳定，单独存在的概率很小。

酚是羟基直接与芳香环连接的化合物，酚的通式为 Ar—OH。酚和醇虽然有相同的官能团，但烃基结构的不同，则赋予了酚有别于醇的一些特性。

醚是两个烃基通过氧原子连接起来的化合物，也可以看作是水分子中两个氢原子被两个烃基(脂肪烃基或芳香烃基)取代的衍生物。两个烃基相同者称为对称醚或简单醚，两个烃基不同者称为混合醚。

6.1.1.2 醇、酚、醚的命名

(1) 醇的命名原则　选择包括连接羟基碳原子的最长碳链为主链，按主链碳原子数目称其为某醇。从靠近羟基的一端将主链编号。在命名时把取代基的位次、名称及羟基的位次写在主链名称的前面。例如，

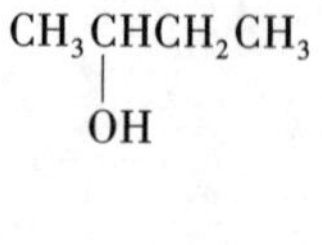

$$CH_3CHCH_2CH_3 \qquad CH_3CHCH_2CH_2OH \qquad$$
$$||$$
$$OHCH_3$$

2-丁醇 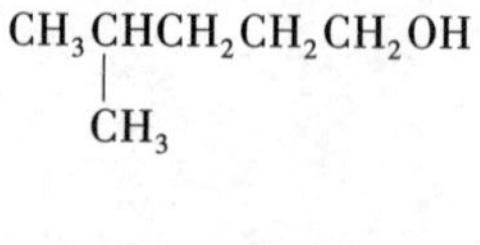　　　　4-甲基-1-戊醇 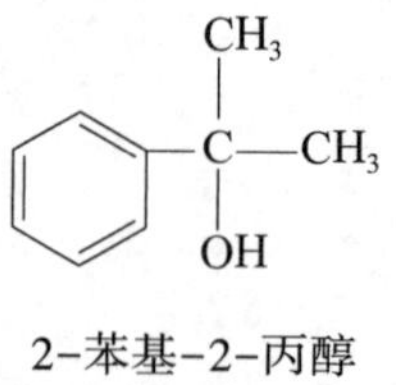　　　　2-苯基-2-丙醇

不饱和醇命名时选择既含羟基又含重键的碳链为主链，编号时应使羟基位次最小，根据主链碳原子数目称为某烯醇或某炔醇。例如，

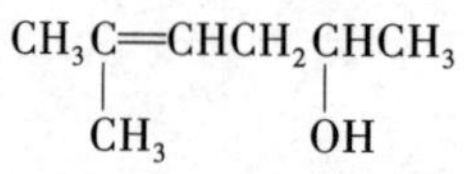

$$CH_3C{=\!=}CHCH_2CHCH_3 \qquad CH_3C{\equiv\!\equiv}CCHCH_3$$
$$|||$$
$$CH_3OHOH$$

5-甲基-4-己烯-2-醇 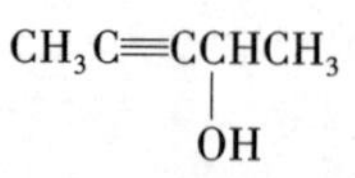　　　　3-戊炔-2-醇

多元醇命名时要选择含有尽可能多的羟基的碳链为主链，羟基的位次用阿拉伯数字标明，羟基的个数用中国数码标出。例如，

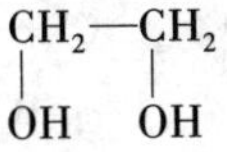

$$\underset{\text{乙二醇}}{\underset{|}{\text{CH}_2}-\underset{|}{\text{CH}_2}} \qquad \underset{\text{1,3-丙二醇}}{\underset{|}{\text{CH}_2}-\text{CH}_2-\underset{|}{\text{CH}_2}}$$

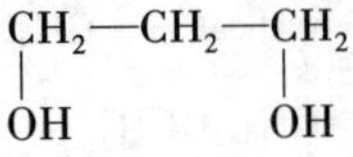

羟基直接连在碳环上的醇，在选择主链时，应以包含羟基的碳环为主链，其他侧链作为取代基，羟基连在侧链上的环醇，应以含有羟基的侧链为主链，环作为取代基。例如，

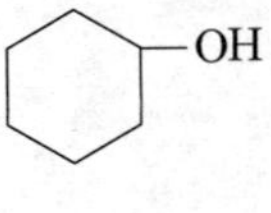

环己醇 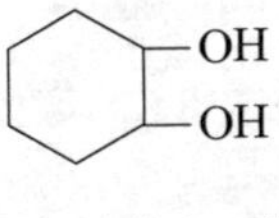　　　　1,2-环己二醇 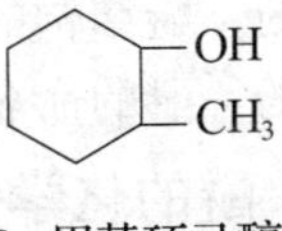　　　　2-甲基环己醇

(2) 酚的命名原则　　一般是在"酚"字前面加上芳环的名称作为母体，其他取代基的名称和位次放在母体前面。例如，

苯酚　　邻-甲苯酚　　间-甲苯酚　　对-甲苯酚　　间-硝基苯酚

芳环上若有其他比羟基优先作母体的基团，如醛基(—CHO)、羧基(—COOH)、磺酸基(—SO₃H)等时，则把羟基看作取代基。例如，

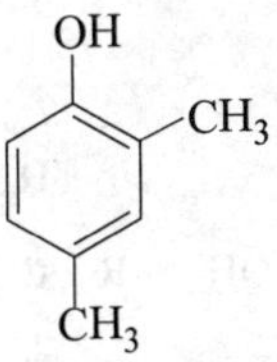

2,4-二甲基苯酚 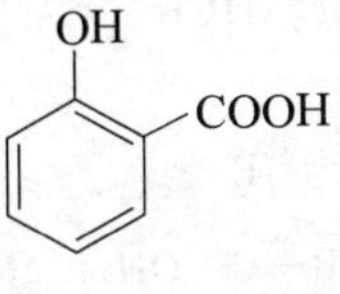　　邻-羟基苯甲酸 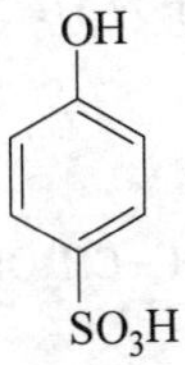　　对-羟基苯磺酸

(3) 醚的命名原则　　结构比较简单的醚，按它的烃基命名，在烃基名称之后加一个"醚"字。简单醚分子中烃基为烷基时，往往把"二"字省去。例如，

CH₃—O—CH₃　　　　CH₃—CH₂—O—CH₂—CH₃　　　　CH₃—O—CH₂—CH₃

二甲醚(简称甲醚)　　　二乙醚(简称乙醚)　　　　甲乙醚

在混合醚的名称中将小的烷基放在前面；有芳基和烷基时，芳基放在前面。例如，

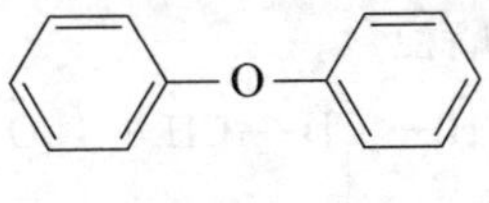

二苯醚 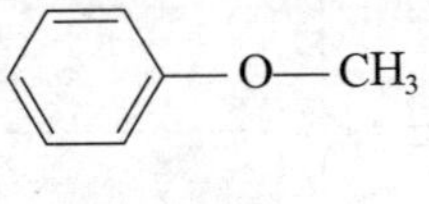　　　　　　　苯甲醚 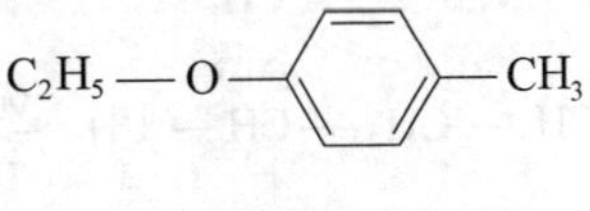　　　　　　对-甲基苯乙醚

结构比较复杂的醚可当烃的烃氧基衍生物来命名，将较大的烃基当作主链，剩下的烃氧基(—OR)当作取代基。例如，

$$\underset{\underset{CH_3}{|}}{CH_3-CH-}\underset{\underset{OCH_3}{|}}{CH-CH_3} \qquad CH_3-CH_2-\underset{\underset{OCH_3}{|}}{CH}-CH_2-CH_3$$

2-甲基-3-甲氧基丁烷　　　3-甲氧基戊烷

6.1.1.3 学习要求

(1)掌握醇、酚、醚结构的不同。

(2)掌握醇、酚、醚的命名。

6.1.2 醇、酚、醚的化学性质

6.1.2.1 醇的化学性质

(1)羟基中氢的反应　醇和水相似,都有羟基,也都能与活泼金属(如钾、钠、镁等)反应,羟基上的氢原子被活泼金属取代放出氢气,并生成醇金属。随醇分子中烃基的增大,反应速度逐渐减慢。伯、仲、叔三类醇与钠的反应速度为 HOH>CH_3OH>伯醇>仲醇>叔醇。

$$HOH + Na \longrightarrow NaOH + \frac{1}{2}H_2 \quad \text{剧烈}$$

$$C_2H_5OH + Na \longrightarrow C_2H_5ONa + \frac{1}{2}H_2 \quad \text{缓和}$$

(2)与氢卤酸的反应　醇与氢卤酸反应,醇分子中的羟基被卤原子取代生成卤代烃。在此反应中,羟基以负离子的形式离去,所以此反应是亲核取代反应。反应速度与 HX 的类型及醇的结构有关。

HX 的反应活性次序为 HI > HBr > HCl。

醇的活性顺序为:

$$R-CH=CH-CH_2OH > \underset{\underset{R}{|}}{\overset{\overset{R}{|}}{R-C-OH}} > \underset{\underset{H}{|}}{\overset{\overset{R}{|}}{R-C-OH}} > \underset{\underset{H}{|}}{\overset{\overset{H}{|}}{R-C-OH}} > CH_3OH$$

一般情况下,HI 和 HBr 能顺利地与醇反应。而 HCl 与伯醇、仲醇的反应则需要使用无水氯化锌作催化剂。所用试剂为无水氯化锌和浓盐酸配成的溶液,称为卢卡斯(Lucas)试剂。低级(6个碳以下)的醇可以溶解于卢卡斯试剂中,而生成的卤代烃则不溶解。溶液浑浊或分层,便表示有卤代烃生成。可以从出现浑浊的快慢来区别伯醇、仲醇、叔醇。

$$\begin{array}{l} \underset{\text{叔醇}}{H_3C-\underset{\underset{CH_3}{|}}{\overset{\overset{CH_3}{|}}{C}}-OH} \\ \underset{\text{仲醇}}{CH_3-CH_2-\underset{\underset{OH}{|}}{CH}-CH_3} \\ \underset{\text{伯醇}}{CH_3-CH_2-CH_2-CH_2-OH} \end{array} \xrightarrow[HCl,\ 25\ ℃]{\text{无水 }ZnCl_2} \begin{cases} \longrightarrow H_3C-\underset{\underset{CH_3}{|}}{\overset{\overset{CH_3}{|}}{C}}-Cl + H_2O \quad \text{立即浑浊} \\ \longrightarrow CH_3-CH_2-\underset{\underset{Cl}{|}}{CH}-CH_3 + H_2O \quad 5\ min\ \text{浑浊} \\ \longrightarrow \text{保持清亮} \end{cases}$$

(3) 脱水反应　醇脱水有两种方式：分子内脱水和分子间脱水。

一般情况下，较高温度有利于醇分子内脱水生成烯烃，分子间脱水生成醚是次要的；较低温度有利于醇分子间脱水生成醚，分子内脱水生成烯烃是次要的，这说明反应条件对有机反应进行的方向很有影响。醇脱水方式以及脱水反应进行的难易程度与醇的结构有密切关系。在发生分子内脱水生成烯烃的反应中，叔醇最容易，仲醇次之，伯醇最难。

仲醇或叔醇发生分子内脱水时与卤代烃脱 HX 相似，也遵循札依采夫规则，即形成双键碳原子连有较多烃基的烯烃。

$$CH_3-\underset{\underset{CH_3}{|}}{\overset{\overset{H}{|}}{C}}-\underset{\underset{H}{|}}{\overset{\overset{OH}{|}}{C}}-CH_3 \longrightarrow CH_3-\underset{\underset{CH_3}{|}}{C}=CH-CH_3 + CH_3-\underset{\underset{CH_3}{|}}{\overset{\overset{H}{|}}{C}}-CH=CH_2$$

（主）　　　　　　（次）

(4) 和有机酸反应成酯　醇与酸作用生成酯和水的反应称为酯化反应。酯化反应是可逆的。

醇和有机酸作用时，分子间脱水生成有机酸酯。

$$H_3C-\overset{\overset{O}{\|}}{C}-OH + H-O^{18}-CH_2CH_3 \longrightarrow H_3C-\overset{\overset{O}{\|}}{C}-O^{18}-CH_2CH_3 + H_2O$$

(5) 和无机含氧酸反应成酯　醇与某些无机含氧酸作用生成无机酸酯。

(6) 氧化和脱氢　伯醇或仲醇分子中，与羟基直接相连的碳原子上含有氢原子，由于受羟基的影响变得比较活泼，容易被氧化。常用的氧化剂为 $KMnO_4$ 或 $K_2Cr_2O_7$。伯醇首先氧化成醛，醛比醇更容易氧化，继续氧化生成羧酸。仲醇氧化生成酮。叔醇分子中与羟基相连的碳原子上没有氢原子，所以在上述条件下不易被氧化。

$$R-\underset{\underset{H}{|}}{\overset{\overset{H}{|}}{C}}-OH \xrightarrow{K_2Cr_2O_7,\,H_2SO_4} [R-\underset{\underset{H}{|}}{\overset{\overset{OH}{|}}{C}}-OH] \xrightarrow{-H_2O} \underset{\text{醛}}{R-\overset{\overset{O}{\|}}{C}-H} \xrightarrow{[O]} \underset{\text{羧酸}}{R-COOH}$$

$$R-\underset{\underset{H}{|}}{\overset{\overset{R}{|}}{C}}-OH \xrightarrow{K_2Cr_2O_7,\,H_2SO_4} [R-\underset{\underset{R}{|}}{\overset{\overset{OH}{|}}{C}}-OH] \xrightarrow{-H_2O} R-\overset{\overset{O}{\|}}{C}-R$$

伯醇和仲醇在脱氢剂存在下生成醛或酮。例如，将伯醇或仲醇的蒸气在 300~350℃ 下通过铜、铜铬或铜镍等催化剂，可脱氢生成醛或酮。

$$R-CH_2-OH \xrightleftharpoons[325℃]{Cu} R-\overset{\overset{O}{\|}}{C}-H + H_2$$

$$R-\underset{\underset{R}{|}}{C}H-OH \xrightleftharpoons[325℃]{Cu} R-\overset{\overset{O}{\|}}{C}-R + H_2$$

6.1.2.2　酚的化学性质

(1) 酸性　酚羟基上的氢原子不仅能被活泼金属取代，而且还能与强碱溶液作用成盐。可见，酚的酸性不但比醇强，而且也比水强，但比碳酸弱。

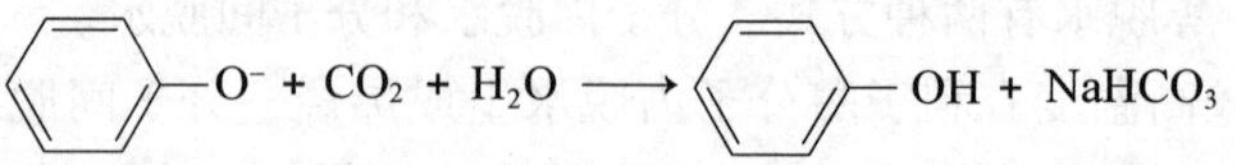

$$\text{C}_6\text{H}_5\text{O}^- + \text{CO}_2 + \text{H}_2\text{O} \longrightarrow \text{C}_6\text{H}_5\text{OH} + \text{NaHCO}_3$$

(2) 与三氯化铁的显色反应 大多数酚与三氯化铁反应都能生成有色物质，这是由于溶液中生成了酚铁络合物的缘故。

(3) 酚醚的生成 酚与醇相似，也可以生成醚。但因酚羟基的碳氧键比较牢固，一般不能通过分子间脱水制备。通常用酚钠与烷基化试剂（碘甲烷、硫酸二甲酯等）在弱碱溶液中作用制得。

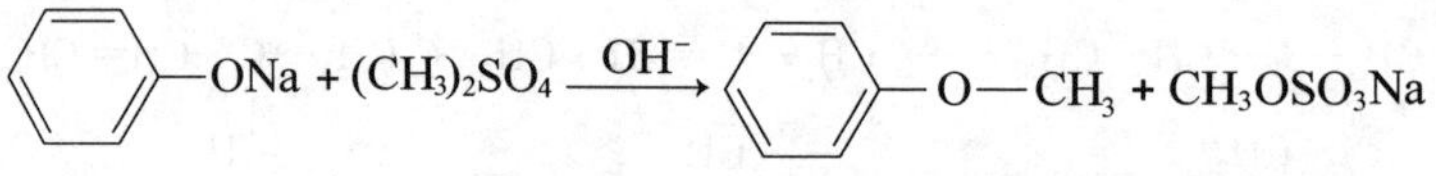

$$\text{C}_6\text{H}_5\text{ONa} + (\text{CH}_3)_2\text{SO}_4 \xrightarrow{\text{OH}^-} \text{C}_6\text{H}_5\text{—O—CH}_3 + \text{CH}_3\text{OSO}_3\text{Na}$$

苯甲醚（大茴香醚）

(4) 酯的生成 酚直接与羧酸生成酯则比较困难，一般酚和酸酐或酰卤作用才能生成酯。

(5) 芳环上的取代反应 酚分子的芳环由于羟基的影响，使芳环上电子云密度增加，特别是邻、对位增加得更多。因此，芳环上容易发生取代反应，取代基主要进入羟基的邻、对位。例如，

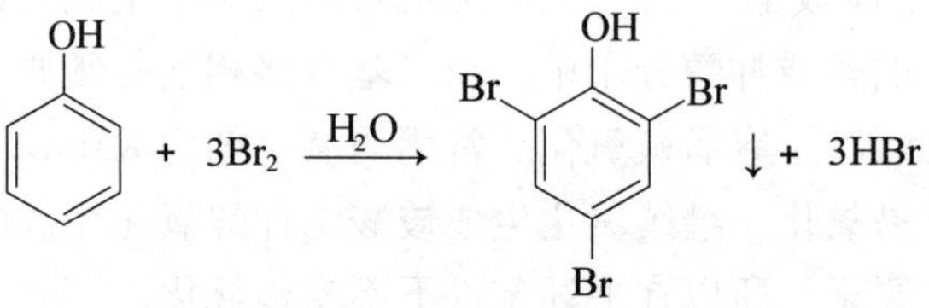

$$\text{C}_6\text{H}_5\text{OH} + 3\text{Br}_2 \xrightarrow{\text{H}_2\text{O}} \text{2,4,6-三溴苯酚} \downarrow + 3\text{HBr}$$

2,4,6-三溴苯酚（白色）

(6) 氧化反应 酚易被氧化，空气中的氧气即可将酚氧化，生成红色至褐色的化合物。

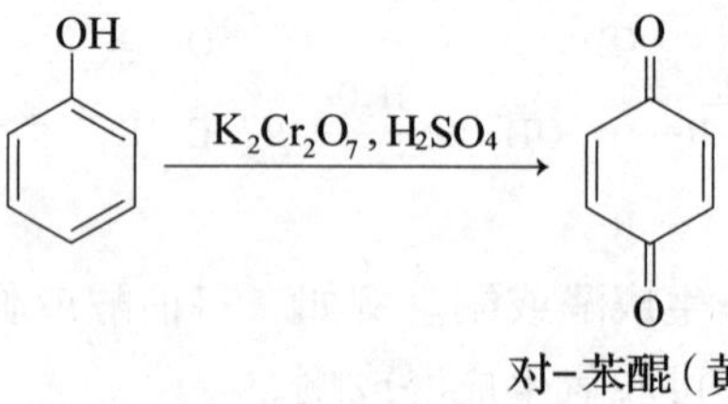

$$\text{C}_6\text{H}_5\text{OH} \xrightarrow{\text{K}_2\text{Cr}_2\text{O}_7, \text{H}_2\text{SO}_4} \text{对-苯醌}$$

对-苯醌（黄色）

6.1.2.3 醚的化学性质

醚分子中氧原子在成键时以不等性 sp^3 杂化状态与 2 个烃基相连，碳氧键具有一定的极性。醚是一类相当不活泼的化合物（某些环醚例外），在常温下不与金属钠作用，对于碱、氧化剂、还原剂都十分稳定。醚在很多反应中可用作溶剂。但由于有醚键存在，又可发生一些特有的反应，主要表现为 C—O 键的断裂。

(1) 醚键断裂 当醚与强无机酸（常用 HI）共热，则醚键发生断裂，反应过程首先形成𬭩盐，加热则醚键断裂，生成碘代烷和醇（或酚），如果有足量的酸存在，开始形成的醇也可变成碘代烷。但如果用酚则不能继续作用。

$$R-O-R' + HI \xrightarrow{\triangle} RI + R'I + H_2O$$

$$CH_3-O-C_2H_5 + HI \rightleftharpoons [CH_3-\overset{H}{\overset{|}{O}}-C_2H_5]^+ I^- \xrightarrow{\triangle} C_2H_5OH + CH_3I$$
$$\downarrow HI$$
$$C_2H_5I + H_2O$$

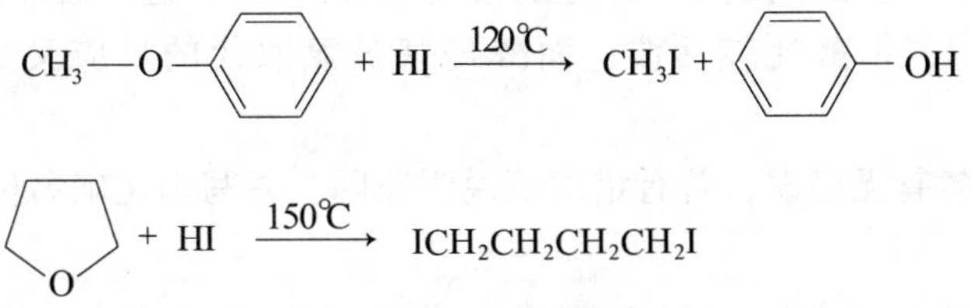

$$CH_3-O-\text{C}_6\text{H}_5 + HI \xrightarrow{120℃} CH_3I + \text{C}_6\text{H}_5-OH$$

$$\text{(四氢呋喃)} + HI \xrightarrow{150℃} ICH_2CH_2CH_2CH_2I \text{ (1,4-二碘丁烷)}$$

（2）鎓盐的生成 醚在常温下溶于强酸(如硫酸、盐酸等)生成鎓盐。生成的鎓盐是强酸弱碱的盐，不稳定，遇水或稍高温度很快分解出原来的醚。利用这个性质可以将醚从烷烃或卤代烃中分离出来。

6.1.2.4 学习要求

（1）掌握醇的化学性质。

（2）掌握酚的化学性质。

（3）掌握醚键断裂的反应。

6.2 典型例题

【例题 6-1】比较下列化合物的酸性大小，并说明原因。

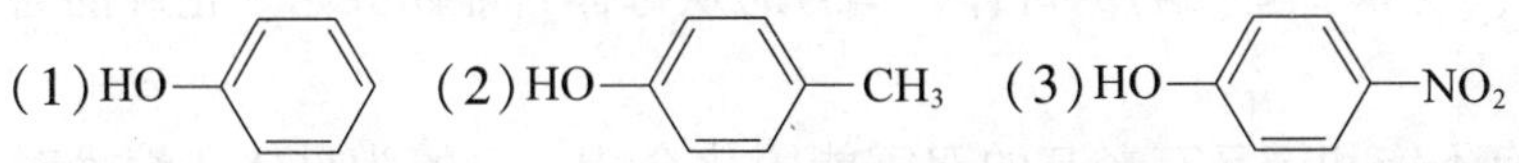

(1) HO—C₆H₅　　(2) HO—C₆H₄—CH₃　　(3) HO—C₆H₄—NO₂

解：酸性大小为(3)>(1)>(2)。酚具有酸性是因为酚分子中的氧原子为 sp^2 杂化，氧原子上有一对未共用电子对填充在未参与杂化的 p 轨道上，这对电子可以和苯环发生 p-π 共轭，从而使氧原子上的电子向苯环转移，加大了 O—H 键的极性，从而使酚显弱酸性。当酚的苯环上有吸电子基团(如硝基)时，由于吸电子诱导效应的影响，使 O—H 键的极性进一步加大，氢原子易电离，酸性增强。当有斥电子基团(如甲基)时，使 O—H 键的极性减弱，酸性减弱。

【例题 6-2】为什么在醇羟基上的氢被置换的反应中，伯醇比较活泼，而醇羟基被氯取代的反应又是叔醇比较活泼呢？

解：这是因为醇羟基上的氢被置换的反应是醇分子中 O—H 键的断裂，而醇羟基被氯取代的反应则是 C—O 键的断裂，因此 O—H 键的极性越大，醇羟基上的氢被置换的反应速率越快，C—O 键的极性越大，醇羟基被氯取代的反应速率越快。

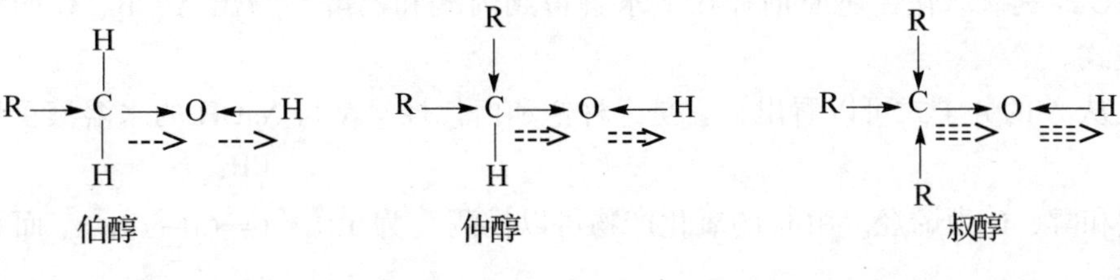

伯醇　　　　　　　仲醇　　　　　　　叔醇

从上述结构可以看出,醇分子的 R 基团具有斥电子的诱导效应,其诱导效应的方向与 C—O 键一致而与 O—H 键的相反,即 R 基团的斥电子诱导效应可以使 C—O 键的极性增大而使 O—H 键的极性减小,由于诱导效应具有加和性,因此叔醇分子中 C—O 键的极性最大,O—H 键的极性最小,而伯醇则是 O—H 键的极性最大,C—O 键的极性最小。故醇羟基上的氢被置换的反应中,伯醇比较活泼,而醇羟基被氯取代的反应又是叔醇比较活泼。

【例题 6-3】判断下述命名有无错误,若有错误请说明原因,并写出正确名称。

(1) $CH_3-CH(CH_3)-CH(OH)-CH_3$
2-甲基-3-丁醇

(2) $HO-C_6H_4-SO_3H$
4-磺酸基苯酚

(3) $H_2C=CH-CH(OH)-CH_3$
1-丁烯-3-醇

(4) $C_6H_5-O-CH_3$
甲苯醚

(5) $CH_3-CH(OH)-CH(OH)-CH_3$
丁二醇

(6) $CH_3-CH_2-O-CH_3$
甲氧基乙烷

解:(1)错。醇的命名应使羟基的位次可能小,即从靠近羟基的一端开始将主链编号,正确的名称为 3-甲基-2-丁醇。

(2)错。当苯酚分子中苯环上除羟基外还有磺酸基、羧基、羰基等基团时,将羟基看作取代基,分别以磺酸、羧酸、醛(酮)为母体,编号时从母体官能团开始。正确的名称为 4-羟基苯磺酸。

(3)错。对于既含有不饱和键又有羟基的双官能团化合物,以醇为母体,编号时从靠近羟基的一端开始,命名时分别标出不饱和键和羟基的位次。正确的名称为 3-丁烯-2-醇。

(4)错。对于既含有芳烃基又有脂烃基的芳香醚,命名时先写芳烃基的名字,再写脂烃基的名字。正确的名称为苯甲醚。

(5)错。多元醇的命名应标出每个羟基的位次。正确的名称为 2,3-丁二醇。

(6)错。对于简单的混合醚,命名时先写出简单烃基的名字,再写复杂烃基的名字,最后加上"醚"字。只有对一些构造复杂的醚,在命名时才将较小的基团与氧原子在一起看作取代基(烷氧基),以烃为母体进行命名。正确的名称为甲乙醚。

【例题 6-4】化合物 A 的分子式为 $C_5H_{11}Br$,A 与 NaOH 的水溶液共热后得到 $C_5H_{12}O$(B),B 与金属钠作用放出氢气,与浓硫酸共热得 C_5H_{10}(C)。C 与 HBr 反应得到 A 的同分异构体,C 经臭氧氧化在还原剂存在下水解得到丙酮和乙醛,写出 A、B、C 的结构式和有关反应式。

解:从 A 的分子式可以看出,它是一种饱和卤代烃。A 与 NaOH 的水溶液反应得到的 B 为一饱和醇,C 为烯烃。由 C 的氧化产物可以推测 C 为 $CH_3-C(CH_3)=CH-CH_3$,而 C 由 B 脱

水得到，C 与 HBr 反应得到 A 的同分异构体，因此 B 的结构式为 $CH_3-\underset{OH}{\underset{|}{CH}}-\underset{}{\overset{\overset{CH_3}{|}}{CH}}-CH_3$。故

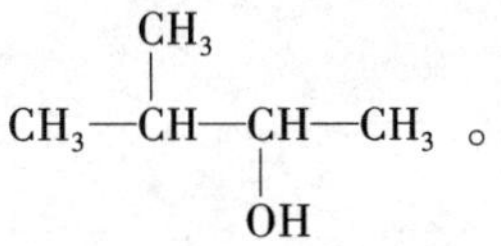

A、B、C 的结构式分别为：

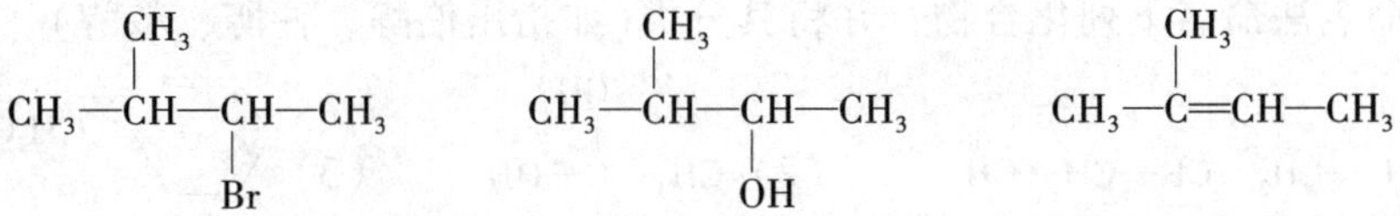

$CH_3-\underset{Br}{\underset{|}{CH}}-\overset{\overset{CH_3}{|}}{CH}-CH_3$ $\quad$ $CH_3-\underset{OH}{\underset{|}{CH}}-\overset{\overset{CH_3}{|}}{CH}-CH_3$ $\quad$ $CH_3-\overset{\overset{CH_3}{|}}{C}=CH-CH_3$

有关的反应式如下：

$CH_3-\underset{Br}{\underset{|}{CH}}-\overset{\overset{CH_3}{|}}{CH}-CH_3 \xrightarrow{NaOH} CH_3-\underset{OH}{\underset{|}{CH}}-\overset{\overset{CH_3}{|}}{CH}-CH_3$

$CH_3-\underset{OH}{\underset{|}{CH}}-\overset{\overset{CH_3}{|}}{CH}-CH_3 \xrightarrow{Na} CH_3-\underset{ONa}{\underset{|}{CH}}-\overset{\overset{CH_3}{|}}{CH}-CH_3 + H_2$

$CH_3-\underset{OH}{\underset{|}{CH}}-\overset{\overset{CH_3}{|}}{CH}-CH_3 \xrightarrow[-H_2O]{浓 H_2SO_4} CH_3-\overset{\overset{CH_3}{|}}{C}=CH-CH_3$

$CH_3-\overset{\overset{CH_3}{|}}{C}=CH-CH_3 \xrightarrow[②Zn,H_2O]{①O_3} CH_3-\overset{O}{\overset{||}{C}}-CH_3 + CH_3-CHO$

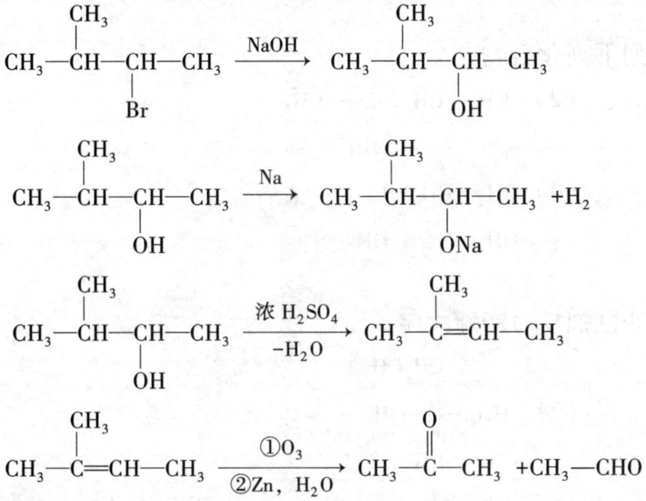

【例题 6-5】由异丙醇为原料合成 3-丁烯酸。

解：物质的合成或转化是由原料出发，经过合理的反应变化生成目标物的过程。该过程涉及官能团的形成或消除或转移、碳链的增长或缩短或异构化、官能团的保护与还原等，同时还必须有一个合理的合成或转化路线。要达到上述要求，除了需要熟练掌握各类化合物的化学反应之外，还必须经过一定的练习。

路线设计时，首先看原料与目标产物在组成或结构上的关联性和差异，明确合成转化的任务，再依据所给定的条件、原料及可能涉及的中间产物的性质，找出最好的合成线路。

本例中原料异丙醇与目标产物 3-丁烯酸相比较，原料要增加一个碳原子，很容易想到卤代烃与氰化钠的取代反应，脱水可得到烯烃。合成路线设计为

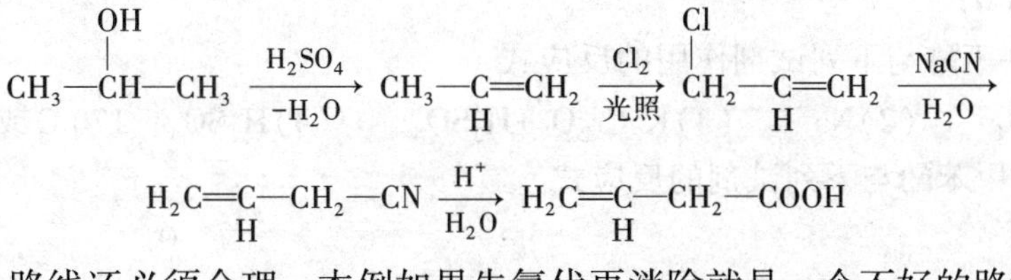

$CH_3-\underset{OH}{\underset{|}{CH}}-CH_3 \xrightarrow[-H_2O]{H_2SO_4} CH_3-\underset{H}{\underset{|}{C}}=CH_2 \xrightarrow[光照]{Cl_2} \underset{H}{\underset{|}{C}}\underset{Cl}{\underset{|}{H_2}}-CH_2 \xrightarrow{NaCN}{H_2O}$

$H_2C=\underset{H}{\underset{|}{C}}-CH_2-CN \xrightarrow[H_2O]{H^+} H_2C=\underset{H}{\underset{|}{C}}-CH_2-COOH$

方法确定，路线还必须合理。本例如果先氯代再消除就是一个不好的路线。

6.3 思考题

【思考题 6-1】
用系统命名法命名下列化合物，并将其分类(如指出伯醇、仲醇、叔醇)。

(1) $CH_3-CH_2-\underset{\underset{CH_3}{|}}{CH}-\underset{\underset{OH}{|}}{CH}-CH_3$
(2) $CH_3-\underset{\underset{CH_3}{|}}{\overset{\overset{CH_3}{|}}{C}}-OH$
(3) 邻甲基苄醇（苯环上邻位含 CH_2OH 和 CH_3）

【思考题 6-2】
按在水中溶解度大小次序排列下列化合物。

(1) $CH_3-O-CH_2-CH_3$
(2) $CH_3-\underset{\underset{OH}{|}}{CH}-CH_3$
(3) $\underset{\underset{OH}{|}}{CH_2}-\underset{\underset{OH}{|}}{CH}-\underset{\underset{OH}{|}}{CH_2}$
(4) $\underset{\underset{OH}{|}}{CH_2}-\underset{\underset{OH}{|}}{CH_2}$

【思考题 6-3】
比较下列各组化合物与卢卡斯试剂反应活性次序。

(1) CH_3-CH_2-OH
(2) $H_3C-\underset{\underset{CH_3}{|}}{\overset{\overset{CH_2CH_3}{|}}{C}}-OH$
(3) $CH_3-\underset{\underset{OH}{|}}{CH}-\underset{\underset{}{}}{CH}-CH_3$
(4) $CH_2=CH-CH_2OH$

【思考题 6-4】
比较下列化合物与活泼金属反应的活性顺序。
(1) 3-丁烯-2-醇 (2) 3-丁烯-1-醇 (3) 2-甲基-2-丙醇 (4) 水

【思考题 6-5】
写出下列各组化合物的酸性强弱次序。

(1) 苯酚 C_6H_5-OH (2) 对甲苯酚 $CH_3-C_6H_4-OH$ (3) 2,4-二硝基苯酚（邻、对位含 NO_2） (4) 环己醇

【思考题 6-6】
1. 写出 2-丁醇与下列试剂作用的反应式。
(1) H_2SO_4 (2) Na   (3) $K_2Cr_2O_7+H_2SO_4$ (4) H_2SO_4, 170℃ 或 Al_2O_3, 360℃

2. 写出对甲苯酚与下列试剂的反应式。
(1) $FeCl_3$ (2) 溴水   (3) NaOH   (4) 稀 HNO_3 (5) $CH_3-\overset{\overset{O}{\|}}{C}-Cl$ (6) 浓 H_2SO_4

【思考题 6-7】

1. 指定原料合成化合物。

(1) 由正丁醇合成 1,2-二溴丁烷和 2-丁酮

(2) 由丙烯合成异丙醇

2. 用简便的化学方法区别下列各组化合物。

(1) 乙醇　氯乙烷　苯酚　乙醚

(2) 戊烷　正丙醇　1-丁炔　1-丁烯

6.4　思考题答案

【思考题 6-1】

答：(1) 3-甲基-2-戊醇（仲醇）　(2) 2-甲基-2-丙醇（叔醇）　(3) 邻甲基苯甲醇（伯醇）

【思考题 6-2】

答：(3)>(4)>(2)>(1)

【思考题 6-3】

答：(4)>(2)>(3)>(1)

【思考题 6-4】

答：(4)>(2)>(1)>(3)

【思考题 6-5】

答：(3)>(1)>(2)>(4)

【思考题 6-6】

答：1.

(1) 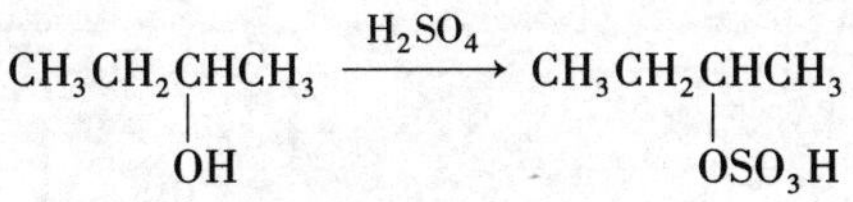 $CH_3CH_2\underset{OH}{C}HCH_3 \xrightarrow{H_2SO_4} CH_3CH_2\underset{OSO_3H}{C}HCH_3$

(2) $CH_3CH_2\underset{OH}{C}HCH_3 \xrightarrow{Na} CH_3CH_2\underset{ONa}{C}HCH_3$

(3) $CH_3CH_2\underset{OH}{C}HCH_3 \xrightarrow[H_2SO_4]{K_2Cr_2O_7} CH_3CH_2\underset{O}{\overset{\|}{C}}CH_3$

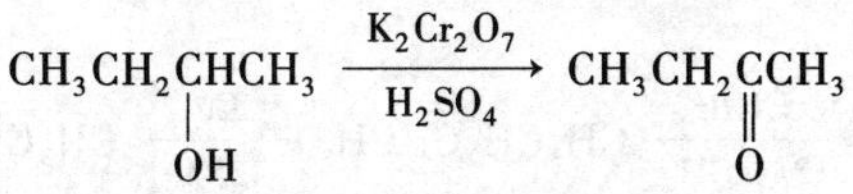

(4) 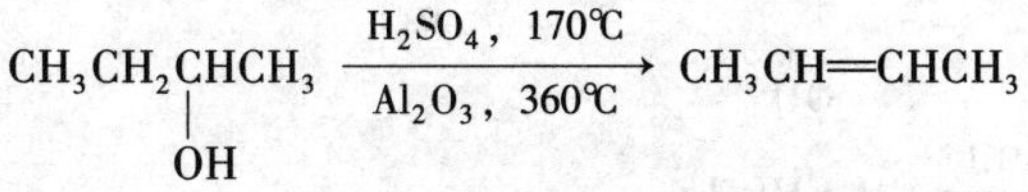 $CH_3CH_2\underset{OH}{C}HCH_3 \xrightarrow[Al_2O_3,\ 360℃]{H_2SO_4,\ 170℃} CH_3CH=CHCH_3$

2.

(1) 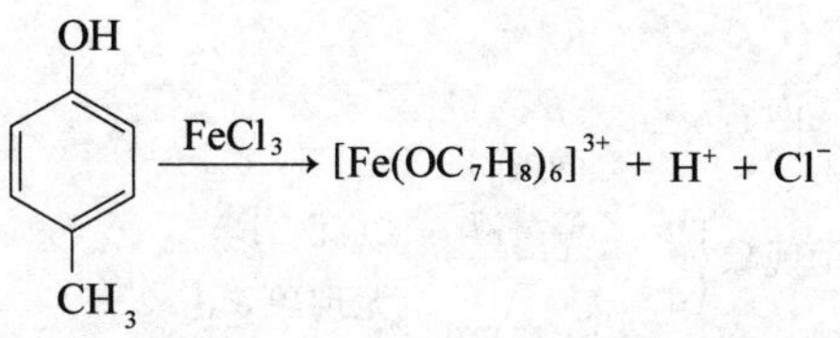 对甲基苯酚 $\xrightarrow{FeCl_3}$ $[Fe(OC_7H_8)_6]^{3+} + H^+ + Cl^-$

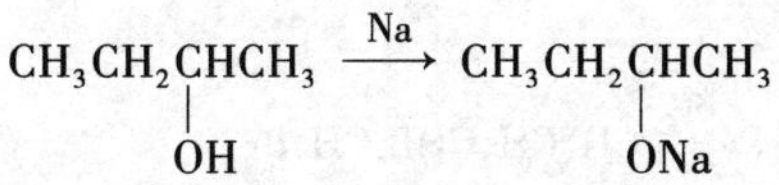

(2) 4-甲基苯酚 $\xrightarrow{\text{Br}_2/\text{H}_2\text{O}}$ 2,6-二溴-4-甲基苯酚 + HBr

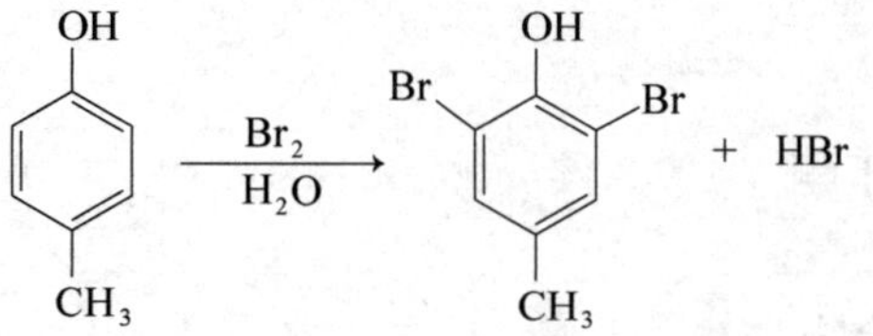

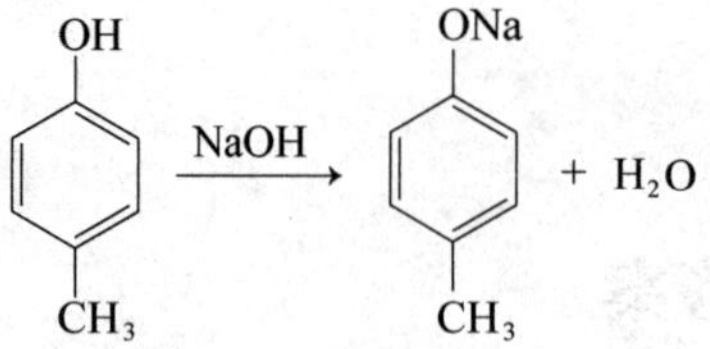

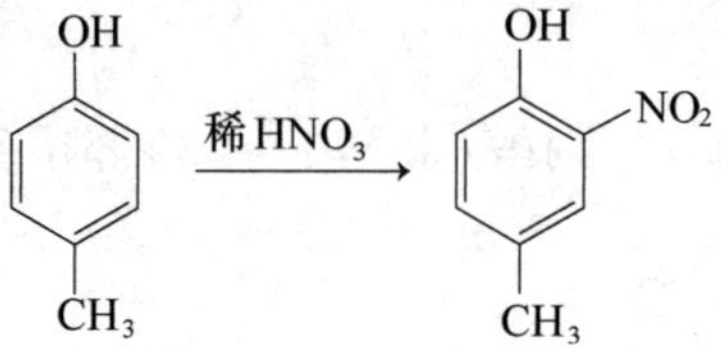

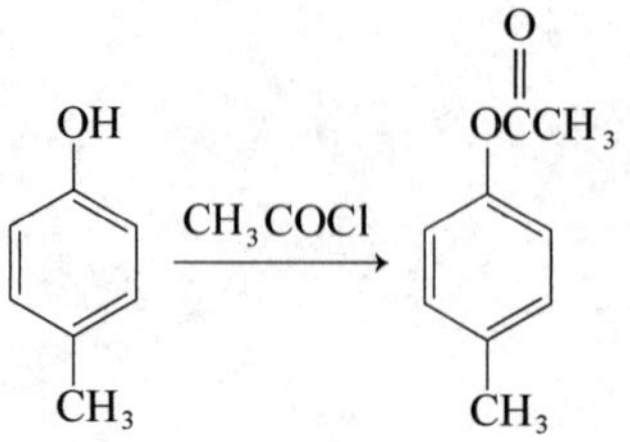

(3) 4-甲基苯酚 $\xrightarrow{\text{NaOH}}$ 4-甲基苯酚钠 + H_2O

(4) 4-甲基苯酚 $\xrightarrow{\text{稀 HNO}_3}$ 2-硝基-4-甲基苯酚

(5) 4-甲基苯酚 $\xrightarrow{\text{CH}_3\text{COCl}}$ 乙酸-4-甲基苯酯

(6) 4-甲基苯酚 $\xrightarrow{\text{浓 H}_2\text{SO}_4}$ 3-磺酸基-4-甲基苯酚（2-羟基-5-甲基苯磺酸）

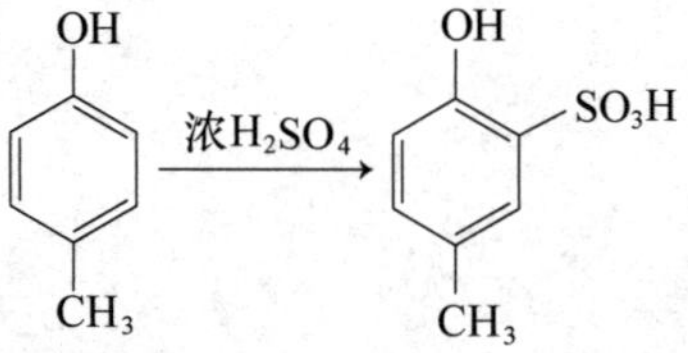

【思考题 6-7】

答：1.

(1) a. $CH_3CH_2CH_2CH_2OH \xrightarrow[170℃]{H_2SO_4} CH_3CH_2CH=CH_2 \xrightarrow{Br_2} CH_3CH_2CHBrCH_2Br$

b. $CH_3CH_2CH_2CH_2OH \xrightarrow[170℃]{H_2SO_4} CH_3CH_2CH=CH_2 \xrightarrow[\text{②NaOH}]{\text{①HBr}} CH_3CH_2\underset{\underset{OH}{|}}{C}HCH_3 \xrightarrow[325℃]{Cu} CH_3CH_2\overset{O}{\overset{\|}{C}}CH_3$

(2) $CH_3CH=CH_2 \xrightarrow{HBr} CH_3\underset{\underset{Br}{|}}{C}HCH_3 \xrightarrow[H_2O]{NaOH} CH_3\underset{\underset{OH}{|}}{C}HCH_3$

2. (1) 乙醇 a，氯乙烷 b，苯酚 c，乙醚 d

$\xrightarrow{\text{FeCl}_3}$ 蓝紫色：c；无现象：a, b, d

无现象的 a, b, d $\xrightarrow{\text{Na}}$ 气泡：a；无现象：b, d

无现象的 b, d $\xrightarrow{\text{硝酸银的乙醇溶液}}$ 沉淀：b；无现象：d

第 6 章 醇、酚、醚

(2) $\begin{cases} 戊烷 & a \\ 正丙醇 & b \\ 丁炔 & c \\ 1-丁烯 & d \end{cases} \xrightarrow{[Ag(NH_3)_2]^+} \begin{cases} 沉淀：c \\ 无现象 \begin{cases} a \\ b \\ d \end{cases} \xrightarrow{Na} \begin{cases} 气泡：b \\ 无现象 \begin{cases} a \\ d \end{cases} \xrightarrow{Br_2/CCl_4} \begin{matrix} 褪色：d \\ 无现象：a \end{matrix} \end{cases} \end{cases}$

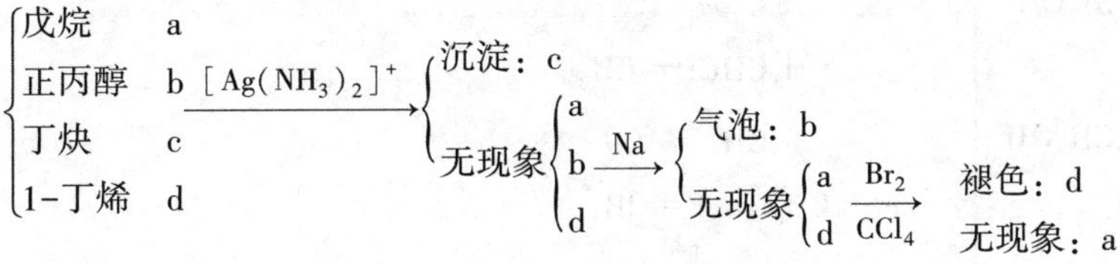

6.5 教材习题

1. 化合物 A、B、C 的分子式皆为 $C_5H_{12}O$，三者都可与金属钠作用放出氢气；三者在适当条件下脱水得到分子式为 $C_5H_{10}(D)$，D 在 H_2/Pt 条件下反应还原得到 2-甲基丁烷。A、B、C 分别与卢卡斯试剂反应，A 几小时也不出现浑浊；B 10min 后出现浑浊；C 立即出现浑浊。试推测 A、B、C 的结构式。

2. 一芳香族化合物 A 分子式为 C_7H_8O，A 与钠不发生反应，与 HI 反应生成两个化合物 B 和 C，B 能溶于 NaOH，并与 $FeCl_3$ 作用呈紫色。C 与硝酸银的醇溶液作用生成黄色碘化银。试推测 A、B、C 的结构式。

6.6 教材习题答案

1.

A. 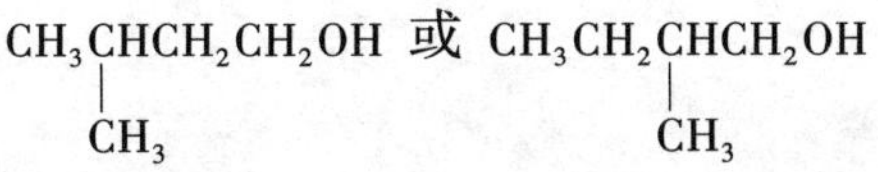 $CH_3CHCH_2CH_2OH$ 或 $CH_3CH_2CHCH_2OH$
      $|$ $|$
      CH_3 CH_3

B. CH_3CHCH_3 C. 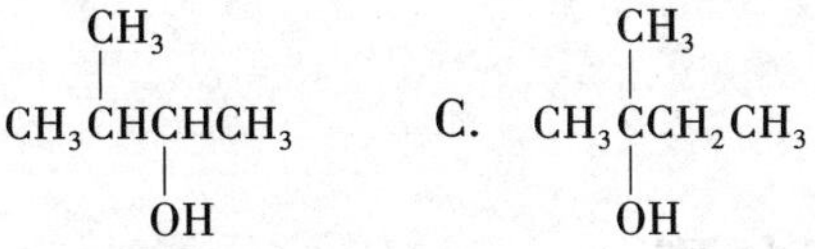 CH_3CCH_3
      $|$ $|$
      OH CH_3
                         $|$
                         OH

相关反应式如下：

与卢卡斯试剂反应，A 几小时也不出现浑浊为伯醇；B 10min 后出现浑浊为仲醇；C 立即出现浑浊为叔醇。

A. $CH_3CHCH_2CH_2OH$
      $|$
      CH_3

   $CH_3CH_2CHCH_2OH$
             $|$
             CH_3

B. $CH_3CHCHCH_3$
         $|$
         OH

           CH_3
           $|$
C. 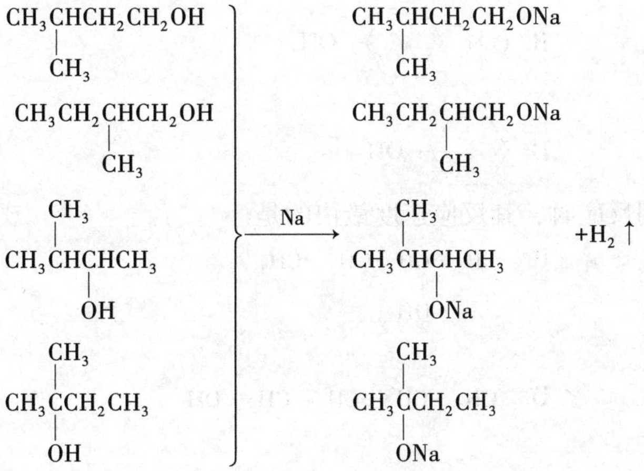 CH_3CCH_3
      $|$
      OH

$\xrightarrow{Na}$

$CH_3CHCH_2CH_2ONa$
    $|$
    CH_3

$CH_3CH_2CHCH_2ONa$
           $|$
           CH_3

$CH_3CHCHCH_3$
       $|$
       ONa

       CH_3
       $|$
CH_3CCH_3
    $|$
    ONa

$+H_2\uparrow$

A. CH₃CHCH₂CH₂OH
   |
   CH₃

  CH₃CH₂CHCH₂OH
     |
     CH₃

   CH₃
   |
B. CH₃CHCH₃
  |
  OH

   CH₃
   |
C. CH₃CH₂CH₃
  |
  OH

$\xrightarrow{-H_2O}$

CH₃CHCH=CH₂
 |
 CH₃

CH₃CH₂C=CH₂
   |
   CH₃

 CH₃
 |
CH₃C=CHCH₃

 CH₃
 |
CH₃C=CHCH₃

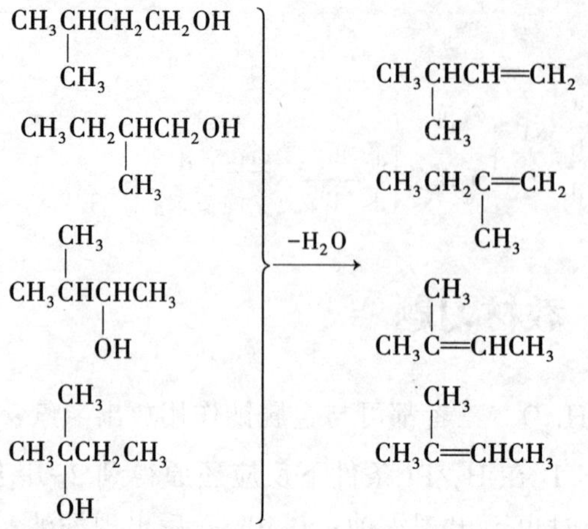

2.
A. 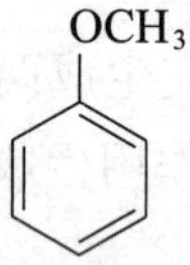 苯-OCH₃   B. 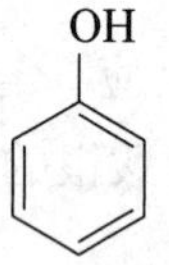 苯-OH   C. CH₃I

相关反应式如下：

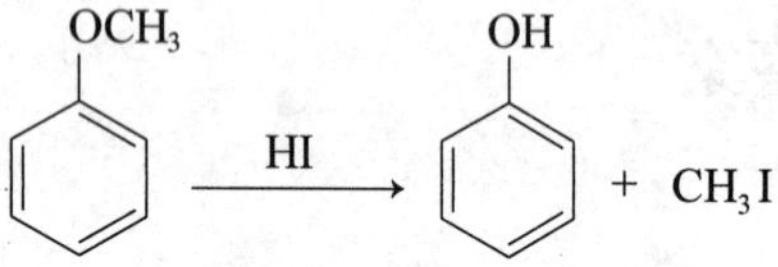

苯-OCH₃ $\xrightarrow{HI}$ 苯-OH + CH₃I

A   B   C

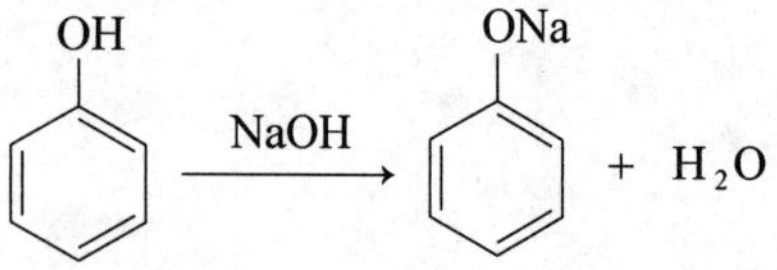

苯-OH $\xrightarrow{NaOH}$ 苯-ONa + H₂O

6.7 章节自测

1. 下列化合物酸性最弱的是( )。

A. 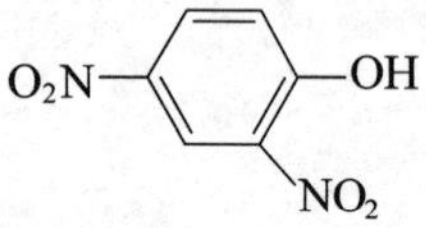 2,4-二硝基苯酚 (O₂N-苯-OH,NO₂)
B. 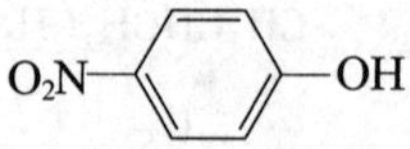 对硝基苯酚 (O₂N-苯-OH)
C. 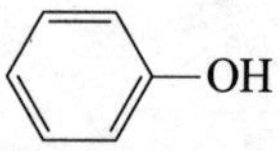 苯酚
D. 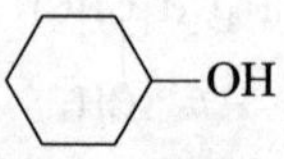 环己醇

2. 下列化合物与卢卡斯试剂反应时，其反应速度最快的是( )。

A. CH₃—CH=CH—CH₂OH
B. 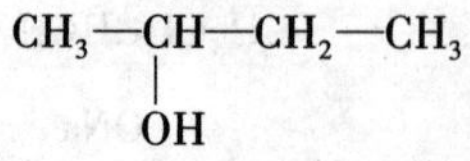 CH₃—CH—CH₂—CH₃
   |
   OH

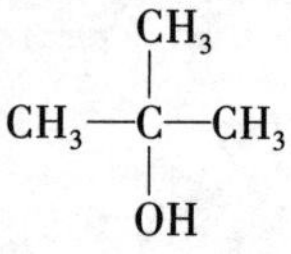

   CH₃
   |
C. CH₃—C—CH₃
  |
  OH

D. CH₃—CH₂—CH₂—CH₂—OH

3. 下列化合物与金属钠反应，其反应速度最快的是(　　)。
   A. 苯甲醇　　　　B. 叔丁醇　　　　C. 异丁醇　　　　D. 甲醇
4. 甲乙醚与过量的 HI 反应得到(　　)。
   A. 甲醇和碘乙烷　　　　　　　　B. 乙醇和碘甲烷
   C. 碘甲烷和碘乙烷　　　　　　　D. 甲醇和乙醇
5. 用化学方法鉴别苯酚、环己醇、苯甲醇 3 种化合物，最合适的一组试剂是(　　)。
   A. 金属钠和三氯化铁　　　　　　B. 溴水和三氯化铁
   C. 溴水和卢卡斯试剂　　　　　　D. 溴水和金属钠
6. 用化学方法区别苯酚和环己醇，不可采用的试剂有(　　)。
   A. 三氯化铁　　　B. 溴水　　　C. 卢卡斯试剂　　　D. 金属钠
7. 下列化合物中，能形成分子内氢键的是(　　)。
   A. 邻甲基苯酚　　B. 对甲基苯酚　　C. 邻硝基苯酚　　D. 对硝基苯酚
8. 乙醇与卢卡斯试剂反应属于(　　)。
   A. 亲电加成　　　B. 亲核取代　　　C. 自由基取代　　D. 亲电取代
9. 醇脱水符合的规则为(　　)。
   A. 马氏规则　　　B. 札依采夫规则　　C. 亲核取代　　　D. 亲电加成
10. 化合物 A 与金属钠作用放出氢气；在适当条件下可脱水后在 H_2/Pt 条件下反应还原得到 2-甲基丁烷。与卢卡斯试剂反应，10min 后出现浑浊。推断 A 为(　　)。
   A. 2-甲基-1-丁醇　　　　　　　　B. 3-甲基-1-丁醇
   C. 2-甲基-2-丁醇　　　　　　　　D. 3-甲基-2-丁醇

6.8　章节自测答案

1. D　2. A　3. D　4. C　5. C　6. D　7. C　8. B　9. B　10. D

第7章 醛、酮、醌

7.1 主要知识点和学习要求

7.1.1 醛、酮的结构与命名

7.1.1.1 醛、酮的结构

醛、酮均含有羰基,羰基中的碳原子以 sp^2 杂化轨道与氧原子的 2p 轨道重叠形成 σ 键,二者的 p 轨道相互重叠形成 π 键,与烯烃中的碳碳双键相似,羰基化合物中的碳氧双键也是由 σ 键和 π 键组成的,二者的差别在于羰基中氧原子的电负性大于碳原子的,碳氧双键的电子云偏向于电负性大的氧原子,因而羰基的碳氧双键是极化的。此外,受羰基的影响,与羰基直接相连的 α-碳原子上的氢原子(α-H)较活泼,能发生一系列反应。醛、酮的反应与结构关系一般描述如下:

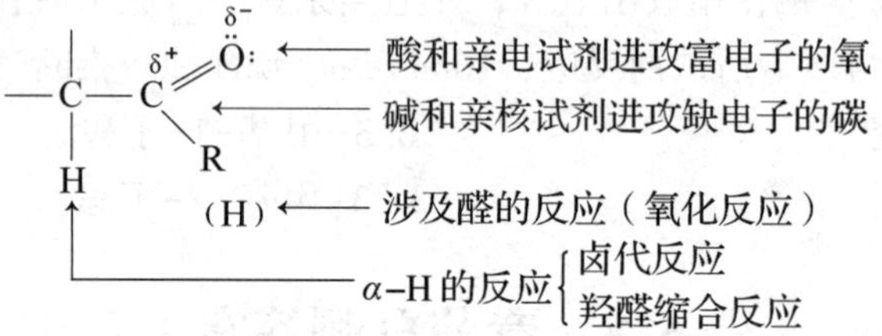

$$\begin{array}{c} \overset{\delta^-}{\ddot{O}:} \\ -\overset{|}{\underset{H}{C}}-\overset{\delta^+}{\underset{R(H)}{C}} \end{array}$$
← 酸和亲电试剂进攻富电子的氧
← 碱和亲核试剂进攻缺电子的碳
← 涉及醛的反应(氧化反应)
α-H 的反应 { 卤代反应 / 羟醛缩合反应 }

7.1.1.2 醛、酮的命名

醛、酮的系统命名法与醇的命名法相似,首先选择包含羰基的最长碳链为主链,依主链碳原子数称其为某醛和某酮。从离羰基最近的一端开始将主链碳原子编号(在环酮中羰基的编号为1)。醛基总是位于链端,不必用数字标明其位次。酮的羰基位于碳链中间,应标明其位次。芳香族醛、酮常将芳香基作为取代基来命名。对醛类化合物,烃基碳原子的位置有时也用希腊字母表示,与醛基相连的碳原子为 α,依次为 β,γ,…。

7.1.1.3 学习要求

(1)掌握醛、酮、醌的结构、分类和命名。
(2)掌握羰基双键碳、氧原子的 sp^2 杂化方式。

7.1.2 醛、酮的化学性质

7.1.2.1 亲核加成反应

羰基存在有极性的不饱和双键,在羰基中,碳原子带有部分正电荷而氧原子带有部分负电荷,由于带正电荷的碳原子比带负电荷的氧原子更不稳定,所以羰基在发生加成反应时,往往是试剂中的负离子首先加到碳氧双键的碳原子上,然后试剂中的正离子再加到氧原子上。因此,羰基化合物的加成属于亲核加成。

羰基化合物与亲核试剂发生的加成反应可表示如下:

$$\overset{\delta^+}{\underset{}{C}}=\overset{\delta^-}{O} + A:B \xrightarrow{慢} \underset{B}{\overset{}{C}}-O^- \xrightarrow{快} \underset{B}{\overset{}{C}}-OA$$

综合电子效应和空间效应，醛、酮进行加成反应难易程度，按顺序排列如下：

$$\underset{甲醛}{\overset{H}{\underset{H}{C}}=O} > \underset{乙醛}{\overset{H}{\underset{H_3C}{C}}=O} > \underset{苯甲醛}{\overset{H}{\underset{C_6H_5}{C}}=O} > \underset{丙酮}{\overset{H_3C}{\underset{H_3C}{C}}=O} > \underset{环酮}{\overset{}{\underset{}{\bigcirc}C}=O} > \underset{甲基酮}{\overset{H_3C}{\underset{R}{C}}=O} > \underset{芳酮}{\overset{C_6H_5}{\underset{R}{C}}=O}$$

(1) 与氢氰酸的加成反应

$$\overset{}{\underset{}{C}}=O + HCN \rightleftharpoons \underset{CN}{\overset{OH}{C}}$$
α-羟基腈

(2) 与炔的加成反应　金属炔化物（如炔化钠、炔化钾、炔化锂等），可以形成炔碳负离子，它是很强的亲核试剂，可与醛、酮发生加成反应生成炔醇。

$$H-\overset{H}{\underset{}{C}}=O + KC\equiv CH \xrightarrow{KOH} HOH_2C-C\equiv CH \xrightarrow[KOH]{H-\overset{H}{\underset{}{C}}=O} HOH_2C-C\equiv C-CH_2OH$$
炔丙醇　　　　　　　　　2-丁炔-1,4-二醇

(3) 与格林亚试剂的加成反应　与有机镁化物的加成是最重要的合成醇的方法之一，如与甲醛加成可制备伯醇，与其他醛加成可制备仲醇，与酮加成可制备叔醇。式中 R 也可以是 Ar。故此反应是制备结构复杂的醇的重要方法。

$$\overset{\delta^+}{\underset{}{C}}=\overset{\delta^-}{O} + \overset{\delta^-}{R}\overset{\delta^+}{MgX} \xrightarrow{无水乙醚} \underset{R}{\overset{OMgX}{C}} \xrightarrow{H_2O} R-\overset{}{\underset{}{C}}-OH + HOMgX$$

(4) 与醇的加成反应

$$\underset{H(R')}{\overset{R}{C}}=O + R''OH \xrightleftharpoons{无水 HCl} \underset{H(R')}{\overset{R}{\underset{OR''}{\overset{OH}{C}}}} \xrightleftharpoons[HCl]{R''OH} \underset{H(R')}{\overset{R}{\underset{OR''}{\overset{OR''}{C}}}} + H_2O$$

半缩醛（酮）　　　　缩醛（酮）双醚结构
不稳定　　　　　　　对碱、氧化剂、还原剂稳定
一般不能分离出来　　可分离出来
　　　　　　　　　　酸性条件下易水解

也可以在分子内形成缩醛。

$$\underset{OH}{\overset{CHO}{\bigcirc}} \xrightarrow{干HCl} \underset{O}{\overset{H}{\bigcirc}}OH$$
环状半缩醛（稳定）
在糖类化合物中多见

醛较易形成缩醛，酮在一般条件下形成缩酮较困难，用 1,2-二醇或 1,3-二醇则易生成缩酮。

$$\begin{array}{c}R\\R\end{array}\!\!>\!\!C=O + \begin{array}{c}HO-CH_2\\HO-CH_2\end{array} \xrightarrow{H^+} \begin{array}{c}R\\R\end{array}\!\!>\!\!C\!\!<\!\!\begin{array}{c}O-CH_2\\O-CH_2\end{array} + H_2O$$

反应的应用：在干燥 HCl 存在下，醛与过量的醇加成生成缩醛。缩醛对碱、氧化剂、还原剂等都比较稳定，但在酸性溶液中却容易发生水解，释放出原来的醛。所以，该反应常用于 保护易被氧化的醛基 。

（5）与饱和亚硫酸氢钠(40%)的加成反应

$$>\!\!C=O + NaO-\overset{O}{\underset{O}{S}}-OH \longrightarrow \left[>\!\!C\!\!<\!\!\begin{array}{c}ONa\\SO_3H\end{array}\right] \xrightarrow{醇钠} >\!\!C\!\!<\!\!\begin{array}{c}OH\\SO_3Na\end{array}$$

强酸　　　强酸盐（白色沉淀）

产物 α-羟基磺酸盐为白色结晶，不溶于饱和的亚硫酸氢钠溶液中，容易分离出来；与酸或碱共热，又可得原来的醛、酮。故此反应可用于提纯醛、酮，反应范围：醛、甲基酮、七元环以下的脂环酮，也可分离和提纯醛、酮。

（6）与氨及其衍生物的加成反应　醛、酮能与氨及其衍生物反应生成一系列的化合物。

NH_2-OH	NH_2-NH_2	$NH_2-NH-\phi$	$NH_2-NH-\phi(O_2N)(NO_2)$	$NH_2-NH-\overset{O}{C}-NH_2$
羟胺	肼	苯肼	2,4-二硝基苯肼	氨基脲

醛、酮与氨或伯胺反应生成亚胺(希夫碱)，亚胺不稳定，故不作要求。

醛、酮与芳胺反应生成的亚胺较稳定，但在有机合成上无重要意义，故也不作要求。

醛、酮与氨的衍生物反应，其产物均为固体且各有其特点，是有实用价值的反应。

$$>\!\!C=O + NH-OH \longrightarrow -\overset{|}{\underset{|}{C}}-N-OH \xrightarrow{-H_2O} >\!\!C=N-OH$$

羟胺　　　　　　　　　　　　　肟（白色沉淀）有固定熔点

如乙醛肟的熔点为 47℃，环己酮肟的熔点为 90℃。

$$>\!\!C=O + NH_2-NH-\phi \longrightarrow -\overset{|}{\underset{|}{C}}-N-NH-\phi \xrightarrow{-H_2O} >\!\!C=N-NH-\phi$$

苯肼　　　　　　　　　　　　　苯腙（黄色沉淀）有固定熔点

$$>\!\!C=O + NH_2NH-\overset{O}{C}-NH_2 \xrightarrow{-H_2O} >\!\!C=N-NH-\overset{O}{C}-NH_2$$

氨基脲　　　　　　　缩氨脲（白色沉淀）

上述反应的特点：反应现象明显（产物为固体，具有固定的晶形和熔点），常用来分离、提纯和鉴别醛酮。

2,4-二硝基苯肼与醛、酮加成反应的现象非常明显，故常用来检验羰基，称为羰基试剂。

7.1.2.2 还原反应

利用不同的条件，可将醛、酮还原成醇或烃。

(1) 催化氢化(产率高，90%~100%)

$$CH_3CH=CHCH_2CHO + 2H_2 \xrightarrow[250℃, 加压]{Ni} CH_3CH_2CH_2CH_2CH_2OH$$

（C=C，C=O 均被还原）

如要保留双键而只还原羰基，则应选用有选择性的金属氢化物为还原剂。

(2) 用还原剂(金属氢化物)还原

① LiAlH$_4$ 还原：

$$CH_3CH=CHCH_2CHO \xrightarrow[②H_2O]{①LiAlH_4, 干乙醚} CH_3CH=CHCH_2CH_2OH$$

（只还原 C=O）

LiAlH$_4$ 是强还原剂，但其选择性差，除不还原 C=C、C≡C 外，其他不饱和键都可被其还原；LiAlH$_4$ 不稳定，遇水剧烈反应，通常只能在无水醚或 THF 中使用。

② NaBH$_4$ 还原：

$$CH_3CH=CHCH_2CHO \xrightarrow[②H_2O]{①NaBH_4} CH_3CH=CHCH_2CH_2OH$$

（只还原 C=O）

NaBH$_4$ 还原的特点：第一，选择性强(只还原醛、酮、酰卤中的羰基，不还原其他基团)；第二，稳定(不受水、醇的影响，可在水或醇中使用)。

③ 克莱门森(Clemmensen)还原——还原成烃：

$$\underset{H(R')}{\overset{R}{>}}C=O \xrightarrow[\Delta]{Zn-Hg, 浓 HCl} \underset{H(R')}{\overset{R}{>}}CH_2$$

此法适用于还原芳香酮，是间接在芳环上引入直链烃基的方法。

$$C_6H_6 + CH_3CH_2CH_2\overset{O}{C}-Cl \xrightarrow{AlCl_3} C_6H_5\overset{O}{C}-CH_2CH_3 \xrightarrow{Zn-Hg, HCl} C_6H_5CH_2CH_2CH_3$$

80%

7.1.2.3 氧化反应

与酮不同的是，醛极易被氧化。弱的氧化剂即可将醛氧化为羧酸。

$$RCHO + 2[Ag(NH_3)_2]^+ + 2OH^- \longrightarrow 2Ag\downarrow + RCOONH_4 + NH_3 + H_2O$$

托伦试剂　　　　　　　银镜

托伦试剂是有选择性的弱氧化剂，只氧化醛，不氧化酮和 C=C。故可用来区别醛和酮。托伦试剂、斐林试剂、本尼迪克试剂等弱氧化剂就能将醛氧化成羧酸，而酮不被氧化，可以此来区别醛和酮。但斐林试剂不能氧化芳香醛，本尼迪克试剂不能氧化甲醛和芳香醛，也可以区别脂肪醛和芳香醛。

7.1.2.4 歧化反应——康尼查罗(Cannizzaro)反应

没有 α-H 的醛在浓碱的作用下发生自身氧化还原(歧化)反应——分子间的氧化还原反应，生成等摩尔的醇和酸的反应称为康尼查罗反应。

$$2HCHO \xrightarrow{\text{浓 NaOH}} CH_3OH + HCOONa$$

$$2\,C_6H_5CHO \xrightarrow{\text{浓 NaOH}} C_6H_5CH_2OH + C_6H_5COONa$$

交叉康尼查罗反应：甲醛与另一种无 α-H 的醛在强的浓碱催化下加热，主要反应是甲醛被氧化而另一种醛被还原，这类反应称为歧化反应。

$$C_6H_5CHO + HCHO \xrightarrow[\triangle]{\text{浓 NaOH}} C_6H_5CH_2OH + HCOONa$$

7.1.2.5 α-H 的反应

醛、酮分子中由于羰基的影响，α-H 变得活泼，具有酸性，所以带有 α-H 的醛、酮具有如下的性质：

(1) α-H 的卤代反应

①卤代反应：醛、酮的 α-H 易被卤素取代生成 α-卤代醛、酮，特别是在碱溶液中，反应能很顺利地进行。例如，

$$C_6H_5\text{CO}CH_3 + Br_2 \longrightarrow C_6H_5\text{CO}CH_2Br$$

②卤仿反应：含有 α-甲基的醛、酮在碱溶液中与卤素反应，则生成卤仿。

$$\underset{(H)}{R-\overset{O}{\underset{\|}{C}}-CH_3} + \underset{(NaOX)}{NaOH+X_2} \longrightarrow \underset{(H)}{R-\overset{O}{\underset{\|}{C}}-CX_3} \xrightarrow{OH^-} \underset{\text{卤仿}}{CHX_3} + RCOONa$$

若 X_2 用 Cl_2，则得到 $CHCl_3$(氯仿，液体)；

若 X_2 用 Br_2，则得到 $CHBr_3$(溴仿，液体)；

若 X_2 用 I_2，则得到 CHI_3(碘仿，黄色固体)，称其为碘仿反应。

因 NaOX 也是一种氧化剂，能将 α-甲基醇氧化为 α-甲基酮，乙醇氧化为乙醛。所以，碘仿反应的范围：乙醛、乙醇和具有 $CH_3\overset{O}{\underset{\|}{C}}-H(R)$ 结构的醛、酮和具有 $CH_3\overset{OH}{\underset{|}{C}}-H(R)$ 结构的醇。

碘仿为浅黄色晶体，现象明显，故常用来鉴定上述反应范围的化合物。

(2) 羟醛缩合反应　有 α-H 的醛在稀碱(10% NaOH)溶液中能和另一分子醛相互作用，生成 β-羟基醛，故称为羟醛缩合反应。

$$CH_3-\overset{O}{\underset{\|}{C}}-H + CH_2CHO \xrightleftharpoons{\text{稀 NaOH}} CH_3-\underset{\underset{\text{β-羟基丁醛}}{}}{\overset{OH}{\underset{|}{CH}}}-CH_2CHO \xrightleftharpoons[-H_2O]{\triangle} \underset{\text{2-丁烯醛}}{CH_3CH=CHCHO}$$

$$CH_3-CH_2-\overset{H}{\underset{}{C}}=O + CH_3-CH_2-\overset{H}{\underset{}{C}}=O \xrightarrow{\text{稀 NaOH}} CH_3CH_2-\underset{\underset{CH_3}{|}}{\overset{\overset{OH}{|}}{C}}-\overset{H}{\underset{}{C}}HO \xrightarrow[\Delta]{-H_2O}$$

$$CH_3CH_2-CH=\underset{\underset{CH_3}{|}}{C}-CHO$$

（3）醛具有烯烃和羰基化合物的典型反应，能发生多种形式的加成反应，如双键的加成、羰基的加成、1,4-加成等。

7.1.2.6 学习要求

（1）掌握醛、酮的亲核加成反应（与 HCN、$NaHSO_3$、RMgX、ROH/H^+、氨的衍生物的反应），α-H 的反应（α-卤代、羟醛缩合），醛的氧化和歧化反应，醛、酮的还原反应。

（2）了解醛、酮的亲核加成反应机理。

7.2 典型例题

【例题 7-1】 按照羰基亲核加成反应活泼性顺序排列下列化合物。

A. CH_3CHO B. $ClCH_2CHO$ C. $CH_3-\overset{O}{\underset{}{C}}-CH_3$ D. $CH_3-\overset{O}{\underset{}{C}}-C_2H_5$ E. $CH_3-\overset{O}{\underset{}{C}}-C_6H_5$

解：不同结构的醛、酮对氢氰酸反应的活性有明显差异，这种活性受电子效应和空间效应两种因素的影响。从电子效应考虑，羰基碳原子上的电子云密度越低（正电性越高），越有利于亲核试剂的进攻，所以羰基碳原子上连接的给电子基团（如烃基）越多，反应越慢。从空间效应考虑，羰基碳原子上的空间位阻越小，越有利于亲核试剂的进攻，所以羰基碳原子上连接的基团越多、体积越大，反应越慢。由此可见，电子效应和空间效应对醛、酮的反应活性影响是一致的，实际上，只有醛、脂肪族甲基酮、8 个碳原子以下的环酮才能与氢氰酸反应。所以，B > A > C > D > E。

【例题 7-2】 由乙炔合成 2-丁烯-1-醇。

解：

$$HC\equiv CH \xrightarrow[H_2SO_4]{HgSO_4} CH_3CHO \xrightarrow[\Delta]{OH^-} CH_3CH=CHCHO \xrightarrow{NaBH_4} CH_3CH=CHCH_2OH$$

【例题 7-3】 下列化合物中，不易与 $NaHSO_3$ 发生加成反应的是（   ）。

A. 3-戊酮   B. 戊醛   C. 2-戊酮   D. 2-甲基丁醛

解：A。醛、酮与饱和亚硫酸氢钠溶液作用与氢氰酸相同，只有醛、脂肪族甲基酮、8 个碳原子以下的环酮才能与饱和亚硫酸氢钠溶液反应。

【例题 7-4】 分子式为 $C_5H_{10}O$ 的化合物不可能是（   ）。

A. 饱和环醚   B. 饱和脂肪醛   C. 饱和环醇   D. 不饱和环醚

解：D。不饱和度是表示有机物结构的重要参数。不饱和度指相对链状烷烃分子，有机物分子中缺氢程度。每缺 2 个氢原子，该有机分子的不饱和度为 1。题中 $C_5H_{10}O$ 不饱和度为 1，而 D 中不饱和度为 2。

【例题 7-5】 用简便并能产生明显现象的化学方法，分别鉴别下列化合物（用流程图表示鉴别过程）：苯甲醛、环己基甲醛、苯乙酮。

解： 与酮不同的是，醛极易被氧化。托伦试剂、斐林试剂、本尼迪克试剂等弱氧化剂就能将醛氧化成羧酸，而酮不被氧化，可以此来区别醛和酮。但斐林试剂不能氧化芳香醛，本尼迪克试剂不能氧化甲醛和芳香醛，也可以区别脂肪醛和芳香醛。

$$\begin{Bmatrix}苯甲醛\\环己基甲醛\\苯乙酮\end{Bmatrix} \xrightarrow[\triangle]{[Ag(NH_3)_2]^+} \begin{Bmatrix}银镜\begin{Bmatrix}苯甲醛\\环己基甲醛\end{Bmatrix}\xrightarrow[\triangle]{斐林试剂}\begin{matrix}砖红色沉淀：环己基甲醛\\无现象：苯甲醛\end{matrix}\\无现象：苯乙酮\end{Bmatrix}$$

【例题 7-6】 化合物 A 的分子式为 $C_6H_{12}O$，能与苯肼作用，但不发生银镜反应。A 经催化氢化得化合物 $C_6H_{14}O$(B)。B 与浓硫酸共热得化合物 C_6H_{12}(C)。C 经臭氧化并还原水解得化合物 D 和 E。D 能发生银镜反应，但不发生碘仿反应；E 可发生碘仿反应，但无银镜反应。分别写出化合物 A、B、C、D 和 E 的结构式。

解：

A. $CH_3-\underset{\underset{CH_3}{|}}{CH}-\overset{\overset{O}{\|}}{C}-CH_2-CH_3$ B. $CH_3-\underset{\underset{CH_3}{|}}{CH}-\overset{\overset{OH}{|}}{CH}-CH_2-CH_3$

C. $CH_3-\underset{\underset{CH_3}{|}}{C}=CH-CH_2-CH_3$ D. $CH_3-CH_2-\overset{\overset{O}{\|}}{C}-H$ E. $CH_3-\overset{\overset{O}{\|}}{C}-CH_3$

7.3 思考题

【思考题 7-1】

1. 用系统命名法命名下列化合物。

(1) $CH_3-\underset{\underset{CH_2-CH_3}{|}}{CH}-CH_2-CHO$ (2) $(CH_3)_2CH-\overset{\overset{O}{\|}}{C}-CH_3$ (3) $CH_3-\overset{\overset{O}{\|}}{C}-CH_2-\overset{\overset{O}{\|}}{C}-CH_3$

(4) $CH_3-\underset{}{\underset{}{C_6H_4}}-\overset{\overset{O}{\|}}{C}-CH_2-CH_3$ (5) CH_3-环己基$=O$ (6) $CH_2=CH-CH_2-\overset{\overset{O}{\|}}{C}-CH_3$

2. 写出下列化合物的结构式。

(1) 1,3-环己二酮 (2) 丙酮苯腙 (3) 乙酰丙酮

【思考题 7-2】

1. 氨基脲($NH_2CONHNH_2$)分子中有两个伯氨基，为什么只有一个氨基与羰基反应？
2. 写出苯甲醛与下列试剂反应的主要产物。

(1) 浓 NaOH (2) 甲醇/无水 HCl (3) C_6H_5MgBr 然后酸水解 (4) 甲醛/浓 NaOH
(5) HCN (6) 2,4-二硝基苯肼

3. 按羰基加成活性大小排列下列化合物。

(1) CH_3-CHO (2) $ClCH_2-CHO$ (3) $CH_3-\overset{O}{\underset{\|}{C}}-CH_3$ (4) $CH_3-\overset{O}{\underset{\|}{C}}-C_6H_5$

(5) $CH_3-\overset{O}{\underset{\|}{C}}-CH_2-CH_3$

【思考题 7-3】

醛、酮的 α-H 被卤素取代生成一卤代醛、酮后，其余 α-H 是否更容易被卤素所取代，试说明其理由。

【思考题 7-4】

1. 以甲醛和乙醛为原料可以制备具有工业价值的季戊四醇[$C(CH_2OH)_4$]，其中使用了交叉羟醛缩合和交叉歧化反应，请写出有关反应式和反应条件。

2. 下列化合物中，哪几种能起碘仿反应？哪几种能起歧化反应？哪几种能起银镜反应？哪几种能起羟醛缩合反应？

(1) CH_3-CHO (2) CH_3-CH_2-CHO (3) $C_6H_5-CH_2-CHO$

(4) 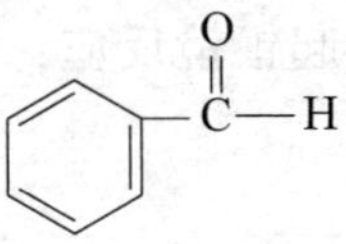 $C_6H_5-\overset{O}{\underset{\|}{C}}-H$ (5) 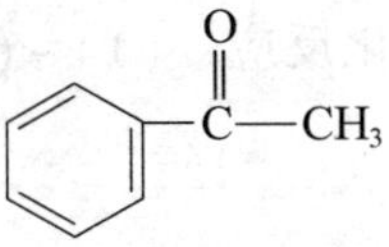 $C_6H_5-\overset{O}{\underset{\|}{C}}-CH_3$ (6) $CH_3-\overset{O}{\underset{\|}{C}}-CH_2-CH_3$

7.4 思考题答案

【思考题 7-1】

答：1. (1) 3-甲基戊醛   (2) 3-甲基-2-丁酮   (3) 2,4-戊二酮
(4) 1-(4′-甲基苯基)-1-丙酮   (5) 4-甲基环己酮   (6) 4-戊烯-2-酮

2. (1) 环己烷-1,3-二酮   (2) $H_3C\underset{H_3C}{\overset{}{>}}C=N-NH-C_6H_5$ (3) $CH_3-\overset{O}{\underset{\|}{C}}-CH_2-\overset{O}{\underset{\|}{C}}-CH_3$

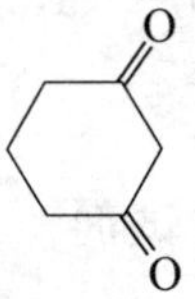

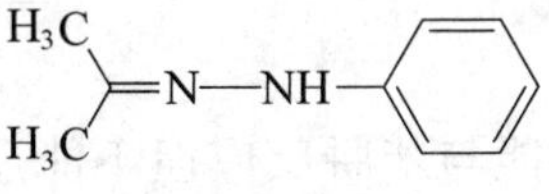

【思考题 7-2】

答：1. 氨基脲($NH_2CONHNH_2$)分子中与羰基相连的氨基受羰基的吸电子共轭效应影响，不能有效给出电子对，无亲核反应活性，所以不能跟羰基反应，而与氮原子相连的氨基可以给出电子对，所以可以与羰基发生亲核加成反应。

2. (1) 苯甲酸和苯甲醇   (2) 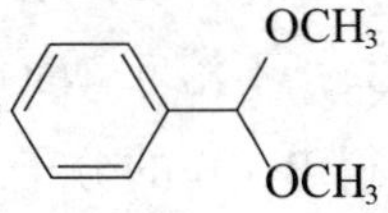 $C_6H_5-CH(OCH_3)_2$ (3) $(C_6H_5)_2CH-OH$

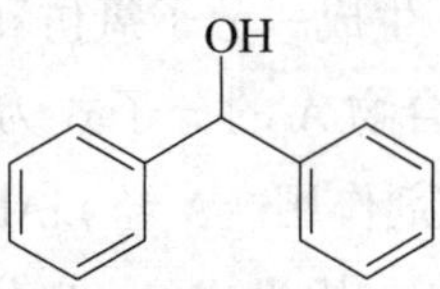

(4) $HCOOH + C_6H_5CH_2OH$ (5) 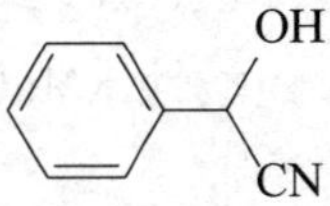 $C_6H_5-CH(OH)(CN)$

(6) C₆H₅—CH=N—NH—C₆H₃(O₂N)(NO₂)

3. (2)>(1)>(3)>(5)>(4)

【思考题 7-3】

答：由于卤素原子的拉电子的诱导效应使 α-C 电子云密度进一步降低，继而 α-C—H 键极化程度更大，其余的 α-H 更容易被卤素所取代。

【思考题 7-4】

答：1.

$$HCHO + CH_3CHO \xrightarrow[OH^-]{交叉羟醛缩合} CH_2(OH)—CH_2CHO \xrightarrow[OH^-]{HCHO} HO—CH_2—CH(CH_2OH)CHO \xrightarrow[OH^-]{HCHO}$$

$$HO—CH_2—C(CH_2OH)_2CHO \xrightarrow[交叉康尼查罗]{HCHO, OH^-} HO—CH_2—C(CH_2OH)_2—CH_2OH + HCOONa$$

2. (1)(5)(6) 能起碘仿反应；(4) 能起歧化反应；(1)~(4) 能起银镜反应；(1)(2)(3)(5)(6) 能起羟醛缩合反应。

7.5 教材习题

1. 用简便化学方法区别下列各组化合物。

(1) 1-丙炔、1-丙醇、丙醛、丙酮　(2) 苯酚、苯乙酮、苯甲醛、苯

2. 由乙炔合成下列化合物(无机试剂任选)。

(1) CH₃CH₂CH₂CH₂OH　(2) CH₃CH=CHCH₂OH　(3) C₆H₅—CH₂—CH₃

3. 推导结构式。

(1) 化合物 A 的分子式为 C_6H_8O，A 能与苯肼反应但不能还原托伦试剂，A 与溴的四氯化碳溶液反应得分子式为 $C_6H_8Br_2O$ 的 B，A 催化氢化得分子式为 $C_6H_{12}O$ 的 C，A 被 $KMnO_4$ 的碱性溶液氧化得 β-羰基己二酸。试推测 A、B、C 的结构式。

(2) 有一化合物 A 分子式为 $C_8H_{14}O$，A 能使溴水褪色，可与苯肼反应，A 被 $KMnO_4$ 氧化生成一分子丙酮及另一分子化合物 B；B 具有酸性，与氯气在碱性溶液中(即与 NaOCl)反应，生成一分子氯仿和一分子丁二酸。试写出 A 的结构式。

(3) 某化合物 A 的分子式为 $C_{10}H_{12}O_2$，不溶于 NaOH 溶液中，可与羟胺和苯肼反应，但不与托伦试剂作用。A 经 $LiAlH_4$ 还原得 B，B 的分子式为 $C_{10}H_{14}O_2$，A 与 B 都能起碘仿反应。A 与 HI 作用生成 C，C 分子式为 $C_9H_{10}O_2$，能溶于 NaOH 溶液中，C 经克莱门森还原生成 D，D 的分子式为 $C_9H_{12}O$，A 经酸性 $KMnO_4$ 氧化生成对甲氧基苯甲酸。写出 A、B、C、D 的结构式及各步反应。

(4) 灵猫酮 A 是由香猫的臭腺中分离出的香气成分，是一种珍贵的香原料，其分子式为 $C_{17}H_{30}O$。A 能与羟胺等氨的衍生物作用，但不发生银镜反应。A 能使溴的四氯化碳溶液褪色生成分子式为 $C_{17}H_{30}Br_2O$ 的 B。将 A 与高锰酸钾水溶液一起加热得到氧化产物 C，分子式为 $C_{17}H_{30}O_5$。但如以硝酸与 A 一起加热，则得到如下的两个二元羧酸：$HOOC(CH_2)_7COOH$ 和 $HOOC(CH_2)_6COOH$。将 A 于室温催化氢化得分子式为 $C_{17}H_{34}O$ 的 D，D 与硝酸加热得到 $HOOC(CH_2)_{15}COOH$。写出灵猫酮以及 A、B、C、D 的结构式，并写出各步反应式。

7.6 教材习题答案

1.

(1) 1-丙炔 / 1-丙醇 / 丙醛 / 丙酮 $\xrightarrow[\triangle]{[Ag(NH_3)_2]^+}$ 银镜：丙醛；白色沉淀：1-丙炔；无现象 { 1-丙醇 / 丙酮 } $\xrightarrow{NaOH/I_2}$ 无现象：1-丙醇；黄色固体：丙酮

(2) 苯酚 / 苯甲醛 / 苯乙酮 / 苯 $\xrightarrow[\triangle]{[Ag(NH_3)_2]^+}$ 银镜：苯甲醛；无现象 { 苯酚 / 苯乙酮 / 苯 } $\xrightarrow{Br_2, H_2O}$ 白色沉淀：苯酚；{ 苯乙酮 / 苯 } $\xrightarrow{NaOH, I_2}$ 无现象：苯；黄色固体：苯乙酮

2.

(1) $HC\equiv CH \xrightarrow[H_2SO_4]{HgSO_4} CH_3CHO \xrightarrow[\triangle]{OH^-} CH_3CH=CHCHO \xrightarrow{H_2, Ni}$

$CH_3CH_2CH_2CH_2OH \xrightarrow{Cu, 325℃} CH_3CH_2CH_2CHO$

(2) $HC\equiv CH \xrightarrow[H_2SO_4]{HgSO_4} CH_3CHO \xrightarrow[\triangle]{OH^-} CH_3CH=CHCHO \xrightarrow{NaBH_4} CH_3CH=CHCH_2OH$

(3) $HC\equiv CH \xrightarrow{H_2, Pd, CaSO_4} H_2C=CH_2 \xrightarrow{HBr} CH_3CH_2Br$

$HC\equiv CH \xrightarrow{C, 500℃}$ 苯 $\xrightarrow[FeBr_3]{CH_3CH_2Br}$ 乙苯

3. (1) A. 环己-3-烯酮 B. 3,4-二溴环己酮 C. 环己醇

(2) A. $H_3C-C(CH_3)=CH-CH_2-CH_2-C(O)-CH_3$ B. $HOOC-CH_2-CH_2-C(O)-CH_3$

(3)

A. 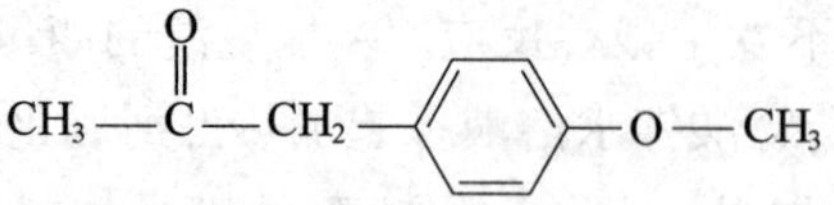

B. 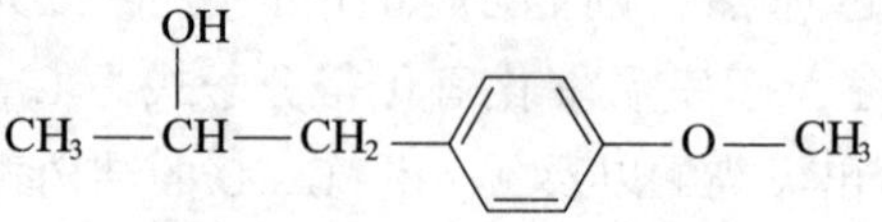

C. 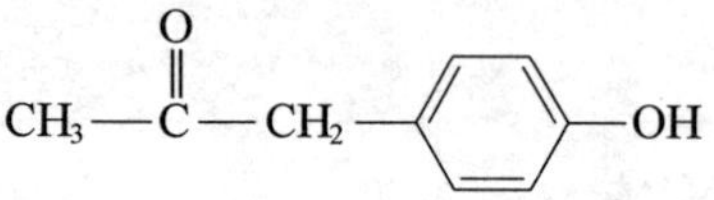

D. 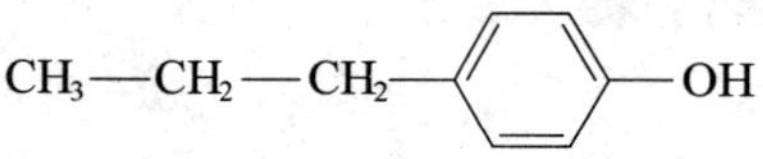

(4)

A. 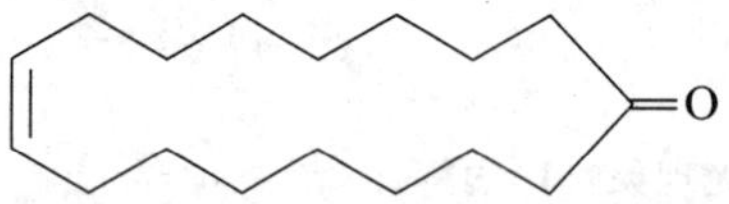

B. 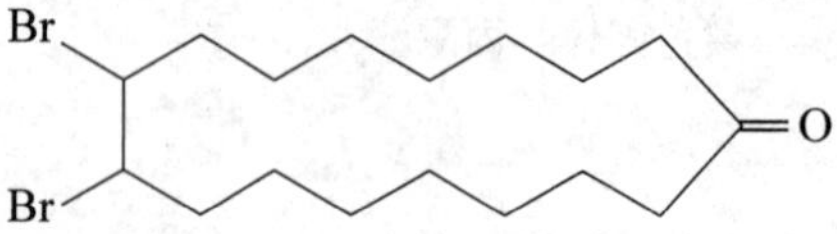

C. 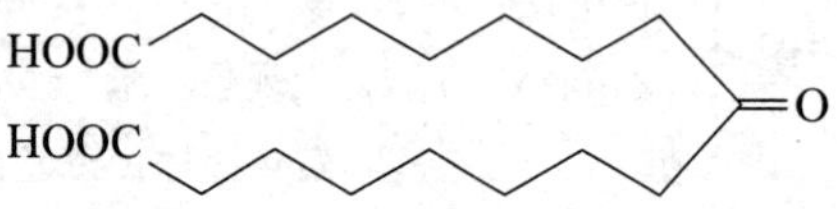

D. 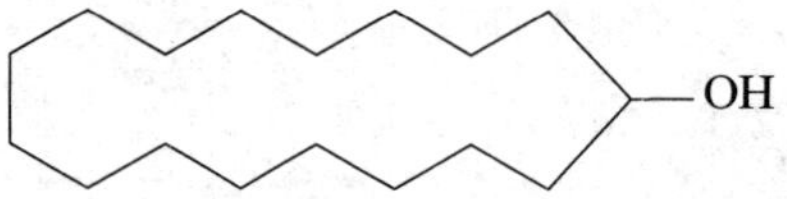

7.7 章节自测

1. 下列化合物能发生碘仿反应的是(　　)。

A. 丙醛　　B. 乙酸　　C. 乙醇　　D. 乙酰苯胺

2. 下列化合物能与醛发生反应的是(　　)。

A. 氯苯　　B. 苯　　C. 苯肼　　D. 硝基苯

3. 下列化合物中，不能发生歧化反应的是(　　)。

A. 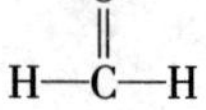　　B. 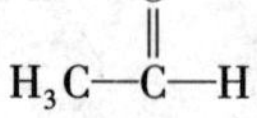　　C. 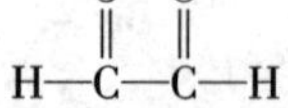　　D. 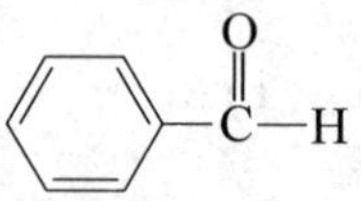

4. 下列化合物都含有羰基，其羰基加成活性最弱的是(　　)。

A. 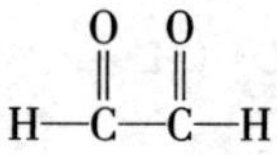　　B. Cl_3CCHO　　C. 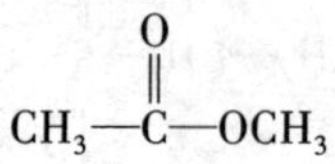　　D. 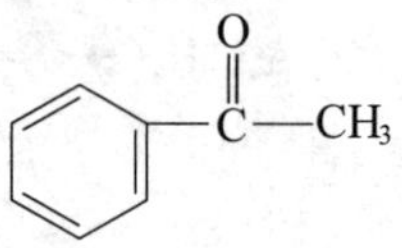

5. 下列化合物中，2,4-己二酮的结构是(　　)。

A. $CH_3-\overset{O}{\underset{\|}{C}}-CH_2-CH_2-\overset{O}{\underset{\|}{C}}-CH_3$ B. $CH_3-\overset{O}{\underset{\|}{C}}-CH_2-\overset{O}{\underset{\|}{C}}-CH_2-CH_3$

C. $CH_3-\overset{O}{\underset{\|}{C}}-CH_2-CH_3$ D. $CH_3-CH_2-\overset{OH}{\underset{|}{C}H}-CH_2-\overset{O}{\underset{\|}{C}}-H$

6. 下列化合物中不能和饱和 $NaHSO_3$ 水溶液加成的是(　　)。
A. 异丙醇　　　　B. 苯乙酮　　　　C. 乙醛　　　　D. 环己酮

7. 下列化合物能发生碘仿反应的是(　　)。
A. $CH_3COCH_2CH_3$　　B. $CH_3CH_2CH_2OH$　　C. C_6H_5CHO　　D. $(CH_3)_2CHCHO$

8. 丙醛在碱性条件下发生反应，受热时生成(　　)。

A. $CH_3-CH_2-\overset{OH}{\underset{|}{C}H}-\overset{CH_3}{\underset{|}{C}H}-CHO$ B. $CH_3-CH_2-\overset{OH}{\underset{|}{C}H}-CH_2-CHO$

C. $CH_3-CH_2-CH=\overset{CH_3}{\underset{|}{C}}-CHO$ D. $CH_3-CH=CH-CH_2-CHO$

9. 下列醛、酮中，羰基加成活性最强的是(　　)。
A. CH_3CHO　　　　　　　　　　B. Cl_3CCHO

C. $H_3C-\overset{O}{\underset{\|}{C}}-CH_3$　　　　　　D. 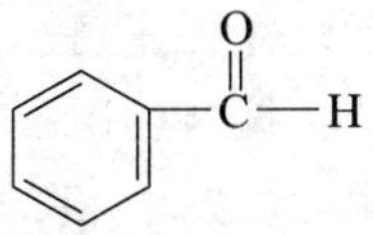 $C_6H_5-\overset{O}{\underset{\|}{C}}-H$

10. 下列两种化合物，用碘仿反应溶液能鉴别的是(　　)。
A. 葡萄糖和蔗糖　　　　　　B. 乙烯与乙炔
C. 丙醛与丙酸　　　　　　　D. 丙酮与丙醇

7.8　章节自测答案

1. C　2. C　3. B　4. C　5. B　6. A　7. A　8. C　9. B　10. D

第8章 羧酸及取代羧酸

8.1 主要知识点和学习要求

8.1.1 羧酸

8.1.1.1 羧酸的分类与命名
（1）羧酸的分类　按烃基的种类可分为脂肪族羧酸和芳香族羧酸。
①脂肪族羧酸：饱和羧酸、不饱和羧酸。
②芳香族羧酸：按羧基数目可分为一元羧酸、二元羧酸、多元羧酸。
（2）羧酸的命名　俗名根据羧酸的最初来源命名。例如，甲酸俗名蚁酸，是由于甲酸存在于荨麻及蚂蚁等动植物体内。

系统命名法：
①含羧基在内的最长碳链作为主链。
②编号从羧基碳原子开始编号（用阿拉伯数字或希腊字母）。
③如有不饱和键要标明烯（或炔）键的位次，且主链包括双键和三键在内。
④脂环族羧酸命名时，简单的在脂环烃后加羧酸二字，复杂的环可作为取代基。
⑤芳香酸可作脂肪酸的芳基取代物命名。
⑥多元羧酸：选择含两个羧基的碳链为主链，按碳原子数目称为某二酸。

8.1.1.2 羧酸的化学性质
（1）羧酸结构与性质之间的关系

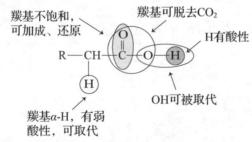

羧酸是由羟基和羰基组成的，羧基是羧酸的官能团。羧基中的氢原子受到氧原子的诱导吸电子作用，呈现出酸性。羟基可被取代，羰基可发生加成反应，α-H 呈现出一定的弱酸性，可被取代。

（2）羧酸的酸性　当羧基电离成负离子后，氧原子上带一个负电荷，更有利于 p-π 共轭体系的稳定，故羧酸易离解成负离子。

几种活泼氢酸性比较：羧酸>碳酸>酚>水>醇。

影响羧酸酸性的因素：

$$R-\overset{O}{\underset{}{C}}-OH \xrightarrow{B:^{\ominus}} R-\overset{O}{\underset{}{C}}-O^{\ominus} + H^+$$

$$\rightleftharpoons \left[R-C\overset{O}{\underset{O}{\diagdown}} \right]^{\ominus}$$

p-π 共轭体系

①饱和一元脂肪酸：弱酸(甲酸除外)。这主要是由于诱导效应，这里分为两种情况：一种是连接有给电子基团，且给电子基团越多，酸性减弱越多；另一种是连接有吸电子取代基时，酸性增强，且吸电子基团越多，距离羧基越近，酸性越强。

②不饱和脂肪酸和芳香酸：酸性略强于相应的饱和脂肪酸。这主要是由于共轭效应的结果。当能与基团共轭时，则酸性增强。例如，乙酸的 pK_a 值为 4.76，当甲基变成苯基，即苯甲酸，其 pK_a 值为 4.20，这是由于苯环与羧基共轭的结果。芳香酸的酸性变化一般来说，当取代基吸电子时，酸性增强；当取代基给电子时，酸性减弱。

③二元羧酸的酸性：其一级电离常数比一元饱和酸大，二级电离常数比一级电离常数要小。这主要是由于两个羧基的相互影响，这种影响会随着两个羧基距离的加大明显减少。

(3) **羧酸衍生物的生成** 羧基中羟基被其他原子或基团取代后形成的产物称为羧酸的衍生物。

$$R-\overset{O}{\underset{}{C}}-OR' \quad R-\overset{O}{\underset{}{C}}-NH_2 \quad R-\overset{O}{\underset{}{C}}-X \quad R-\overset{O}{\underset{}{C}}-O-\overset{O}{\underset{}{C}}-R'$$

酯　　　　酰胺　　　　酰卤　　　　　酸酐

①酰卤：羧基中羟基被卤素取代。常用的试剂有 PX_3、PX_5、$SOCl_2$ 等。

②酸酐：两分子羧酸在脱水剂存在下受热后脱去一分子水生成的产物。常用的脱水剂为五氧化二磷。

③酯：酸和醇在无机酸的催化作用下共热，失去一分子水形成的化合物。

酯化反应特点：反应可逆进行，可通过提高反应物用料或除去生成的水提高产率；反应历程为加成消除反应；对于同一种醇来讲，酸的 α-碳原子取代的烃基越多，酯化速度越慢。

④酰胺：氨气或碳酸铵与羧酸反应，生成羧酸的铵盐晶体受强热或在脱水剂作用下加热，分子内失去一分子水形成的化合物。

(4) **脱羧反应** 羧基以 CO_2 的形式脱去，称为脱羧反应。

①一元羧酸脱羧：一元羧酸的钠盐与强碱共热可失去羧基，生成比原来羧酸少一个碳原子的烃。

②二元羧酸脱羧：乙二酸和丙二酸脱羧时，表现为脱去一分子二氧化碳，生成少一个碳原子的一元羧酸；丁二酸和戊二酸的脱羧时，表现为脱去一分子水生成环状酸酐；己二酸和庚二酸脱羧时，表现为发生失水和失羧反应生成环酮；庚二酸以上的二元酸脱羧时，

发生分子间的失水作用形成高分子的酸酐。

(5)α-H 的反应

①α-H 活化：是由于较强吸电子基的羧基，通过诱导效应和 σ-π 共轭效应进行活化。

②卤素取代：反应需在光照或碘、红磷、硫的催化作用下进行；有多个 α-H 时，会有多卤代产物，可通过控制反应条件，使反应停留在一取代阶段。

(6)羧酸的氧化还原反应

①羧酸的氧化反应：脂肪族饱和一元和二元羧酸不能被一般的氧化剂（如 $KMnO_4$）所氧化，但也有特殊情况。

甲酸：由于氢原子直接和羧基相连，所以甲酸是一个较强的还原剂，能被托伦试剂所氧化。

草酸：可被 $KMnO_4$ 所氧化。

②羧酸的还原反应：由于 p-π 共轭作用，羧基不能被一般的还原剂所还原，只有特殊的还原剂 $LiAlH_4$ 能将其还原成一元醇。

8.1.1.3 学习要求

(1)熟练掌握羧酸的化学性质及影响羧酸强度的因素。

(2)理解酯化反应历程。

8.1.2 羧酸衍生物

8.1.2.1 羧酸衍生物的结构与命名

羧酸衍生物：是指羧酸分子中的羟基被取代后的产物，常见的有酰卤、酸酐、酯、酰胺。

(1)羧酸衍生物的结构　共同特点是都含有酰基，与其所连的基团都能形成 p-π 共轭体系。

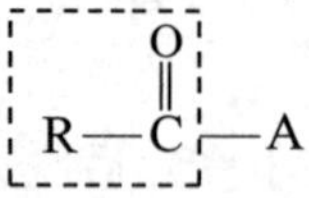

(2)羧酸衍生物的命名

酰卤：根据酰基和卤原子结合起来命名为"某酰卤"。

酸酐：两个相同的酸所形成的酸酐为简单酸酐，命名为"某酸酐"，简称"某酐"；两个不相同的酸形成的酸酐称为混合酸酐，命名时需标出两个酸酐的名称；二元羧酸分子内两个酸基相互间失去一分子水所形成的酸酐称为内酐，命名为"某二酸酐"。

酯：根据形成它的酸和醇来命名，称为某酸某酯。

8.1.2.2 羧酸衍生物的化学性质

在羧酸衍生物中，与酰基相连的原子或基团 A 的给电子能力要比氧负离子小得多，反应时的活性顺序为酰氯>酸酐>酯>酰胺。酰—A 键断裂，酰基取代反应物中的活泼氢发生亲核取代反应，类型为水解、醇解、氨解。

(1)水解　产物为羧酸。酰氯遇水迅速反应；酸酐在冷水中反应缓慢，在热水中迅速水解；酯在没有催化剂情况下水解进行缓慢，只有在酸(反应可逆)或碱(皂化)催化下水解才能顺利进行；酰胺不仅需要酸或碱的催化，还需要长时间加热回流。

（2）醇解 产物为酯，其中酯的醇解又称酯交换反应，是制备高级醇酯的方法。酰氯在三乙胺或吡啶作为催化剂下进行反应；酸酐反应温和，产率较好；酯在酸或碱催化下醇解，反应可逆；酰胺在酸或碱的催化下也较难进行反应，合成意义不大。

（3）氨解 产物为酰胺。酰氯和酸酐需要三乙胺或其他碱作为催化剂进行反应；酯在无水且过量胺存在下进行反应；酰胺的氨解又称胺交换反应，合成意义不大。

（4）与格林亚试剂的反应 酰氯、酸酐和酯都可以和格林亚试剂反应，经过亲核加成、水解反应，生成相对比较活泼的酮或醛，继续和格林亚试剂发生亲核加成反应。

（5）酯的还原反应 羧酸很难直接被还原，可将羧酸形成酯后再还原。实验室中常用到的主要方法是利用金属钠和乙醇作为还原剂。此外，还可用到多种还原剂，如催化氢化、$LiAlH_4$ 等，还原产物为两分子的醇。

（6）酯缩合反应 有 α-H 的酯在强碱（一般是用乙醇钠）的作用下与另一分子酯发生缩合反应，失去一分子醇，生成 β-羰基酯的反应称为酯缩合反应，又称克莱森（Claisen）缩合，这里也可以用酮失去 α-H 进攻酯中的羰基。

（7）酯的水解反应

酸催化历程：首先是酯的质子化，这一反应可以认为是酯化反应的逆反应。

碱催化历程：首先是羟基向带部分正电荷的碳原子进攻，由于碱能中和反应生成的酸，所以可使皂化反应进行到底。

8.1.2.3 学习要求

（1）重点掌握羧酸衍生物的化学性质。

（2）理解酯化反应机理。

8.1.3 取代羧酸

取代羧酸是指羧酸分子中烃基上的氢原子被其他原子或原子团取代以后所形成的衍生物。常见的取代羧酸有卤代酸、羟基酸、羰基酸和氨基酸，我们重点掌握羟基酸和羰基酸。

8.1.3.1 羟基酸

（1）羟基酸的分类与命名

定义：羧酸烃基上的氢原子被羟基取代后生成的衍生物，称为羟基酸。

分类：羟基酸可分为醇酸和酚酸，其中羟基取代脂肪烃链上氢原子后的产物称为醇酸，羟基直接连在芳环上则称为酚酸。

命名：在生物学科中以俗名为主，并辅以系统命名。

（2）羟基酸的化学性质

①酸性：

醇酸的酸性：醇羟基的吸电子诱导效应将使其酸性增强，且诱导强度将随两个官能团之间距离的加大而减小。

酚酸的酸性：酚羟基的吸电子诱导效应和给电子的 p-π 共轭效应，且共轭效应大于诱导效应。

酚羟基相对于羧基的位置不同对酸性产生的影响：酚羟基与羧基处于对位时，形成 p-π 共轭，酸性减弱；酚羟基与羧基处于间位时，无法形成共轭，起到的是诱导吸电子效应，酸性增加；酚羟基与羧基处于邻位时，二者形成分子内氢键，稳定羧基负离子，酸性明显增加。

邻羟基苯甲酸>间羟基苯甲酸>苯甲酸>对羟基苯甲酸

②羟基酸受热的变化：

醇酸：α-羟基酸受热脱水，生成环状交酯；β-羟基酸受热分子内脱水，生成α,β-不饱和羧酸；γ-羟基酸受热分子内脱水，生成γ-内酯；δ-羟基酸受热分子内脱水，生成δ-内酯。

酚酸：酚羟基在羧基的邻、对位时，羧基受热后以二氧化碳形式脱羧，生成酚。

③醇酸的氧化反应：醇酸在氧化剂作用下可将羟基氧化为羰基，生成相应的羰基酸。这一反应是生物体代谢反应的重要步骤。

8.1.3.2 羰基酸

(1) 羰基酸的分类与命名

定义：分子中同时含有羰基和羧基的一类化合物，称为羰基酸。

分类：根据羰基的结构，可分为醛酸和酮酸；按照羰基和羧基的相对位置，可分为α-酮酸和β-酮酸。

命名：选择含有羰基和羧基在内的最长碳链作为主链，命名为某酮(醛)酸，并要用阿拉伯数字或希腊字母标记出酮基的位置，习惯上多用希腊字母。也可以酰基取代法命名，或者称为氧代酸，并标出羰基的位置。

(2) 羰基酸的化学性质

①酸性：由于羰基的吸电子作用，所以羰基酸的酸性大于相应的羧酸和醇酸。

②脱羧反应：生物体内的丙酮酸缺氧时，则发生脱羧反应生成乙醛；β-酮丁酸脱羧生成丙酮。

③羰基酸的氧化还原反应：醇酸能氧化为相应的羰基酸，羰基酸也能还原为相应的醇酸；醛酸可被氧化成二元酸；β、γ-酮酸都不与氧化剂作用，而α-酮酸易被氧化。

8.1.3.3 学习要求

(1) 重点掌握羟基酸和羰基酸的化学性质。

(2) 学会运用诱导效应和共轭效应分析其对化学性质的影响。

8.2 典型例题

【例题 8-1】请命名下列化合物。

(1) 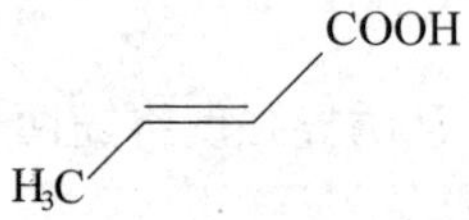 $H_3C-CH=CH-COOH$

(2) 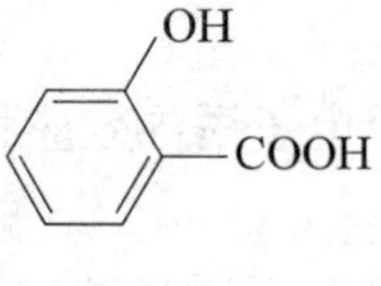 邻羟基苯甲酸结构（苯环上带 OH 和 COOH）

(3) 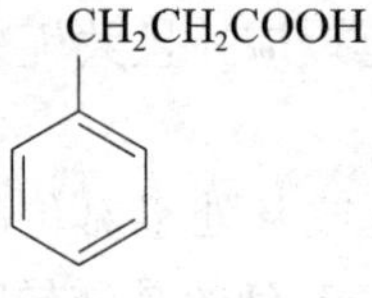 苯环-CH_2CH_2COOH

(4) 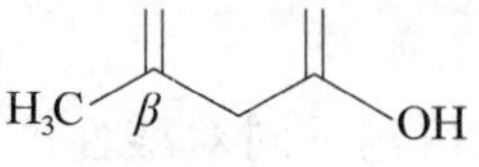 $H_3C-\underset{\beta}{C}(=O)-CH_2-COOH$

解：(1)(E)-2-丁烯酸，俗称巴豆酸。含有羧基和双键在内的碳链为主链，以羧基碳为1号碳，双键碳为2号，优势基团位于双键异侧，为E构型，命名为(E)-2-丁烯酸。

(2)邻羟基苯甲酸，俗称水杨酸。羧基官能团优先于酚羟基，苯甲酸为母体，酚羟基位于羧基邻位，命名为邻羟基苯甲酸。

(3)3-苯基丙酸。主官能团位于芳环侧链时，则侧链为主链，苯环为取代基。以羧基碳为1号碳，苯基位于3号碳，命名为3-苯基丙酸。

(4)β-羰基丁酸，又称乙酰乙酸。羧基官能团优先于酮羰基，则羧基为主官能团，羰基为取代基。以羧基碳为1号碳，羰基位于羧基的β位，主链4个碳，命名为β-羰基丁酸。

【例题 8-2】以乙烯为原料，采用适当无机试剂合成丙酸乙酯。

$$H_2C=CH_2 \cdots\cdots \rightarrow \cdots\cdots \rightarrow CH_3CH_2-\overset{O}{\underset{\|}{C}}-OCH_2CH_3$$

解：(1)解题思路

从目标产物丙酸乙酯的结构进行分析，可看成是丙酸和乙醇进行酯化反应制备的，该题思路就可以转变成如何通过原料乙烯制备出丙酸和乙醇。首先是制备乙醇，可通过乙烯和溴化氢的马氏加成得到溴乙烷，再经过水解制备乙醇。丙酸含有3个碳，比乙烯多一个碳，可以通过碳链的延长，这里利用的是溴乙烷进行亲核取代制备丙腈，再水解制备出丙酸。

(2)合成

$$H_2C=CH_2 \xrightarrow{HBr} H_3C-CH_2Br \xrightarrow[NaOH]{H_2O} HO-CH_2-CH_3$$

$$\downarrow NaCN$$

$$CH_3CH_2-CN \xrightarrow[NaOH]{H_2O} CH_3CH_2-\overset{O}{\underset{\|}{C}}-OH$$

$$\xrightarrow{H^+/OH^-} CH_3CH_2-\overset{O}{\underset{\|}{C}}-OCH_2CH_3$$

【例题 8-3】下列化合物中，受热时易发生分子内脱水而生成 α,β-不饱和酸的是哪一个？

A. $H_3C-\underset{\underset{OH}{|}}{\overset{\overset{CH_3}{|}}{C}}-CH_2-COOH$

B. $H_3C-CH-CH_2-COOH$
  $\qquad\quad\ |$
  $\qquad\ CH_2OH$

C. $H_3C-\underset{\underset{CH_2OH}{|}}{\overset{\overset{CH_3}{|}}{C}}-COOH$

D. $OHCH_2-CH_2-\underset{}{\overset{\overset{CH_3}{|}}{CH}}-COOH$

解：A。A 选项中受羧基的影响其 α 位的氢更活泼，易于同 β 位羟基脱水，生成 α, β-不饱和酸。B、D 选项中 β 位氢受羧基影响较小，不易脱去。C 选项中与羟基碳相连碳上无氢，难发生脱水反应。

8.3 思考题

【思考题 8-1】

1. 命名下列化合物。

(1) $CH_3-CH_2-\underset{\underset{CH_3}{|}}{\overset{\overset{CH_3}{|}}{C}}-CH_2-COOH$ (2) $CH_2=\underset{\underset{CH_3}{|}}{\overset{\overset{CH_3}{|}}{C}}-CH_2-COOH$ (3) $Cl-\langle\bigcirc\rangle-\overset{O}{\overset{\|}{C}}-Br$

(4) $HOOC-\underset{\underset{CH_3}{|}}{\overset{\overset{CH_3}{|}}{CH}}-\underset{\underset{COOH}{|}}{\overset{\overset{CH_3}{|}}{C}}-CH_2-COOH$ (5) $O_2N-\langle\bigcirc\rangle\genfrac{}{}{0pt}{}{COOH}{Br}$ (6) $HCOOCH_2-\langle\bigcirc\rangle$

2. 写出下列化合物的结构式。

(1) 2-甲基丁烯二酸   (2) β-萘乙酸   (3) 2,4-二氯苯氧乙酸   (4) 乙基丙烯酸甲酯

【思考题 8-2】

排出下列化合物的酸性由强到弱的顺序。

(1) CH_3-COOH $Cl-CH_2-COOH$ $\underset{\underset{Cl}{|}}{Cl-CH}-COOH$ $\underset{\underset{Cl}{|}}{\overset{\overset{Cl}{|}}{Cl-C}}-COOH$

(2) $HOOC-COOH$ $H-COOH$ $HOOC-CH_2-COOH$

(3) $\langle\bigcirc\rangle-COOH$ $HO-\langle\bigcirc\rangle-COOH$ $O_2N-\langle\bigcirc\rangle-COOH$ $H_3C-\langle\bigcirc\rangle-COOH$

【思考题 8-3】

下列化合物中，酰化能力最强的和羰基活泼性最大的分别是哪个化合物？

$CH_3-CH_2-\overset{O}{\overset{\|}{C}}-H$ $CH_3-\overset{O}{\overset{\|}{C}}-CH_3$ $CH_3-\overset{O}{\overset{\|}{C}}-Cl$ $CH_3-\overset{O}{\overset{\|}{C}}-NH_2$

$CH_3-\overset{O}{\overset{\|}{C}}-OC_2H_5$ $ClCH_2-CH_2-\overset{O}{\overset{\|}{C}}-H$

【思考题 8-4】

下列化合物中，哪些能产生互变异构并写出其异构体的结构式。

$CH_3-\underset{\underset{OH}{|}}{C}=CH-\overset{O}{\overset{\|}{C}}-CH_3$ $CH_3-\underset{\underset{OH}{|}}{C}=CH-CH_3$

CH_3-CH_2-CHO 胞嘧啶结构

8.4 思考题答案

【思考题 8-1】

答：1.(1) 3,3,4-三甲基己酸　(2) 3-乙基-3-丁烯酸　(3) 4-氯苯甲酰溴
(4) 2,3-二甲基-3-羧基戊二酸　(5) 4-硝基-2-溴苯甲酸　(6) 甲酸苯甲酯

2.(1) $HOOC-\underset{\underset{CH_3}{|}}{C}=CH-COOH$　(2) 萘-2-基-CH_2COOH

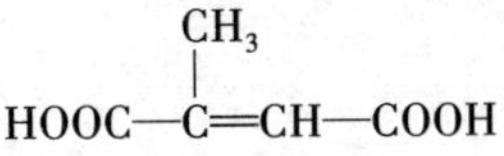

(3) 2,4-二氯苯氧基-CH_2COOH　(4) $H_2C=\underset{\underset{C_2H_5}{|}}{C}-COOCH_3$

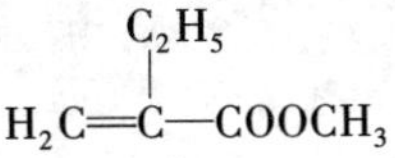

【思考题 8-2】

答：

(1) 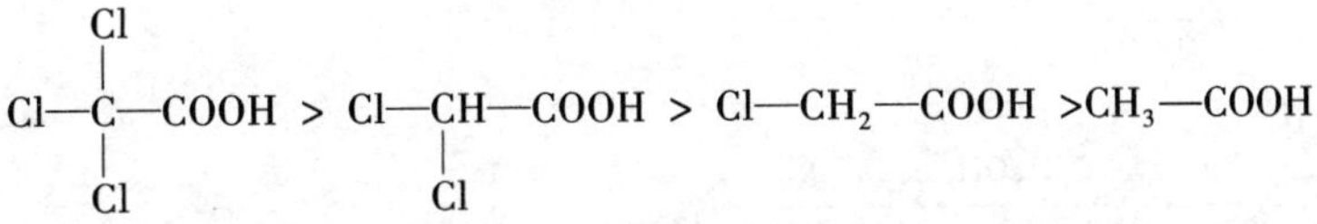 $Cl_3C-COOH > Cl_2CH-COOH > Cl-CH_2-COOH > CH_3-COOH$

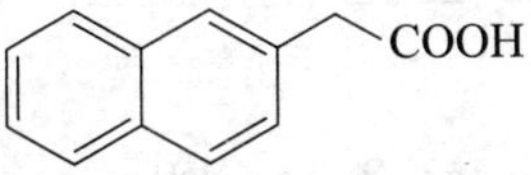

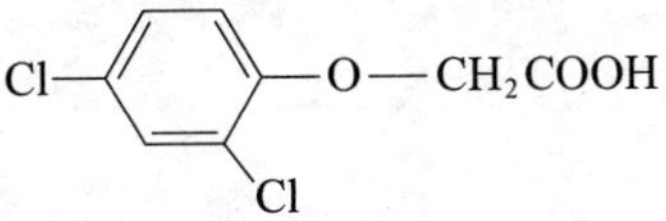

(2) $HOOC-COOH > H-COOH > HOOC-CH_2-CH_2-COOH$

(3) 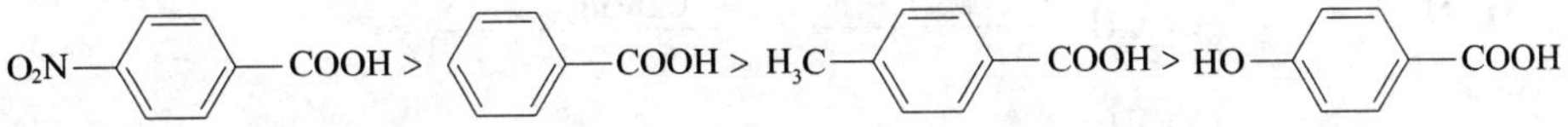 $O_2N-C_6H_4-COOH > C_6H_5-COOH > H_3C-C_6H_4-COOH > HO-C_6H_4-COOH$

【思考题 8-3】

答：酰化能力最强的化合物为 $CH_3-\underset{\underset{}{\overset{O}{\|}}}{C}-Cl$，羰基活泼性最大的化合物是 $ClCH_2-CH_2-\underset{\underset{}{\overset{O}{\|}}}{C}-H$。

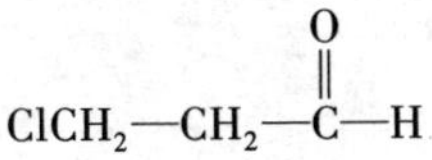

【思考题 8-4】

答：

$CH_3-C(OH)=CH-CO-CH_3 \rightleftharpoons CH_3-CO-CH_2-CO-CH_3$

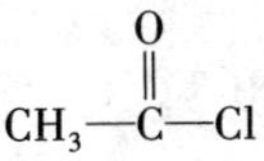

4-氨基-2-羟基嘧啶 $\rightleftharpoons$ 4-氨基-2-酮嘧啶(胞嘧啶酮式)

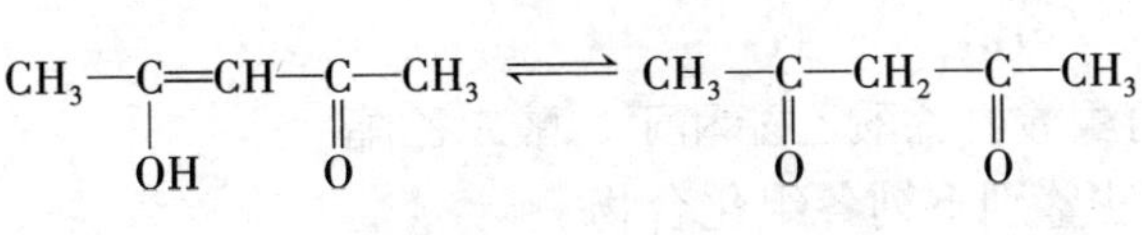

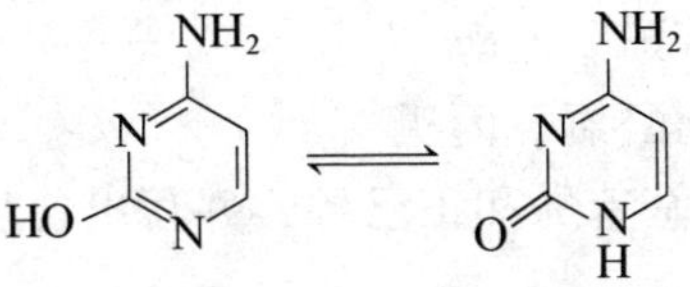

8.5 教材习题

1. 完成下列反应。

(1) $CH_2=CH_2 \xrightarrow{HBr} ? \xrightarrow{NaCN} ? \xrightarrow[\triangle, H^+]{H_2O} ? \xrightarrow{PCl_5} ? \xrightarrow{C_2H_5OH} ?$

(2) $CH_3-\underset{\underset{OH}{|}}{CH}-COOH \xrightarrow{[O]} ? \xrightarrow{\text{稀} H_2SO_4} ? \xrightarrow{\text{斐林试剂}} ?$

(3) $CH_3-\underset{\underset{OH}{|}}{CH}-CH_2-COOH \xrightarrow{-H_2O} ? \xrightarrow[\triangle, H^+]{KMnO_4} ?$

(4) $CH_3-\underset{\underset{Cl}{|}}{CH}-CH_2-CH_2-COOH \xrightarrow[H_2O]{NaOH} ? \xrightarrow{-H_2O} ?$

(5) $\begin{matrix} CH-COOH \\ \| \\ CH-COOH \end{matrix} \xrightarrow{\triangle} ? \xrightarrow{NH_3} ?$

(6) $H_3C-\underset{\underset{COOH}{|}}{\overset{\overset{COOH}{|}}{CH}} \xrightarrow{\triangle} ? \xrightarrow{C_2H_5OH} ? \xrightarrow[C_2H_5OH]{Na} ?$

(7) $O_2N-\underset{}{\bigcirc}-COOH \xrightarrow{PCl_5 \text{ 或 } SOCl_2} ? \xrightarrow{C_2H_5OH} ? \xrightarrow{NH_3} ?$

(8) 环己烷螺环-CH₂CH₂COOH 和 -CH₂COOH $\xrightarrow{\triangle} ? \xrightarrow{C_2H_5MgBr} ? \xrightarrow{H_2O} ?$

(9) $HOOC(CH_2)_2COOH \xrightarrow{\triangle} ? \xrightarrow{C_2H_5OH} ?$

2. 完成下列合成。

(1) 由正丙醇合成 $H_3C-\underset{\underset{OH}{|}}{CH}-COOH$

(2) 由乙炔合成 $H_3C-\underset{\underset{OH}{|}}{CH}-CH_2-\underset{\underset{O}{\|}}{C}-OC_2H_5$

(3) 由乙烯合成丙酮酸、乙酸乙酯和丁二酸二乙酯

3. 用简便化学方法鉴别下列各组化合物。

(1) 甲酸、乙酸、乙醛、苯酚、乙醇

(2) 乙酸、乙烯、丙烷、乙酰氯、丙酮

4. 分离提纯苯甲酸、对甲基苯酚和正己醇,并写出各步反应式。

5. 推导结构式。

(1) 化合物 A、B、C 为同分异构体,分子式为 $C_3H_6O_2$,其中 A 可与 $NaHCO_3$ 反应放出 CO_2,而 B 和 C 不可,B 和 C 可在 NaOH 的水溶液中水解,B 的水解产物之一可发生碘仿反应。推测 A、B、C 的结构式。

(2)化合物 A,分子式为 $C_6H_8O_2$,能和 2,4-二硝基苯肼反应,能使溴的四氯化碳溶液褪色,但 A 不能和 $NaHCO_3$ 反应。A 与碘的 NaOH 溶液反应后形成 B,B 的分子式为 $C_4H_4O_4$,B 受热后可分子内失水生成分子式为 $C_4H_2O_3$ 的酸酐 C。试写出 A、B 的构型式和 C 的结构式。

(3)某化合物分子式为 $C_5H_{12}O$ 的 A,氧化后得分子式为 $C_5H_{10}O$ 的 B,B 能和苯肼反应,能发生碘仿反应。A 与浓硫酸共热得分子式为 C_5H_{10} 的 C,C 经氧化后得丙酮和乙酸。推断 A 的结构式。

(4)酯 A($C_5H_{10}O_2$)用乙醇钠的乙醇溶液处理,转变为可使溴水褪色,同时可与 $FeCl_3$ 溶液显色的酯 B($C_8H_{14}O_3$),B 用乙醇钠的乙醇溶液处理后,与碘乙烷反应转变为对溴水和 $FeCl_3$ 溶液都无反应的酯 C($C_{10}H_{18}O_3$)。C 用稀碱水解,然后酸化加热,生成不能发生碘仿反应的酮 D($C_7H_{14}O$),D 用 Zn-Hg/HCl 还原生成 3-甲基己烷。试写出 A、B、C、D 的结构式。

8.6 教材习题答案

1. (1) $CH_2=CH_2 \xrightarrow{HBr} CH_3-CH_2-Br \xrightarrow{NaCN} CH_3-CH_2-CN \xrightarrow[H^+]{H_2O, \Delta} CH_3-CH_2-COOH \xrightarrow{PCl_5}$

$CH_3-CH_2-COCl \xrightarrow{C_2H_5OH} CH_3-CH_2-COOC_2H_5$

(2) $CH_3-CH(OH)-COOH \xrightarrow{[O]} CH_3-CO-COOH \xrightarrow{\text{稀}H_2SO_4} CH_3CHO \xrightarrow{\text{斐林试剂}} CH_3COOH$

(3) $CH_3-CH(OH)-CH_2-COOH \xrightarrow{-H_2O} CH_3-CH=CH-COOH \xrightarrow[\Delta]{KMnO_4, H^+} CH_3COOH + CO_2$

(4) $CH_3-CHCl-CH_2-CH_2-COOH \xrightarrow{NaOH, H_2O} CH_3-CH(OH)-CH_2-CH_2-COOH \xrightarrow{-H_2O}$ γ-戊内酯

(5) 顺丁烯二酸 $\xrightarrow{\Delta}$ 顺丁烯二酸酐 $\xrightarrow{NH_3}$ 顺丁烯二酰胺酸(开环酰胺)

(6) $H_3C-CH(COOH)_2 \xrightarrow{\Delta} H_3C-CH_2-COOH \xrightarrow{C_2H_5OH} H_3C-CH_2-COOC_2H_5 \xrightarrow{Na, C_2H_5OH}$

$H_3C-CH_2-CH_2OH$

(7) $O_2N-C_6H_4-COOH \xrightarrow{PCl_5} O_2N-C_6H_4-COCl \xrightarrow{C_2H_5OH}$

$O_2N-C_6H_4-COOC_2H_5 \xrightarrow{NH_3} O_2N-C_6H_4-CONH_2$

(8)

$$\text{[cyclohexane-spiro-cyclopentane with two CH}_2\text{COOH groups]} \xrightarrow{\Delta} \text{[spiro ketone]} \xrightarrow{C_2H_5MgBr}$$

$$\text{[spiro with C}_2\text{H}_5\text{, OMgBr]} \xrightarrow{H_2O} \text{[spiro with C}_2\text{H}_5\text{, OH]}$$

(9) $HOOC(CH_2)_2COOH \xrightarrow{\Delta} \text{[succinic anhydride]} \xrightarrow{C_2H_5OH} \text{[monoethyl succinate: OC}_2\text{H}_5\text{, OH]}$

2.（1）由正丙醇合成 α-羟基丙酸

$$CH_3-CH_2-CH_2OH \xrightarrow[H_2SO_4]{K_2Cr_2O_7} CH_3-CH_2-COOH \xrightarrow[P]{Cl_2} CH_3-\underset{\underset{Cl}{|}}{CH}-COOH \xrightarrow[H_2O]{NaOH}$$

$$CH_3-\underset{\underset{OH}{|}}{CH}-COONa \xrightarrow{H^+} CH_3-\underset{\underset{OH}{|}}{CH}-COOH$$

（2）由乙炔合成 β-羟基丁酸乙酯

$$CH\equiv CH \xrightarrow[H_2SO_4]{HgSO_4} CH_3CHO \xrightarrow{OH^-} CH_3\underset{\underset{OH}{|}}{CH}-CH_2-CHO \xrightarrow{Ag(NH_3)_2OH} CH_3\underset{\underset{OH}{|}}{CH}-CH_2-COOH$$

$$CH\equiv CH \xrightarrow[H_2SO_4]{HgSO_4} CH_3CHO \xrightarrow[H_2O]{LiAlH_4} CH_3CH_2OH$$

$$CH_3\underset{\underset{OH}{|}}{CH}-CH_2-COOH \xrightarrow[H^+]{CH_3CH_2OH} CH_3\underset{\underset{OH}{|}}{CH}-CH_2-\underset{\underset{O}{\|}}{C}-OC_2H_5$$

（3）由乙烯合成丙酮酸

$$CH_2=CH_2 \xrightarrow{Br_2} \underset{\underset{Br}{|}}{CH_2}-\underset{\underset{Br}{|}}{CH_2} \xrightarrow[C_2H_5OH]{NaOH} CH\equiv CH \xrightarrow[H_2SO_4]{HgSO_4} CH_3CHO \xrightarrow{HCN}$$

$$CH_3-\underset{\underset{OH}{|}}{CH}-CN \xrightarrow[\Delta]{H_3O^+} CH_3-\underset{\underset{OH}{|}}{CH}-COOH \xrightarrow{Ag(NH_3)_2OH} CH_3-\underset{\underset{O}{\|}}{C}-COOH$$

由乙烯合成乙酸乙酯

$$CH_2=CH_2 \xrightarrow{Br_2} \underset{\underset{Br}{|}}{CH_2}-\underset{\underset{Br}{|}}{CH_2} \xrightarrow[C_2H_5OH]{NaOH} CH\equiv CH \xrightarrow[H_2SO_4]{HgSO_4} CH_3CHO$$

$$\left.\begin{array}{l} CH_3CHO \xrightarrow{Ag(NH_3)_2OH} CH_3COOH \\ CH_3CHO \xrightarrow[H_2O]{LiAlH_4} CH_3CH_2OH \end{array}\right\} \xrightarrow[\Delta]{H^+} CH_3-\underset{\underset{O}{\|}}{C}-OC_2H_5$$

由乙烯合成丁二酸二乙酯

$CH_2=CH_2 \xrightarrow{Br_2} \underset{Br\;Br}{CH_2-CH_2} \xrightarrow{NaCN} \underset{CN\;CN}{CH_2-CH_2} \xrightarrow[\Delta]{H_3O^+} HOOC-CH_2-CH_2-COOH$

$CH_2=CH_2 \xrightarrow{HBr} \underset{Br}{CH_2-CH_3} \xrightarrow[H_2O]{NaOH} CH_3CH_2OH$

$HOOC-CH_2-CH_2-COOH \xrightarrow[H^+,\;\Delta]{CH_3CH_2OH} C_2H_5O-\underset{\underset{O}{\|}}{C}-CH_2-CH_2-\underset{\underset{O}{\|}}{C}-OC_2H_5$

3.

(1) {甲酸, 乙酸, 乙醛, 苯酚, 乙醇} $\xrightarrow{FeCl_3 溶液}$ {显紫色：苯酚； 无现象：{甲酸, 乙酸, 乙醛, 乙醇} $\xrightarrow{NaHCO_3}$ {气体：{甲酸 $\xrightarrow{斐林试剂}$ 砖红色沉淀：甲酸； 乙酸 → 无现象：乙酸}； 无现象：{乙醛 $\xrightarrow{斐林试剂}$ 砖红色沉淀：乙醛； 乙醇 → 无现象：乙醇}}}

(2) {乙酸, 乙烯, 丙烷, 乙酰氯, 丙酮} $\xrightarrow{性状}$ {气体：乙烯； 液体：{乙酸, 丙烷, 乙酰氯, 丙酮} $\xrightarrow{H_2O}$ {气体：乙酰氯； 分层：丙烷； 无现象：{乙酸, 丙酮} $\xrightarrow{NaHCO_3}$ {气体：乙酸； 无现象：丙酮}}}

4. 利用酸性不同进行分离提纯：羧酸>H_2CO_3>酚>醇

{苯甲酸, 对甲基苯酚, 正己醇} $\xrightarrow[有机溶剂萃取]{NaHCO_3}$ {水相：苯甲酸钠 $\xrightarrow[有机溶剂萃取]{H^+}$ 有机相：苯甲酸； 有机相：{对甲基苯酚, 正己醇} $\xrightarrow[有机溶剂萃取]{NaOH}$ {水相：对甲基苯酚钠； 有机相：正己醇}}

$\xrightarrow[有机溶剂萃取]{H^+}$ 有机相：对甲基苯酚

PhCOOH $\xrightarrow{NaHCO_3}$ PhCOONa

对甲苯酚 $\xrightarrow{NaOH}$ 对甲苯酚钠

5. (1) 化合物 A 为 CH_3CH_2COOH，化合物 B 为 $HCOOCH_2CH_3$，化合物 C 为 CH_3COOCH_3。

解题思路：化合物 A、B、C 为同分异构体，分子式为 $C_3H_6O_2$，分子式中可看出不饱和度为 2，含有 2 个氧原子，可能是羧酸或者酯。其中，A 可与 $NaHCO_3$ 反应放出 CO_2，说明 A 为羧酸，3 个碳原子的羧酸为丙酸；而 B 和 C 不可与 $NaHCO_3$ 反应，则 B 和 C 为酯，在氢氧化钠的水溶液中进行水解，也就是酯的水解，分解成羧酸和醇，化合物 B 的水解产物之一可发生碘仿反应，这里就要结合碘仿反应发生的条件，对于化合物结构本身应具有甲基酮(羧酸反应活性弱，除外)或者甲基醇类，这说明化合物 B 的水解产物中含有甲基醇，即乙醇生成，所以化合物 B 为甲酸乙酯，化合物 C 为乙酸甲酯，涉及的反应式如下：

$$CH_3-CH_2-COOH \xrightarrow{NaHCO_3} CH_3-CH_2-COONa + CO_2\uparrow + H_2O$$
$$\qquad A$$

$$CH_3-CH_2-O-\underset{\underset{O}{\|}}{C}H \xrightarrow[H_2O]{NaOH} CH_3-CH_2-OH + HCOOH$$
$$\qquad B \qquad\qquad\qquad\qquad\qquad \downarrow I_2\ NaOH$$
$$\qquad\qquad\qquad\qquad\qquad\qquad\qquad HCl_3 + HCOOH$$

$$CH_3-\underset{\underset{O}{\|}}{C}-O-CH_3 \xrightarrow[H_2O]{NaOH} CH_3-COOH + CH_2OH$$
$$\qquad C$$

（2）

| 化合物 A | CH—COCH₃
‖
CH—COCH₃ | 化合物 B | CH—COOH
‖
CH—COOH | 化合物 C | CH—C(=O)
‖   \O
CH—C(=O) |

解题思路：化合物 A 分子式为 $C_6H_8O_2$，说明化合物有 3 个不饱和度，能和 2,4-二硝基苯肼反应，说明含有羰基结构，能使溴的四氯化碳溶液褪色，说明含有不饱和键，但 A 不能和 $NaHCO_3$ 反应，进一步说明 2 个氧原子不是羧基而是羰基。A 与碘的 NaOH 溶液反应后形成 B，说明 A 发生了碘仿反应，结合前面的信息可知 A 结构中含有 2 个甲基酮结构、1 个双键，结合碳原子数，可推测出 A 的合理结构。A 的 2 个甲基酮发生碘仿反应，脱去 2 个碳，生成二羧酸，结合 B 的分子式为 $C_4H_4O_4$ 可证实推测 B 为顺-丁烯二酸，B 受热后可分子内失水生成分子式为 $C_4H_2O_3$ 的酸酐 C，也就是顺-丁烯二酸酐。涉及的反应式如下：

$$\underset{A}{\overset{CH-COCH_3}{\underset{CH-COCH_3}{\|}}} \xrightarrow[NaOH]{I_2} \underset{B}{\overset{CH-COOH}{\underset{CH-COOH}{\|}}} \xrightarrow{\Delta} \underset{C}{\overset{CH-C(=O)}{\underset{CH-C(=O)}{\|}}\!\!\!\!\!O}$$

（3）

| 化合物 A | H₃C—CH—CH—CH₃
　　　　\|　　\|
　　　OH　CH₃ | 化合物 B | H₃C—C—CH—CH₃
　　　　‖　\|
　　　O　CH₃ | 化合物 C | H₃C—C=CH—CH₃
　　　\|
　　CH₃ |

解题思路：根据化合物 C 的分子式 C_5H_{10}，说明为单烯烃，且根据 C 经氧化后得丙酮和乙酸，推测化合物 C 为 2-甲基-2-丁烯。化合物 C 是由化合物 A 与浓硫酸共热得到，结合化合物 A 的分子式为 $C_5H_{12}O$，可知 A 为一元饱和醇，与浓硫酸共热脱去一分子水生成单烯烃 C，则需要判断羟基的位置。化合物 A 经氧化后得分子式为 $C_5H_{10}O$ 的 B，B 能和苯肼反应，能发生碘仿反应，说明是 A 中的羟基氧化成羰基，且具有甲基酮结构，判断出化合物 A 中的羟基为仲羟基，再结合化合物 C 的结构可推测出化合物 A 为 3-甲基-2-丁

醇。涉及的反应式如下：

$$H_3C-\underset{CH_3}{\underset{|}{CH}}-\underset{OH}{\underset{|}{CH}}-CH_3 \xrightarrow[\Delta]{浓 H_2SO_4} H_3C-\underset{CH_3}{\underset{|}{C}}=CH-CH_3 +H_2O \xrightarrow{[O]} H_3C-\underset{O}{\underset{\|}{C}}-CH_3 + H_3C-\underset{O}{\underset{\|}{C}}-OH$$
　　　A　　　　　　　　　　　　　　C

$$H_3C-\underset{CH_3}{\underset{|}{CH}}-\underset{OH}{\underset{|}{CH}}-CH_3 \xrightarrow{[O]} H_3C-\underset{CH_3}{\underset{|}{CH}}-\underset{O}{\underset{\|}{C}}-CH_3 \xrightarrow[NaOH]{I_2} H_3C-\underset{CH_3}{\underset{|}{CH}}-\underset{O}{\underset{\|}{C}}-OH$$
　　　A　　　　　　　　　　B

(4)

化合物 A	$H_3C-CH_2-\underset{O}{\underset{\|}{C}}-OC_2H_5$	化合物 B	$H_3C-CH_2-\underset{O}{\underset{\|}{C}}-\underset{CH_3}{\underset{|}{CH}}-\underset{O}{\underset{\|}{C}}-OC_2H_5$
化合物 C	$H_3C-CH_2-\underset{O}{\underset{\|}{C}}-\underset{C_2H_5}{\overset{CH_3}{\underset{|}{\overset{|}{C}}}}-\underset{O}{\underset{\|}{C}}-OC_2H_5$	化合物 D	$H_3C-CH_2-\underset{O}{\underset{\|}{C}}-\underset{CH_3}{\underset{|}{CH}}-CH_2-CH_3$

解题思路：化合物 D 用 Zn–Hg/HCl 还原生成 3-甲基己烷，结合 D 的分子式为 $C_7H_{14}O$，且不能发生碘仿反应，推测出 D 的结构为 4-甲基-3-己酮；酯 A($C_5H_{10}O_2$) 用乙醇钠的乙醇溶液处理，发生酯缩合反应，结合化合物 D 的结构，A 的结构式为丙酸乙酯，两分子的丙酸乙酯缩合生成化合物 B，可发生酮式和烯醇式的互变异构，可使溴水褪色，同时可与 $FeCl_3$ 溶液显色；化合物 B 用乙醇钠的乙醇溶液处理后，碘乙烷取代化合物 B 中 α-碳上的氢，生成化合物 C，α-碳上无氢，无烯醇式结构，因此不可使溴水褪色，也不能与 $FeCl_3$ 溶液显色；化合物 C 用稀碱水解，即为酯的水解，然后酸化加热，为脱羧反应，即酮式分解（参考教材 154 页），可得到化合物 D。

$$H_3C-CH_2-\underset{O}{\underset{\|}{C}}-OC_2H_5 \xrightarrow[C_2H_5OH]{C_2H_5ONa} \left[H_3C-CH_2-\underset{O}{\underset{\|}{C}}-\underset{CH_3}{\underset{|}{CH}}-\underset{O}{\underset{\|}{C}}-OC_2H_5 \rightleftharpoons H_3C-CH_2-\underset{OH}{\underset{|}{C}}=CH-\underset{O}{\underset{\|}{C}}-OC_2H_5 \right]$$
　A　　　　　　　　　　　　　　　　B

$$H_3C-CH_2-\underset{O}{\underset{\|}{C}}-\underset{CH_3}{\underset{|}{CH}}-\underset{O}{\underset{\|}{C}}-OC_2H_5 \xrightarrow[C_2H_5OH]{C_2H_5ONa} \xrightarrow{C_2H_5I} H_3C-CH_2-\underset{O}{\underset{\|}{C}}-\underset{C_2H_5}{\overset{CH_3}{\underset{|}{\overset{|}{C}}}}-\underset{O}{\underset{\|}{C}}-OC_2H_5$$
　　B　　　　　　　　　　　　　　　　　　　C

$$H_3C-CH_2-\underset{O}{\underset{\|}{C}}-\underset{C_2H_5}{\overset{CH_3}{\underset{|}{\overset{|}{C}}}}-\underset{O}{\underset{\|}{C}}-OC_2H_5 \xrightarrow{OH^-} \xrightarrow[\Delta]{H^+} H_3C-CH_2-\underset{O}{\underset{\|}{C}}-\underset{CH_3}{\underset{|}{CH}}-CH_2-CH_3$$
　　C　　　　　　　　　　　　　　　　　D

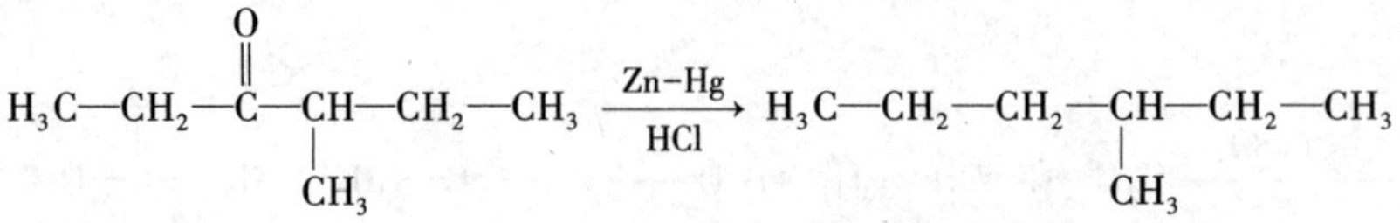

$$H_3C-CH_2-\underset{D}{\underset{\parallel}{C}}-\underset{CH_3}{\underset{|}{CH}}-CH_2-CH_3 \xrightarrow[HCl]{Zn-Hg} H_3C-CH_2-CH_2-\underset{CH_3}{\underset{|}{CH}}-CH_2-CH_3$$

8.7　章节自测

1. 三氯乙酸的酸性大于乙酸，主要是由于氯的(　　)影响。
   A. 共轭效应　　　　　　　　　　　B. 吸电子诱导效应
   C. 给电子诱导效应　　　　　　　　D. 空间效应

2. 脂肪酸 α-卤代作用的催化剂是(　　)。
   A. 无水 $AlCl_3$　　B. Zn-Hg　　C. Ni　　D. P

3. 己二酸加热后所得的产物是(　　)。
   A. 烷烃　　　B. 一元羧酸　　C. 酸酐　　D. 环酮

4. 羧酸具有明显酸性的主要原因是(　　)。
   A. σ-π 超共轭效应　　　　　　　B. COOH 的 -I 效应
   C. 空间效应　　　　　　　　　　D. p-π 共轭效应

5. 下列羧酸酸性最强的是(　　)。
   A. 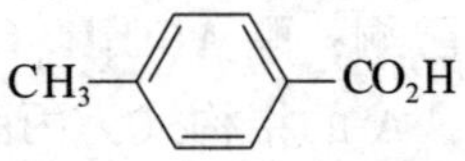 CH_3—〇—CO_2H
   B.  O_2N—〇—CO_2H
   C. 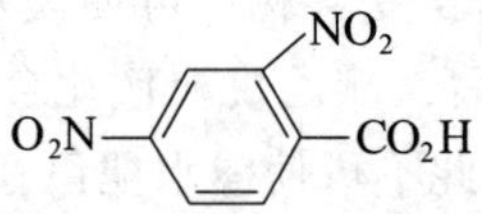 O_2N—〇(NO_2)—CO_2H
   D. 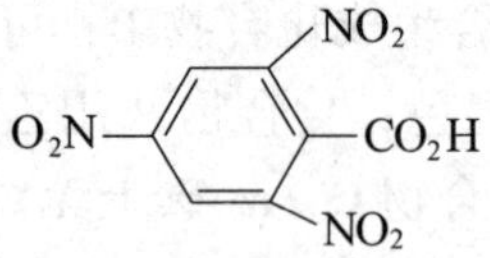 O_2N—〇(NO_2,NO_2)—CO_2H

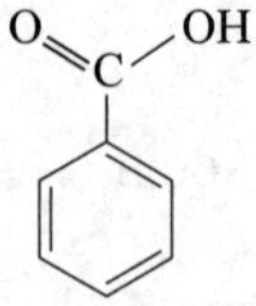

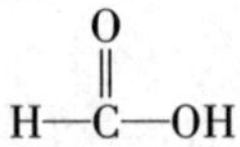

6. 下列物质能与托伦试剂作用的是(　　)。
   A. 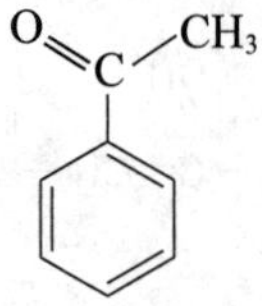 $\underset{}{\overset{O}{\parallel}}$C—$CH_3$（苯乙酮）
   B. $\underset{}{\overset{O}{\parallel}}$C—OH（苯甲酸）
   C. H—$\underset{}{\overset{O}{\parallel}}$C—OH
   D. 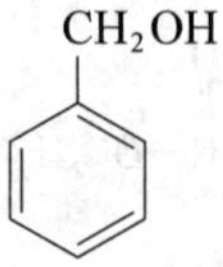 〇—CH_2OH

7. $LiAlH_4$ 可使 CH_2=$CHCH_2COOH$ 还原为(　　)。
   A. $CH_3CH_2CH_2COOH$　　　　　　B. $CH_3CH_2CH_2OH$
   C. CH_2=$CHCH_2OH$　　　　　　　D. CH_2=$CHCH_2CH_3$

8. 下列能被 $KMnO_4$ 氧化的羧酸是(　　)。
   A. 乙酸　　　B. 草酸　　C. 丁二酸　　D. 丙酸

9. 利用克莱森(Claisen)缩合反应，可制备(　　)。
   A. 开链 β-酮酸酯　　　　　　　　B. 环状 β-酮酸酯
   C. α,β-不饱和化合物　　　　　　D. 甲基酮类化合物

10. 下列化合物中水解最快的是(　　)。

A. 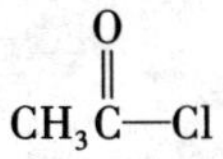 $CH_3\overset{\overset{O}{\|}}{C}-Cl$　　B. $CH_3\overset{\overset{O}{\|}}{C}-NH_2$　　C. $CH_3\overset{\overset{O}{\|}}{C}-OCH_3$　　D. 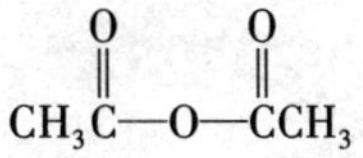 $CH_3\overset{\overset{O}{\|}}{C}-O-\overset{\overset{O}{\|}}{C}CH_3$

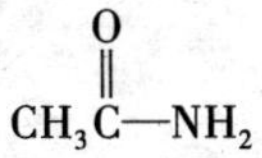

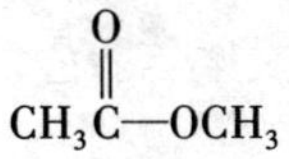

8.8　章节自测答案

1. B　2. D　3. D　4. D　5. D　6. C　7. C　8. B　9. A　10. A

第9章 含氮和含磷有机化合物

9.1 主要知识点和学习要求

9.1.1 胺的结构和命名

9.1.1.1 胺的结构

胺可以看作是氨(NH_3)分子中的氢原子被烃基取代后的衍生物,胺是重要的有机碱。

在脂肪胺分子中氮原子为 sp^3 杂化,在芳香胺中,由于未共用电子对与苯环 π 键发生部分重叠,使氮原子的 sp^3 轨道的未成键电子对的 p 轨道性质增加,使氮原子由 sp^3 杂化趋向于 sp^2 杂化。因此,这对未共用电子对与芳环的 π 电子可以形成 p-π 共轭体系,使芳香胺的碱性和亲核性都有明显的减弱。另外,芳香胺中的这种 p-π 共轭体系使芳环的电子云密度增大,因此芳香胺在芳环上容易发生亲电取代反应。

9.1.1.2 胺的命名

(1) 伯、仲、叔胺,季铵盐的命名　普通命名法和系统命名法。

(2) 脂肪胺　烃基+胺,$C_2H_5NH_2$,乙胺(脂肪胺)。

烃基不同:先简单后复杂,相同烃基标出个数。$C_2H_5NHCH_3$,甲基乙基胺或 N-甲基乙胺。

烃基结构复杂的胺,不能用上述方法命名时,以氨基作为取代基命名。

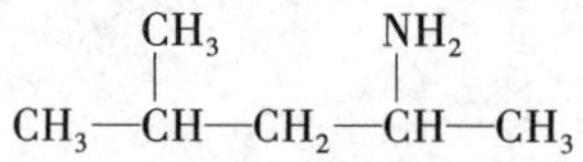

$$CH_3-\overset{CH_3}{\overset{|}{CH}}-CH_2-\overset{NH_2}{\overset{|}{CH}}-CH_3$$

2-甲基-4-氨基戊烷

(3) 芳香脂肪胺　当氮原子上同时连有芳环和脂肪烃基时,以芳胺作为母体命名,并用"N-"标明脂肪烃基所在的位置,以区别于脂肪烃基连接在芳环上的异构体。例如,

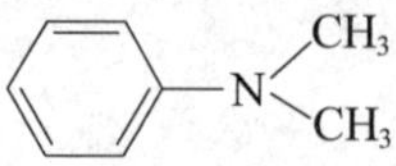

N,N-二甲基苯胺

季铵碱类似于氢氧化物命名,季铵盐类似于无机铵盐命名。

$(CH_3)_4N^+OH^-$　　　$C_6H_5CH_2N^+(CH_3)_3Cl^-$
氢氧化四甲铵　　　　氯化三甲基苄铵

9.1.1.3 学习要求

(1) 熟练掌握胺的结构:氮原子的杂化形式、胺的结构(伯、仲、叔胺)。
(2) 熟练掌握胺的分类、命名。
(3) 熟练掌握季铵盐的命名。

9.1.2 胺的性质

9.1.2.1 物理性质

(1)溶解度 低级的脂肪胺可与水以氢键缔合,所以低级的伯、仲、叔胺在水中有一定的溶解度,但随着相对分子质量增大,烃链疏水作用增强,其溶解度迅速降低。

(2)沸点 伯胺、仲胺的沸点高于叔胺的。

9.1.2.2 化学性质

(1)碱性 季铵碱>脂肪族仲胺>脂肪族伯胺>脂肪族叔胺>氨>芳香族伯胺>芳香族仲胺>芳香族叔胺。

(2)胺的亲核性

①烃化反应:氨+卤代烃 → 伯胺 → 仲胺 → 叔胺 → 季铵盐。

②酰化反应:保护氨基,制备 N-取代酰胺。

③磺酰化(兴斯堡反应):对甲基苯磺酰氯,用于鉴别三种胺。伯胺:先浑浊,加氢氧化钠变澄清;仲胺:先浑浊,加氢氧化钠仍浑浊;叔胺:无浑浊。

④与亚硝酸反应:

脂肪伯胺:有氮气生成;脂肪仲胺:有黄色油状物;脂肪叔胺:无现象。

芳香伯胺:有氮气生成;芳香仲胺:有黄色油状物;芳香叔胺:先产生绿色结晶,酸性条件下变黄色。

⑤季铵碱的生成与热裂解反应:季铵盐 + 氢氧化银 → 季铵碱

季铵碱裂解遵循霍夫曼规则:烃基上无 β-H 时生成叔胺、醇;烃基上有 β-H 时生成烯烃、叔胺、水。

无 β-H: $(CH_3)_4 \overset{+}{N}OH^- \xrightarrow{\Delta} (CH_3)_3N + CH_3OH$

有 β-H: $(n\text{-}C_3H_7)\overset{+}{N}(CH_3)_3OH^- \xrightarrow{\Delta} CH_3-CH=CH_2 + (CH_3)_3N + H_2O$

⑥芳环的取代反应:与溴水反应生成三溴苯胺白色沉淀,用于苯胺的鉴别。

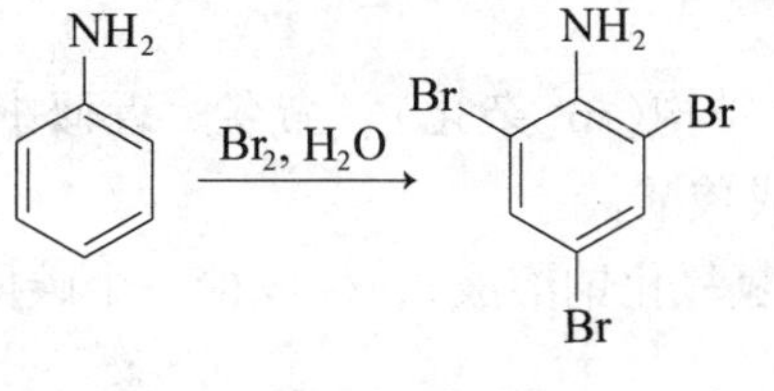

9.1.2.3 学习要求

(1)了解各类胺的物理性质及重要的胺。

(2)熟练掌握脂肪族和芳香族胺的化学性质:碱性(诱导效应、空间位阻效应对碱性的影响)、烃基化反应、季铵盐和季铵碱的生成、酰基化反应、磺酰化反应、与亚硝酸的反应、芳胺上芳环的取代反应,注意它们之间的区别。

9.1.3 芳香族重氮盐:取代反应

9.1.3.1 与亚硝酸反应

重氮盐,反应方程式:

$$\text{C}_6\text{H}_5\text{—}\overset{+}{\text{N}}\text{H}_3\text{Cl}^- + \text{HNO}_2 \xrightarrow{0\sim5\,°C} \text{C}_6\text{H}_5\text{—}\overset{+}{\text{N}}\equiv\text{NCl}^- + 2\text{H}_2\text{O}$$

$$\text{Ar—}\overset{+}{\text{N}}\equiv\text{NCl}^- \begin{cases} \xrightarrow[\Delta]{\text{H}_2\text{O}} \text{ArOH} \\ \xrightarrow{\text{H}_3\text{PO}_2 \text{ 或 C}_2\text{H}_5\text{OH}} \text{ArH} \\ \xrightarrow{\text{CuCl}} \text{ArCl} \\ \xrightarrow{\text{CuBr}} \text{ArBr} \\ \xrightarrow{\text{KI}} \text{ArI} \\ \xrightarrow{\text{CuCN}} \text{ArCN} \end{cases} + \text{N}_2\uparrow$$

9.1.3.2 重氮盐的偶联反应

$$\text{C}_6\text{H}_5\text{—N}=\overset{+}{\text{N}} + \text{C}_6\text{H}_5\text{—R} \longrightarrow \text{C}_6\text{H}_5\text{—N}=\text{N—}\underset{H}{\overset{+}{\bigcirc}}\text{—R} \xrightarrow{-\text{H}^+}$$

$$\text{C}_6\text{H}_5\text{—N}=\text{N—C}_6\text{H}_4\text{—R} \quad \text{R}=\text{—OH, —NH}_2\text{, —NHR}\cdots$$

9.1.3.3 学习要求

(1) 熟练掌握重氮化合物和偶氮化合物的命名及结构。

(2) 熟练掌握重氮盐的性质及其在有机合成上的应用,重点是合成。

(3) 了解偶氮化合物的一般性质。

9.1.4 酰胺

9.1.4.1 命名

(1) 酰基 + 胺 某酰某胺。

(2) 氮原子上有烃基 N-烃基酰胺,N,N-二烃基酰胺。

9.1.4.2 化学性质

(1) 酰胺的结构和命名 结构(sp^2 杂化)、命名。近似中性,有吸电子基时酸性增强;与亚硝酸反应放出氮气,生成羧酸。

(2) 霍夫曼递降(卤素的氢氧化钠溶液),生成少一个碳原子的伯胺。

9.1.5 其他含氮化合物

9.1.5.1 化学性质

(1) 硝基化合物的还原 (Fe + HCl)等生成氨基。

(2) 氰基化合物 水解成酸。

(3) 还原成多一个碳原子的伯胺。

9.1.5.2 学习要求

了解碳酸衍生物和腈的性质。

9.2 典型例题

【例题 9-1】 用系统命名法命名下列化合物。

(1) H$_3$C—C$_6$H$_4$—N(CH$_3$)(CH$_2$CH$_3$)
(2) CH$_2$=CH—CH$_2$—CH(NH$_2$)—CH$_3$

解：(1) 当氮原子上同时连有芳环和脂肪烃基时，以芳胺作为母体命名，并用"N-"标明脂肪烃基所在的位置，以区别于脂肪烃基连接在芳环上的异构体，第一个结构命名为 N-甲基-N-乙基对甲苯胺。

(2) 烃基结构复杂的胺，不能用上述方法命名时，以氨基作为取代基命名为 4-氨基-1-戊烯。

【例题 9-2】 将下列化合物按碱性由强到弱顺序排列。

A. 对甲苯胺   B. 苄胺   C. 2,4-二硝基苯胺   D. 对硝基苯胺
E. 对氯苯胺

解：季铵碱>脂肪族仲胺>脂肪族伯胺>脂肪族叔胺>氨>芳香族伯胺>芳香族仲胺>芳香族叔胺。苄胺是脂肪族伯胺碱性大于芳香族伯胺（A、C、D、E），A 中甲基是给电子基团，苯胺碱性增强；E 含的氯是弱钝化基团，苯胺碱性减弱；D 含的硝基是强吸电子基团，苯胺碱性大大减弱；C 中 2,4-二硝基苯胺有两个吸电子基团，碱性最弱，所以碱性为 B>A>E>D>C。

【例题 9-3】 鉴别下列化合物。

A. C$_6$H$_5$—OH   B. C$_6$H$_5$—NH$_2$ C. 环己基-NH   D. 环己基-N—CH$_3$

解：

$$\begin{cases} A \\ B \\ C \\ D \end{cases} \xrightarrow{\text{稀 NaOH}} \begin{matrix}\text{溶解：苯酚} \\ \text{不溶解} \xrightarrow[\text{NaOH}]{p\text{-CH}_3\text{—C}_6\text{H}_4\text{—SO}_2\text{Cl}} \begin{matrix}\text{清亮溶液：苯胺} \\ \text{固体沉淀：环己胺} \\ \text{油状物：}N\text{-甲基环己胺}\end{matrix}\end{matrix}$$

【例题 9-4*】 完成反应式。

$$(CH_3)_2CHCH\overset{+}{N}(CH_3)_3 OH^- \xrightarrow{\Delta}$$
$$\quad\quad\quad\quad |$$
$$\quad\quad\quad CH_3$$

解：本题为霍夫曼消除反应，季铵碱一个基团上有两个 β-H，主要消除的是 β-碳上取代基较少的 β-H（反札依采夫规则）→叔胺和烯烃。

$$(CH_3)_2CHCH\overset{+}{N}(CH_3)_3 OH^- \xrightarrow{\Delta} (CH_3)_2CHCH=CH_2 + N(CH_3)_3$$
$$\quad\quad\quad\quad |$$
$$\quad\quad\quad CH_3$$

【**例题 9-5***】由苯或甲苯为原料合成下列化合物(其他试剂任选)。

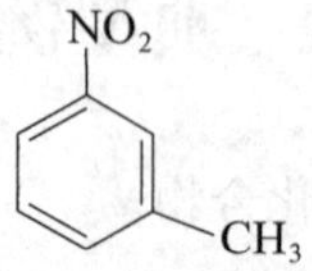

解：本例中原料甲苯与目标产物 3-甲基硝基苯相比较，在甲基间位引入一个硝基，很容易想到傅-克反应，但是甲基是邻、对位定位基，所以需要在甲基对位引入一个邻位定位基，且可以在引入硝基以后可以除去，氨基是一个符合要求的基团。合成路线设计为

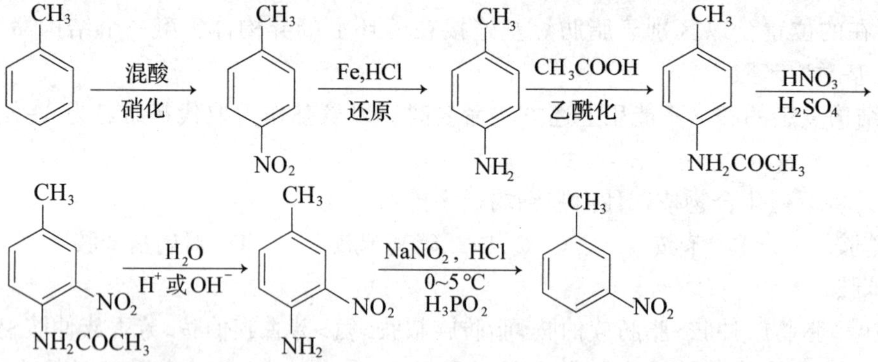

本例路线利用"占位→定位→除去"的设计。在苯胺的苯环上引入硝基时，为防止硝酸将苯胺氧化，常利用酰基化反应，先把氨基保护起来，然后进行硝化。反应完成后，水解除去酰基就得到氨基。氨基经过重氮化，还原得到目标分子。

【**例题 9-6**】某化合物 A 分子式为 C_7H_9N，呈弱碱性。A 的盐酸盐与亚硝酸作用生成分子式为 $C_7H_7N_2Cl$ 的重氮化合物，加热后能放出氮气而生成对甲苯酚。推测化合物 A 的结构。

解：计算不饱和度 $\Omega=4$，可能含有一个苯环。A 呈弱碱性，重氮化合物 $C_7H_7N_2Cl$ 不饱和度 $\Omega=4$，说明 A 是苯胺衍生物，加热后能放出氮气而生成对甲苯酚，说明 A 的结构为对甲基苯胺。

9.3 思考题

【**思考题 9-1**】
如何用化学方法分离乙胺、二乙胺、三乙胺的混合物？

【**思考题 9-2**】
用化学方法鉴别下列化合物。
(1) 苯胺　(2) N-甲基苯胺　(3) N,N-二甲基苯胺

【**思考题 9-3**】
1. 写出下列化合物的结构式。
(1) 丙酰苯胺　(2) N,N-二甲基苯胺　(3) 对苯二胺　(4) 苯甲酰胺
(5) 甲酰苯胺　(6) 氯化重氮对甲苯　(7) 2-甲基-3-硝基己烷

2. 命名下列化合物。

(1) 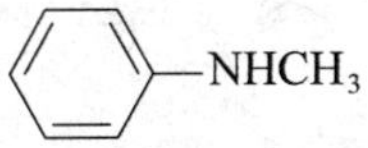 C₆H₅—NHCH₃ (2) 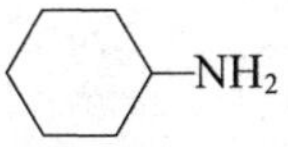 C₆H₁₁—NH₂ (3) (CH₃)₃N⁺(C₂H₅)OH⁻ (4) (HOCH₂CH₂)₃N

【思考题 9-4】

将下列化合物按碱性由强到弱的顺序排列。

(1) CH₃CH₂NH₂   (2) (CH₃CH₂)₂NH   (3) (CH₃)₄N⁺OH⁻   (4) NH₃

(5) 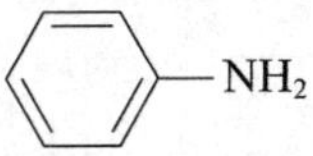 C₆H₅—NH₂   (6)  H₃C—C₆H₄—NH₂   (7) 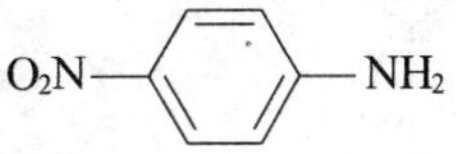 O₂N—C₆H₄—NH₂

9.4 思考题答案

【思考题 9-1】

答：可用兴斯堡反应鉴别或分离伯、仲、叔胺。将三种胺的混合物与对甲苯磺酰氯的碱性溶液反应后再进行蒸馏，乙胺和二乙胺在氢氧化钠溶液存在下，能与苯磺酰氯发生反应，生成苯磺酰胺。因叔胺不反应，先被蒸出；将剩余液体过滤，固体为二乙胺的磺酰胺，加酸水解后可得到二乙胺；滤液酸化后，水解得到乙胺。

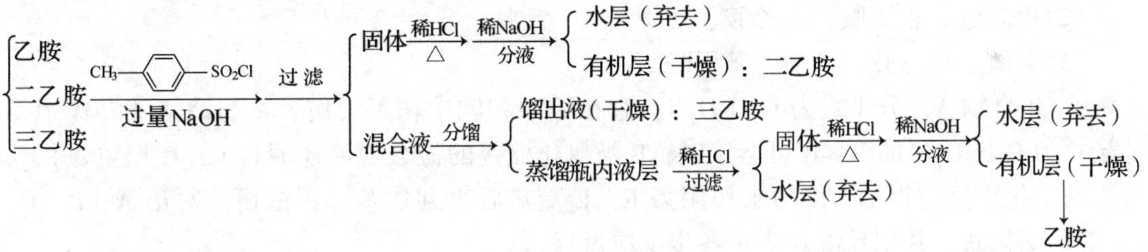

乙胺
二乙胺 —CH₃—C₆H₄—SO₂Cl→ 过滤 → {固体 —稀HCl/△→ 稀NaOH/分液→ 水层（弃去）/有机层（干燥）：二乙胺
三乙胺   过量NaOH   混合液 —分馏→ {馏出液（干燥）：三乙胺
                                              蒸馏瓶内液层 —稀HCl/过滤→ {固体 —稀HCl/△→ 稀NaOH/分液→ 水层（弃去）/有机层（干燥）↓乙胺
                                                                      水层（弃去）

【思考题 9-2】

答：根据脂肪族和芳香族伯、仲、叔胺与亚硝酸反应的不同结果，可以鉴别伯、仲、叔胺。用亚硝酸钠的盐酸溶液，能迅速生成白色浑浊的是苯胺，有氮气生成；过一会儿生成的是N-甲基苯胺，不能生成浑浊的是N,N-二甲基苯胺，也可用兴斯堡反应鉴别或分离伯、仲、叔胺。

{苯胺
N-甲基苯胺 —苯磺酰氯/NaOH→ 溶解：苯胺
N,N-二甲基苯胺   沉淀：N-甲基苯胺
                            不反应：N,N-二甲基苯胺

【思考题 9-3】

答：1.(1) 丙酰苯胺   (2) N,N-二甲基苯胺   (3) 对苯二胺

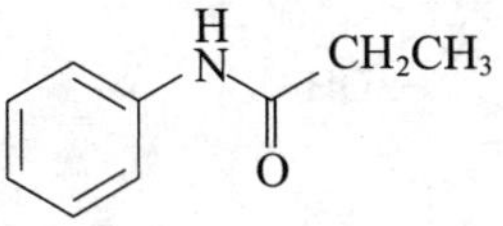

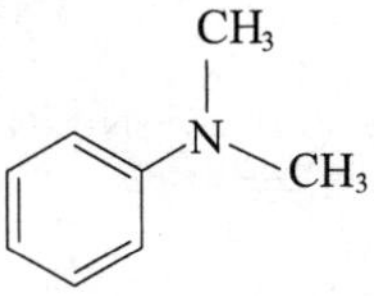

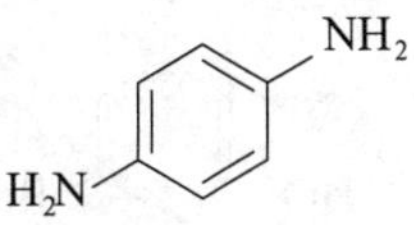

(4) 苯甲酰胺　　　　　　(5) 甲酰苯胺　　　　　　(6) 氯化重氮对甲苯

(7) 2-甲基-3-硝基己烷

2. (1) N-甲基苯胺　(2) 环己基胺　(3) 三甲基乙基氢氧化铵　(4) 三乙醇胺

【思考题 9-4】
答：(3) >(2)>(1)>(4)>(6)>(5)>(7)

9.5　教材习题

1. 用化学方法鉴别下列各组化合物。
(1) 乙醇、乙醛、乙酸、乙胺
(2) 甲酰胺、正丁胺、二乙胺、三甲胺
(3) 苯胺、环己胺、苯酚、苯甲醛

2. 化合物 A，分子式为 $C_7H_7O_2N$，它在酸中和碱中均不溶解。A 与高锰酸钾作用得分子式为 $C_7H_5O_4N$ 的 B，B 可溶于碱，B 被氯化亚锡的盐酸溶液还原得 C，C 经重氮化反应再与氰化钾反应得 D，D 与水作用得 E，E 受热后得到邻苯二甲酸酐。写出 A、B、C、D、E 的结构式，并用反应式表示各步反应过程。

3. 化合物 A，分子式为 $C_6H_{15}N$，能溶于稀酸，A 与亚硝酸反应放出氮气并得到 B，B 能进行碘仿反应。B 与浓硫酸共热得 C，C 经高锰酸钾氧化后得到乙酸和 2-甲基丙酸。写出 A、B、C 的结构式并用反应式证明推导过程。

4. 化合物 A，分子式为 $C_5H_{11}NO_2$，用 $SnCl_2$-HCl 还原得分子式为 $C_5H_{13}N$ 的 B，B 用过量的碘代甲烷处理后，再用 AgOH 处理得 C，C 的分子式为 $C_8H_{21}NO$，C 加热分解得到 2-甲基-1-丁烯和三甲胺。试推断 A 的结构式并用反应式说明推断过程。

5. 由 $CH_2\!\!=\!\!CH_2$ 合成以下产物。
(1) $CH_3CH_2\overset{O}{\overset{\|}{C}}OCH_3$　　(2) EDTA

6. 由 $CH\!\equiv\!CH$ 合成以下产物。

(1) 3,5-二溴苯酚　　(2) $C_6H_5-N\!\!=\!\!N-C_6H_4-OH$

9.6 教材习题答案

1.

(1) 乙醇、乙醛、乙酸、乙胺 —NaHCO₃ 溶液→ 有气泡：乙酸；无现象 —HNO₂ 溶液→ 有气泡：乙胺；无现象 —Ag(NH₃)₂OH→ 无现象：乙醇；银镜：乙醛

(2) 甲酰胺、正丁胺、二乙胺、三甲胺 —HNO₂ 溶液→ 沉淀：甲酰胺；有气泡：正丁胺；油状物：二乙胺；不分层：三甲胺

(3) 苯胺、环己胺、苯酚、苯甲醛 —溴水→ 褪色：苯甲醛；无现象：环己胺；白色沉淀 —Fe³⁺溶液→ 无现象：苯胺；紫色：苯酚

2. 化合物 A，分子式为 $C_7H_7O_2N$，计算得它的不饱和度为 5，它在酸中和碱中均不溶解，说明 A 无酸性或碱性。A 与 $KMnO_4$ 作用得分子式为 $C_7H_5O_4N$ 的 B，其不饱和度为 6，B 可溶于碱，说明 B 呈酸性；B 被氯化亚锡的盐酸溶液还原得 C，C 经重氮化反应再与氰化钾反应得 D，D 与水作用得 E，E 受热后得到邻苯二甲酸酐。则 A、B、C、D、E 的结构式为：

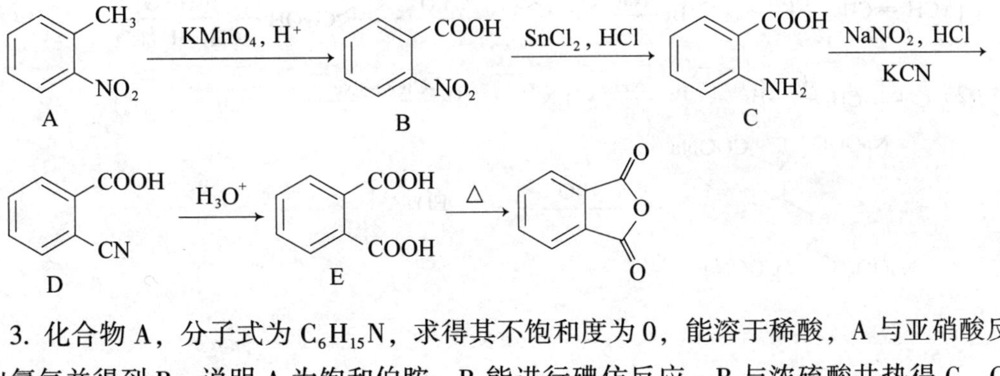

邻甲基硝基苯(A) —KMnO₄, H⁺→ 邻硝基苯甲酸(B) —SnCl₂, HCl→ 邻氨基苯甲酸(C) —NaNO₂, HCl / KCN→

邻氰基苯甲酸(D) —H₃O⁺→ 邻苯二甲酸(E) —Δ→ 邻苯二甲酸酐

3. 化合物 A，分子式为 $C_6H_{15}N$，求得其不饱和度为 0，能溶于稀酸，A 与亚硝酸反应放出氮气并得到 B，说明 A 为饱和伯胺。B 能进行碘仿反应。B 与浓硫酸共热得 C，C 经 $KMnO_4$ 氧化后得到乙酸和 2-甲基丙酸。由此可推得 C 为 3-甲基-2-丁烯，则 A、B、C 的结构式为：

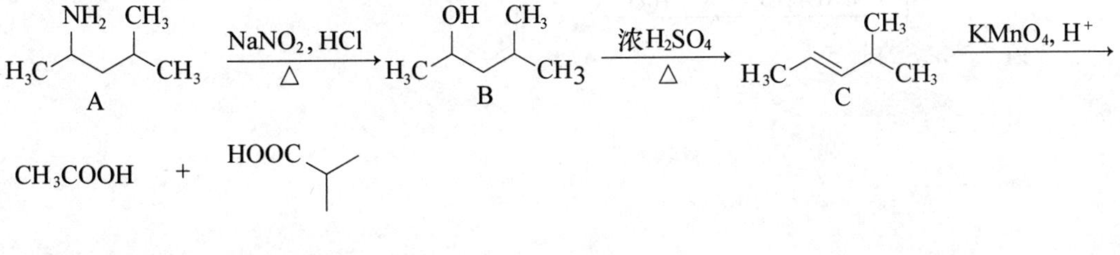

$CH_3CH(NH_2)CH(CH_3)CH_3$ (A) —NaNO₂, HCl / Δ→ $CH_3CH(OH)CH(CH_3)CH_3$ (B) —浓H_2SO_4 / Δ→ $CH_3CH=C(CH_3)CH_3$ (C) —KMnO₄, H⁺→

CH_3COOH + $HOOC-CH(CH_3)_2$

4. 化合物 A，分子式为 $C_5H_{11}NO_2$，其不饱和度为 1，说明 A 为饱和硝基化合物，用 $SnCl_2$-HCl 还原得分子式为 $C_5H_{13}N$ 的 B，则 B 为饱和伯胺，B 用过量的碘代甲烷处理后，再用 AgOH 处理得 C，C 的分子式为 $C_8H_{21}NO$，则 C 为季铵碱，C 加热分解得到 2-甲基-1-丁烯和三甲胺。则 A、B、C 的结构式为：

$$R-NO_2 \xrightarrow{SnCl_2, HCl} R-NH_2$$

$$\underset{A}{O_2N-\overset{CH_3}{\underset{CH_3}{C}}-CH_2CH_3} \xrightarrow{SnCl_2, HCl} \underset{B}{H_2N-\overset{CH_3}{\underset{CH_3}{C}}-CH_2CH_3} \xrightarrow{\text{过量}CH_3I} \xrightarrow{AgOH} \underset{C}{\left[(H_3C)_3\overset{+}{N}-\overset{CH_3}{\underset{CH_3}{C}}-CH_2CH_3\right]OH^-}$$

或

$$\underset{A}{O_2N-CH_2-\overset{CH_3}{\underset{CH_3}{CH}}} \xrightarrow{SnCl_2, HCl} \underset{B}{H_2N-CH_2-\overset{CH_3}{\underset{CH_3}{CH}}} \xrightarrow{\text{过量}CH_3I} \xrightarrow{AgOH}$$

$$\underset{C}{\left[(H_3C)_3\overset{+}{N}-CH_2-\underset{\underset{CH_3}{|}}{CH}CH_2CH_3\right]OH^-}$$

上述两种结构的化合物 C 都能受热分解为下列产物：

$$\longrightarrow CH_2=C(CH_3)CH_2CH_3 + N(CH_3)_3$$

5.

(1) $CH_2=CH_2 \xrightarrow{HBr} \sim Br \xrightarrow{NaCN} \sim CN \xrightarrow{H_3O^+} \sim COOH \xrightarrow[CH_3OH, \text{加热}]{\text{浓}H_2SO_4} \sim COOCH_3$

(2) $CH_2=CH_2 \xrightarrow{Br_2} Br\sim Br \xrightarrow{NH_3} H_2N\sim NH_2 \xrightarrow{ClCOONa}$

$$\underset{NaOOC}{\overset{NaOOC}{>}}N-CH_2CH_2-N\underset{COONa}{\overset{COONa}{<}} \xrightarrow{H_3O^+} EDTA$$

6.

(1) $HC\equiv CH \xrightarrow[500°C]{\text{活性炭}} C_6H_6 \xrightarrow[H_2SO_4]{HNO_3} C_6H_5NO_2 \xrightarrow{Br_2, FeBr_3} \text{3,5-二溴硝基苯} \xrightarrow{SnCl_2, HCl}$

3,5-二溴苯胺 $\xrightarrow{NaNO_2, HCl} \xrightarrow[\Delta]{H_2O}$ 3,5-二溴苯酚

(2) 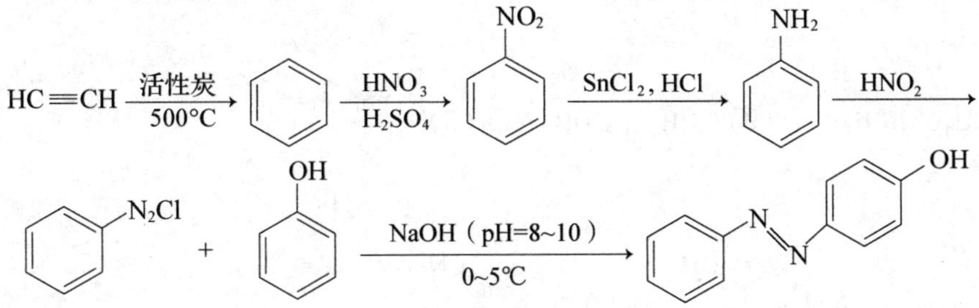 反应流程图:

$HC\equiv CH \xrightarrow[500℃]{活性炭} C_6H_6 \xrightarrow[H_2SO_4]{HNO_3} C_6H_5NO_2 \xrightarrow{SnCl_2, HCl} C_6H_5NH_2 \xrightarrow{HNO_2}$

$C_6H_5N_2Cl + C_6H_5OH \xrightarrow[0\sim5℃]{NaOH(pH=8\sim10)} C_6H_5-N=N-C_6H_4-OH$

9.7 章节自测

1. 写出下列化合物的结构式：氢氧化三甲基乙基铵。

2. 比较各组化合物的碱性，按碱性由强到弱排序(   )。
(1) 苯胺　　 (2) 甲胺　　 (3) 三苯胺　　 (4) N-甲基苯胺

A. (2)>(4)>(1)>(3)　　　　　　B. (2)>(1)>(4)>(3)
C. (2)>(1)>(3)>(4)　　　　　　D. (2)>(3)>(4)>(1)

3. 下列化合物中碱性最强的是(   )。

A. 乙胺　　　　　　　　　　　B. 二乙胺
C. 四甲基氢氧化铵　　　　　　D. 氨

4. 下列化合物与亚硝酸反应能够放出氮气的是(   )，能生成黄色油状物的是(   )，不反应的是(   )。

A. 乙胺　　B. 二乙胺　　C. 三乙胺　　D. 乙酰胺

5. 完成下列反应。

(1) $CH_3COCl + CH_3NH_2 \longrightarrow$　　　　(2) $(C_2H_5)_4N^+Br^- + AgOH \longrightarrow$

(3) 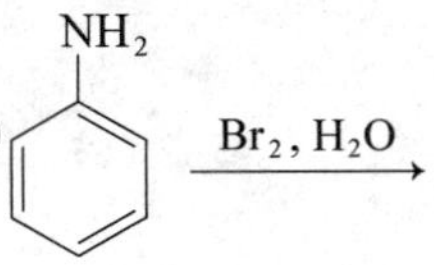 苯胺 $\xrightarrow{Br_2, H_2O}$　　　　(4) 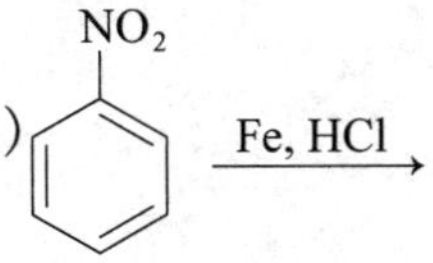 硝基苯 $\xrightarrow{Fe, HCl}$

(5) 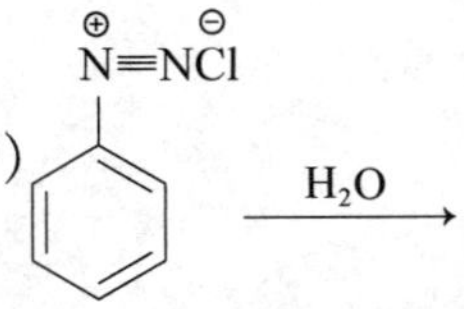 $C_6H_5N_2^+Cl^- \xrightarrow{H_2O}$　　　　(6) 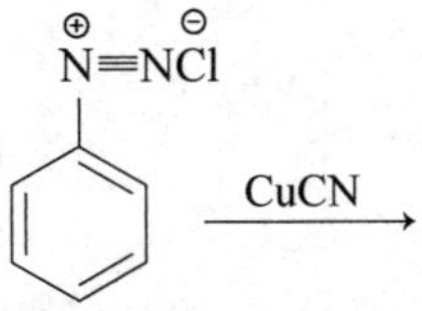 $C_6H_5N_2^+Cl^- \xrightarrow{CuCN}$

6. 由甲苯合成对氨基苯甲酸。

9.8 章节自测答案

1. $[(CH_3)_3N^+CH_2CH_3]OH^-$　　2. A　　3. C　　4. A，B，CD

5.

(1) $CH_3\overset{O}{\overset{\|}{C}}NHCH_3$ (2) $(C_2H_5)_4N^+OH^-$ (3) 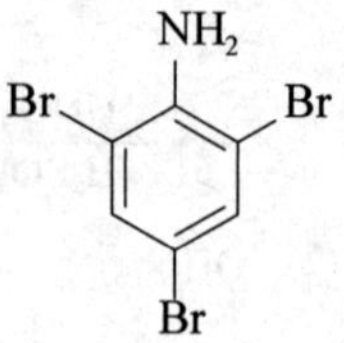 2,4,6-tribromoaniline (structure shown)

(4) aniline ($C_6H_5NH_2$) (5) phenol (C_6H_5OH) (6) benzonitrile (C_6H_5CN)

6.

$$\text{甲苯} \xrightarrow{HNO_3, H_2SO_4} \text{对硝基甲苯} \xrightarrow{KMnO_4, H^+} \text{对硝基苯甲酸} \xrightarrow{SnCl_2, HCl} \text{对氨基苯甲酸}$$

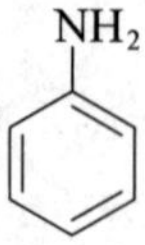

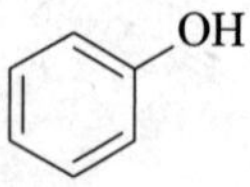

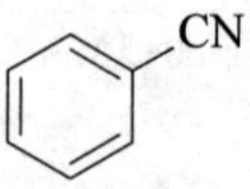

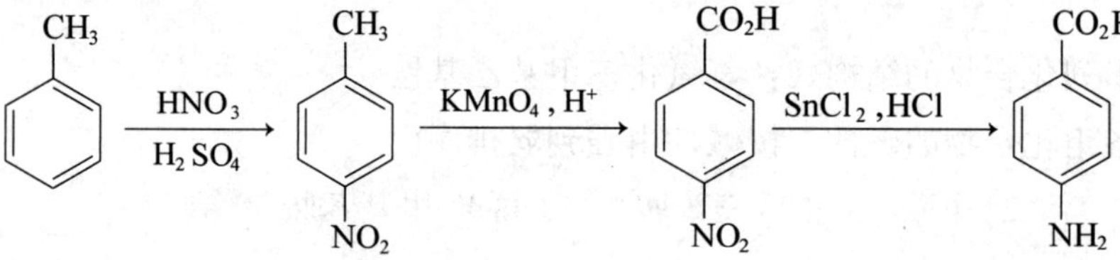

第10章 旋光异构

10.1 主要知识点和学习要求

10.1.1 物质的旋光性

10.1.1.1 平面偏振光和旋光性

平面偏振光：只有一个振动平面的光。

平面偏振光与自然光线的区别：自然光是光波在各个方向都有振动的光线。

旋光性：能使偏振光的振动平面(偏振面)发生改变的物质称为具有旋光活性物质，也就是具有旋光性。

旋光方向：偏振面顺时针旋转的称为右旋，记为(+)或 d；偏振光逆时针旋转的称为左旋，记为(-)或 l。

10.1.1.2 旋光仪、旋光度和比旋光度

旋光仪：用于测定物质旋光性能的仪器，由光源、起偏器、旋光管、检偏器、目镜组成。其中，光源常用钠光源。起偏器和检偏器都是尼科尔棱镜，区别在于起偏器是固定的尼科尔棱镜，用于产生平面偏振光；而检偏器带有可旋转的刻度盘，用于测定旋转角度。

旋光度：是指偏振面旋转的角度，记为 α。

比旋光度：是指当光的波长和温度确定(钠光源的 D 线和 20℃)时，旋光活性物质的密度或浓度为 1g/mL、厚度为 1dm 时的旋光度，记为 $[\alpha]_\lambda^t$。

$$[\alpha]_D^t = \frac{\alpha}{cl}$$

旋光度和比旋光度的关系：旋光度受到的影响因素比较多，同一种物质也可以有多个旋光度，不具有可比性；而比旋光度对同一种物质来说是一个定值，具有可比性。

利用物质测定的旋光度和比旋光度关系可以推测溶液浓度，也可以推测旋光方向。

10.1.1.3 学习要求

(1) 理解和掌握平面偏振光及旋光性的概念，掌握旋光性方向的表示方式。

(2) 掌握旋光仪的用途，理解和掌握旋光度和比旋光度的概念、联系和应用。

10.1.2 旋光性与分子结构的关系

10.1.2.1 手性和手性分子

手性：是指物体和分子的不对称性，又称为手征性。

具有手性的特点：物体和它的镜像不能完全重叠。

手性分子：当分子不具有对称因素(对称面或对称中心)时，则分子为不对称分子(手性分子)。旋光活性物质都是非对称分子或者说手性分子。

有手性的分子必定有旋光性，有旋光性的分子必定有手性。

10.1.2.2 手性与对称性因素

判断与手性有关的对称性因素主要包括对称面和对称中心。

对称面：又称平面对称因素。假设分子中有一平面能把分子切成互为镜像的两半，该平面就是分子的对称面。

对称中心：是指若分子中有一点 P，通过 P 点画任何直线，如果在离 P 等距离直线两端有相同的原子或基团，则点 P 称为分子的对称中心。

既没有对称面也没有对称中心的分子必定有手性。

10.1.2.3 手性碳原子

手性碳原子：是指连有四个各不相同基团的碳原子，或称手性中心，用 C^* 表示。

手性碳原子的判断标准：碳原子上连接基团是否有相同。

手性碳原子与手性的关系：仅含有一个手性碳原子的分子必定有手性，有手性的分子不一定含有手性碳原子。含有多个手性碳原子的分子也不一定有手性。

10.1.2.4 学习要求

(1) 理解和掌握手性和手性分子的概念，掌握手性和手性分子的特点以及手性与旋光性的关系。

(2) 理解和掌握涉及判断旋光性的对称因素种类，对称面和对称中心的含义及判断方法，手性与对称性因素的关系。

(3) 理解和掌握手性碳原子的概念及判定标准。

10.1.3 含有手性碳原子的旋光异构体

10.1.3.1 含有一个手性碳原子的旋光异构

(1) 对映异构体　简称对映体，是指两种物质互成实物镜像关系，且实物和镜像无论如何变化都不能完全重叠。

(2) 旋光异构体　是指物理性质、化学性质相同，旋光度相同，旋光方向相反，生理活性不同，反应速度不同的异构体。

(3) 对映异构体与旋光异构体的关系　对映异构体具有旋光异构体的性质。对映异构体就是旋光异构体。

(4) 含有且仅含有一个手性碳原子的分子必定是手性分子，必有两种互成实物和镜像关系的对映异构体存在。

(5) 外消旋体　由两个旋光异构体等量混合后构成的旋光性消失的混合物。外消旋体与其他旋光异构体相比，旋光性能不同，物理性质不同，化学性质相同。外消旋体用($\pm$)或 dl 表示。

(6) 费歇尔投影式

①投影式书写规则：

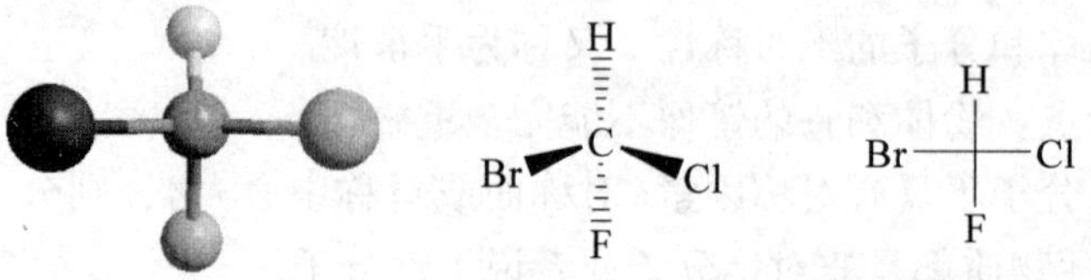

中心碳原子(或手性碳原子)置于纸面,用横、竖两线的交点代表它。

横前竖后规则:竖的两个基团指向纸面内,横的两个基团指向观测者。

画投影式时,习惯上把含碳原子的基团放在竖键的方向,并把命名时编号最小的碳原子放在最上端。

②投影式变换判断规则:

a. 旋转规则:离开纸面旋转180°得到对映异构体的投影式;在纸面上旋转90°或270°得到对映异构体的投影式;在平面内旋转180°或固定一个基团,旋转其他三个基团得到的都是同种结构的投影式。

b. 基团对调判断规则:同一个手性原子中,任意两个基团对调奇数次,变为对映体构型的费歇尔投影式;任意两个基团对调偶数次,与原来的费歇尔投影式构型相同。

10.1.3.2 旋光异构体构型的表示方法

(1) D/L 标记法 是以甘油醛为参照物,人为规定的标记方法,又称相对构型标记法。凡由 D-(+)-甘油醛经过化学反应或通过转化,在不涉及手性碳原子连接的4个键断裂的前提下得到的都是 D 型化合物。

含有一个手性碳原子的化合物的判断规则:手性碳上羟基或氨基在右侧的为 D 型化合物,在左侧的是 L 型化合物。

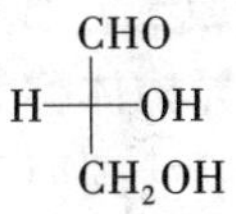

```
    CHO              CHO              COOH
H──┼──OH        HO──┼──H         H₂N──┼──H
    CH₂OH            CH₂OH            CH₃

  D-甘油醛          L-甘油醛         L-α-氨基丙酸
```

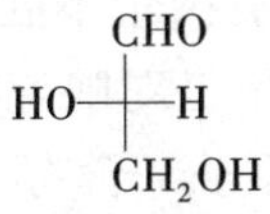

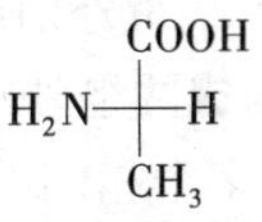

含有多个手性碳原子的化合物的判断规则:当远离醛基的手性碳的—OH 投影在右侧的(规范式投影式)为 D 型,—OH 投影在左侧的为 L 型。

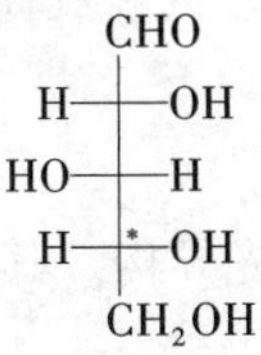

```
    CHO
H──┼──OH
HO──┼──H
H──┼──OH
    CH₂OH
   D-木糖
```

糖类:比较最大编号手性碳原子的构型,羟基在左侧,L 型;羟基在右侧,D 型。

α-氨基酸:α-氨基在左侧,L 型;α-氨基在右侧,D 型。

(2) R/S 标记法 是根据手性碳原子处于一定的立体向位(即手性碳原子直接连接的4个基团所占空间位置的序列)来确定的构型标记法,又称绝对构型标记法。

R/S 标记法确定:将手性碳相连的4个原子或基团依次序规则确定优先顺序;从最小原子或基团的对面观察;其他3个基团按优先顺序从大到小排列,顺时针排列的为 R 构型,逆时针排列的为 S 构型。

该方法适用模型、透视式和投影式等各种表示方法。

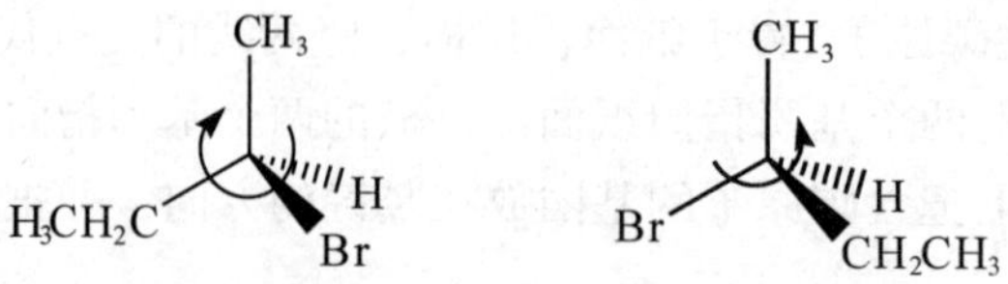

(R)-2-溴丁烷　　(S)-2-溴丁烷

费歇尔投影式的 R/S 构型标记：当最小基团在竖键上时，其他3个基团从大到小顺时针排列时为 R 构型，逆时针排列时为 S 构型；当最小基团在横键时，3个基团从大到小顺序顺时针排列的为 S 构型，逆时针排列时为 R 构型。

(R)-2-甲基-3-羟基-2-溴丁酸　　(S)-2-氨基丁酸

有多个手性碳原子的需要分别对每个手性碳构型进行标记。

对映异构体构型必为 R 与 S，两个基团对调得到的是对映异构体的构型。

10.1.3.3　含有两个手性碳原子的旋光异构

(1) 含有两个或多个都不同的手性碳原子　含有 n 个手性碳原子的化合物，有 2^n 种旋光异构体，可组成 2^{n-1} 组外消旋体。含有两个不同的手性碳原子，有4种旋光异构体，两对对映异构体分别构成两组外消旋体。不是对映异构的旋光异构体称为非对映异构体。

(2) 含有两个或多个相同的手性碳原子　含有 n 个相同手性碳原子的化合物，种类小于 2^n 个旋光异构体。外消旋体种类小于 2^{n-1}。其中，还包含一种内消旋体。

内消旋体：结构内含有手性碳原子，但因含有对称因素而使旋光性消失的分子。

含有两个相同的手性碳原子，有3种异构体，其中两种互为对映异构体构成一组外消旋体，另一种为内消旋体(含有对称面)。内消旋体横键相同基团在同侧，对映异构体横键相同基团在两侧。

10.1.3.4　环状化合物的旋光异构

环状化合物既有顺反异构，又有旋光异构。其中，顺式为内消旋体，反式有两种，互为对映异构体，构成外消旋体。

构型判断关键在于将环切断成两个相同的手性碳原子。

10.1.3.5　学习要求

(1) 理解和掌握对映关系、对映体、对映异构体和旋光异构体的概念和区别，掌握对映异构体和旋光异构体的关系。

(2) 掌握外消旋体的概念，含有一个手性碳原子的旋光异构体种类及与外消旋体的关系。

(3) 了解费歇尔投影式与其他结构的关系，掌握费歇尔投影式的表示方法，特别是横前竖后规则，掌握费歇尔投影式对应同种结构或对映异构体的判定规则。

(4) 了解和掌握旋光异构体的相对构型标记法和绝对构型标记法，特别是对费歇尔投影式的构型标记规则。

(5) 了解和掌握含有两个手性碳原子的旋光异构体种类、结构，特别是外消旋体和内消旋体的结构特点。

（6）掌握环状化合物的旋光异构。

10.1.4 不含手性碳原子的旋光异构体

不含手性碳原子但具有手性的物质也具有一对对映异构体。不含手性碳原子的旋光活性物质有聚集二烯烃，联苯型化合物和一些更复杂（如手把型）的不对称化合物。另外，含手性硅、手性氮、手性磷的化合物也具有旋光活性。

10.1.4.1 丙二烯型化合物的旋光异构

（1）丙二烯结构　中心碳原子为 sp 杂化，其他两个碳原子为 sp^2 杂化。

（2）丙二烯型化合物具有旋光性的条件　当两端碳原子中只要有一个碳连有相同基团，该化合物就没有手性；当两端碳原子都连有两个不同基团时存在手性轴，具有旋光性。

10.1.4.2 联苯型化合物的旋光异构

联苯型化合物存在手性轴，在苯环的 2，6，2′，6′上连有较大的不同基团时有手性。

10.1.4.3 学习要求

（1）掌握丙二烯结构的特点，以及丙二烯型化合物存在旋光性的条件。

（2）掌握联苯型化合物存在手性的条件。

10.2 典型例题

【例题 10-1】下列化合物中有无手性碳原子（可用 * 表示手性碳）？下列哪些化合物具有旋光性？

(1) $CH_3CHDC_2H_5$

(2) $BrCH_2CHDCH_2Br$

(3) $CH_2BrCH_2CH_2Cl$

(4) $CH_3CHCH_2CH_2CH_3$ ｜ CH_2CH_3

(5) 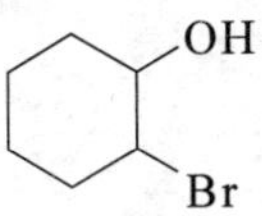 * 2-溴环己醇

(6) 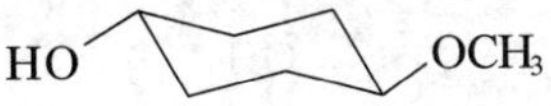 * 1-羟基-4-甲氧基环己烷

(7) 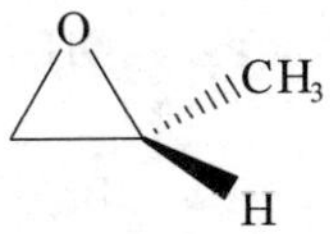 * 2-甲基环氧乙烷

(8) 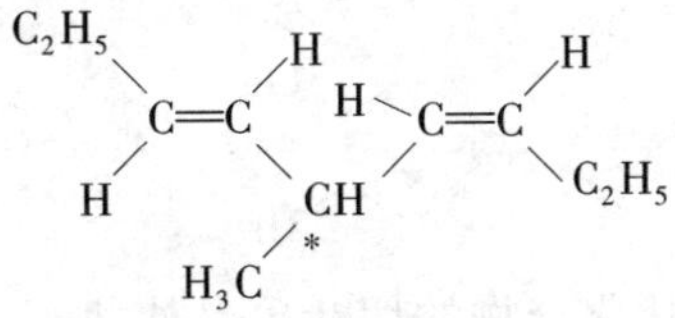 * C_2H_5—CH=CH—CH(CH_3)—CH=CH—C_2H_5

(9) 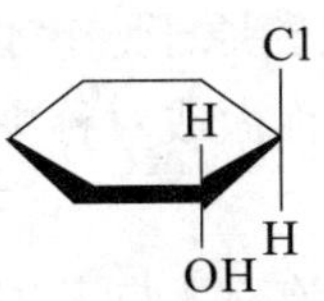 * 2-氯环己醇（顺式）

(10) 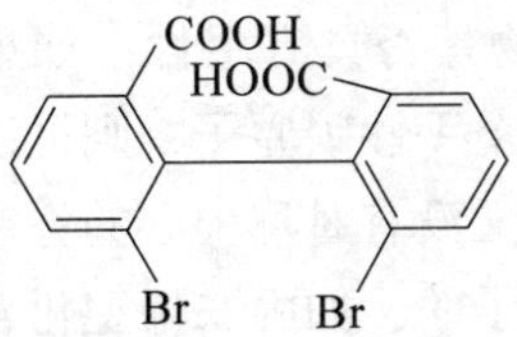 * 2,2′-二溴-6,6′-联苯二甲酸

(11)* [结构式：(E)-2-丁烯，H₃C 和 H 在双键两端] (12) [结构式：季铵盐 N⁺ 连 CH₂CH₃, H, CH₃, CH=CH₂，注：H₃C–N⁺H(C₂H₅)(CH=CH₂)]

解：(1) 判断化合物中的碳是否是手性碳，首先看它是否 sp³ 杂化，其次看它所连的 4 个基团是否都不相同，只要有一对相同，就是非手性碳原子。对于环状化合物，在环断开时要尽量切成不相同的基团。

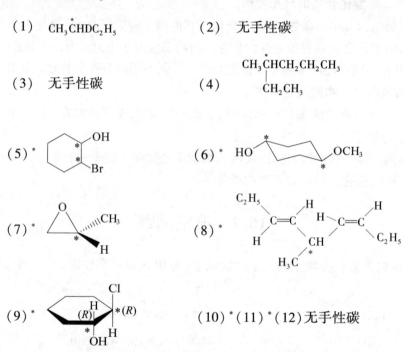

例如，2-溴环己醇中环的切断方式有多种，但无论如何切断 1-号碳原子和 2-号碳原子都可以看作是连有 4 个不同基团的手性碳原子。

其他环状化合物的切断也是如此。

(2) 判断化合物是否具有手性，如果只含有一个手性碳原子，该化合物肯定有手性。如果含有两个或多个手性碳原子，则可以根据是否含有对称面或对称中心等对称因素来判断，既没有对称面又没有对称中心的肯定有手性。

不含手性碳原子的，如丙二烯型化合物，链端双键碳连有不同基团；联苯型化合物存在手性轴，在苯环的 2，6，2′，6′上连有不同基团时有手性。含有手性氮、磷等杂原子的化合物也有手性。

(1)~(12)答案为：

(1)	有	(2)	无	(3)	无	(4)	有
(5)	有	(6)	无(有对称面)	(7)	有	(8)	有
(9)	有	(10)	有(属联苯型)	(11)	有(属丙二烯型)	(12)	有(有手性杂原子氮)

【例题10-2】1. 用费歇尔投影式写出下列化合物的立体异构，指出异构体之间的关系，并用 R/S 法标记它们的构型，并说明哪些能够成外消旋体。

(1)1,3-二氯戊烷　　(2)3-溴-2-戊醇　　(3)2,3-二羟基丁二酸

2. 用楔形式画出 3-氯-1-戊烯的结构，并用 R/S 法标记它们的构型。

解：1. 书写费歇尔投影式时要注意手性碳原子用十字交叉点代替。书写规律不同基团上下左右理论上哪个位置都行，但要写全其旋光异构体，一般手性碳上上、下基团不变，然后调整左、右基团的位置。如(1)中只调整氯原子和氢原子。

用 R/S 法标记构型，首先要把基团顺序规则掌握好，能够准确比较出基团的大小顺序，确定基团从大到小排列方向。然后根据最小基团是在竖键还是横键，确定哪种方向为 R，哪种方向是 S。

题(1)中最小基团氢原子，其他3个基团从大到小为：—Cl>—CH$_2$CH$_2$Cl>—CH$_2$CH$_3$。(a)和(b)中 H 在横键，其他基团从大到小顺时针为 S 型，逆时针为 R 型。(a)和(b)为对映异构体关系。

题(2)中含有两个互不相同的手性碳原子，应该有4种旋光异构体。书写异构体费歇尔投影式时，当调整 C_2 的左、右基团时 C_3 的左、右基团不变，调整 C_3 的左、右基团时 C_2 的左、右基团不变。还有一种是 C_2、C_3 碳原子的基团都进行调整。其中，(a)和(d)、(b)和(c)为对映异构体关系。(a)(d)与(b)(c)之间为非对映异构体关系。确定构型时，先确定一个手性碳的构型，再确定另一个碳的构型。C_2 的基团顺序为—OH>—CH(Br)(CH$_2$CH$_3$)>—CH$_3$>—H，C_3 的基团顺序为—Br>—CH(OH)(CH$_3$)>—CH$_2$CH$_3$>—H。H 在横键，所以可确定(a)中 C_2 构型为 R，C_3 构型为 S。然后根据对映异构关系可确定(d)为 $2S$，$3R$。根据(a)和(b)中 C_2 的左、右基团对调关系，C_3 的左、右基团位置相同推出(b)为 $2S$，$3S$。(b)和(c)又是对映异构体关系，所以(c)构型为 $2R$，$3R$。

题(3)中含有两个相同的手性碳原子，书写费歇尔结构式方法同上，可推测有3种旋光异构体，其中两种为对映异构体；另一种为内消旋体。其中，(c)为内消旋体(a)和(b)是对映异构关系。假设从上往下编号，C_2 的基团大小顺序为—OH>—COOH>—CH(OH)(COOH)>—H，C_3 与 C_2 相同。构型判断(a)为 $2R$，$3R$。同理可判断出(b)和(c)的构型如下所示。

(1)　　　　H—⊢—Cl　　　　Cl—⊢—H
　　　　　　CH$_2$CH$_3$　　　　　CH$_2$CH$_3$
　　　　　　(a)　　　　　　　(b)
　　　(R)-1,3-二氯戊烷　　(S)-1,3-二氯戊烷

可构成外消旋体

(2)

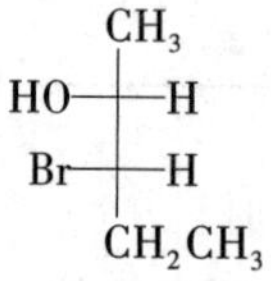

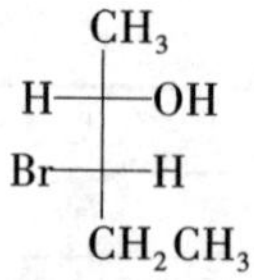

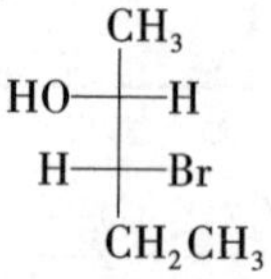

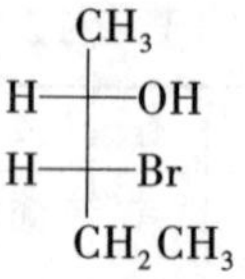

(a)	(b)	(c)	(d)
CH₃ 上, HO—H, Br—H, CH₂CH₃ 下	CH₃ 上, H—OH, Br—H, CH₂CH₃ 下	CH₃ 上, HO—H, H—Br, CH₂CH₃ 下	CH₃ 上, H—OH, H—Br, CH₂CH₃ 下
(2R,3S)-3-溴-2-戊醇	(2S,3S)-3-溴-2-戊醇	(2R,3R)-3-溴-2-戊醇	(2S,3R)-3-溴-2-戊醇

(a)与(d)、(b)与(c)等量混合分别可构成外消旋体

(3)

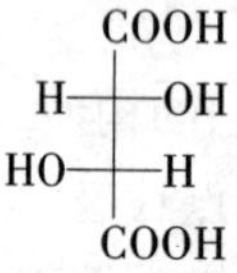

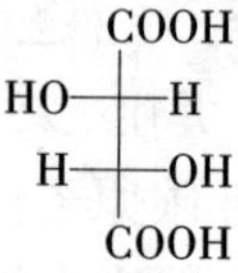

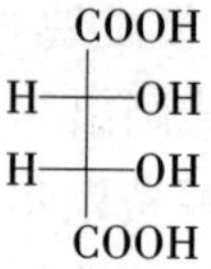

(a) (2R,3R)-2,3-二羟基丁二酸

(b) (2S,3S)-2,3-二羟基丁二酸

(c) (2R,3S)-2,3-二羟基丁二酸 (meso-2,3-二羟基丁二酸)

(a)与(b)等量混合可构成外消旋体   (c)为内消旋体

2. 3-氯-1-戊烯有一个手性碳原子，所以有两种旋光异构体，互为对映异构体。其楔形结构构型的判断方法，将最小基团放在离视线最远的地方，其他3个基团从大到小顺时针为 R 型，逆时针为 S 型。C_3 所连4个基团大小顺序为—Cl>—CH=CH₂>—CH₂CH₃>—H。

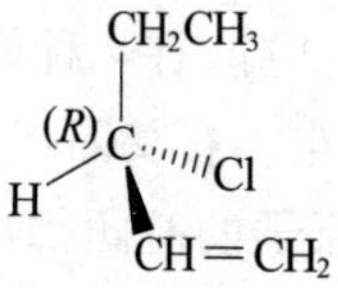

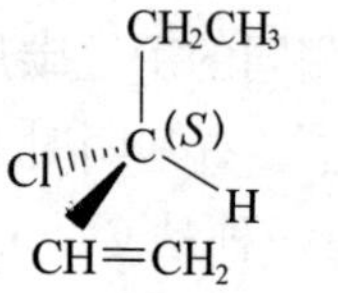

(R)-3-氯-1-戊烯   (S)-3-氯-1-戊烯

【例题 10-3】用 D，L 标记下列化合物的相对构型。

(1) 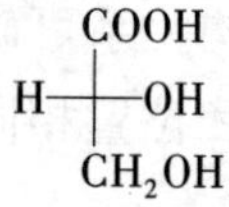 COOH, H—OH, CH₂OH   (2) 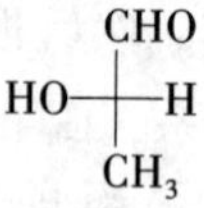 CHO, HO—H, CH₃   (3) 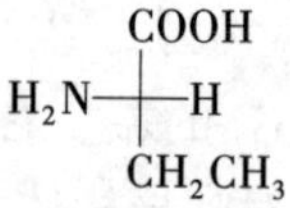 COOH, H₂N—H, CH₂CH₃   (4) 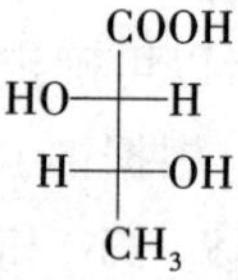 COOH, HO—H, H—OH, CH₃

解： D/L 标记法是相对构型标记法，是以甘油醛为参照物，所以首先要记清楚 D 右 L 左原则。对于含有一个手性碳原子的化合物可以以此规则进行推断。对于 α-氨基酸比较 α-碳原子上氨基位置。对于含有多个手性碳原子的糖类，以编号最大的手性碳构型来确定。所以，以上化合物的构型分别为：

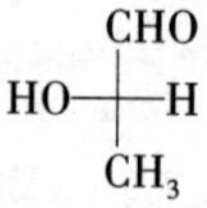

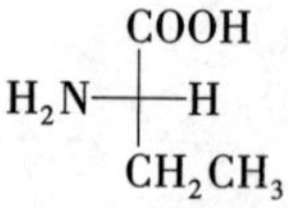

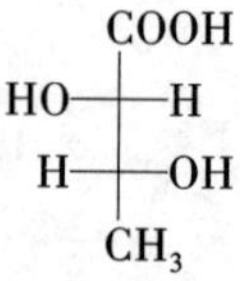

(1) 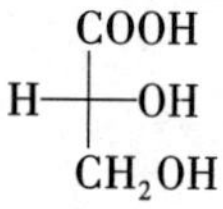 D   (2) L   (3) L   (4) D

【例题 10-4*】下面是 CH₃CH(Br)(CH₂CH₃)化合物的费歇尔投影式，指出结构(a)与

(b)~(h)的关系。

(a) 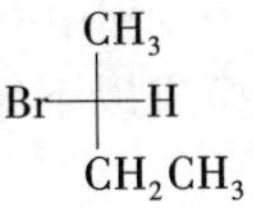 $\begin{array}{c}\text{CH}_3\\ \text{Br}\!-\!\!\!-\!\!\!-\!\text{H}\\ \text{CH}_2\text{CH}_3\end{array}$ (b) $\begin{array}{c}\text{CH}_2\text{CH}_3\\ \text{Br}\!-\!\!\!-\!\!\!-\!\text{H}\\ \text{CH}_3\end{array}$ (c) $\begin{array}{c}\text{CH}_3\\ \text{H}\!-\!\!\!-\!\!\!-\!\text{Br}\\ \text{CH}_2\text{CH}_3\end{array}$ (d) $\begin{array}{c}\text{Br}\\ \text{H}_3\text{C}\!-\!\!\!-\!\!\!-\!\text{CH}_2\text{CH}_3\\ \text{H}\end{array}$

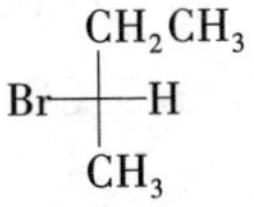

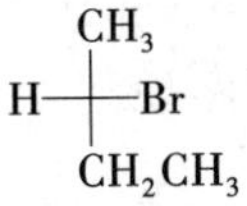

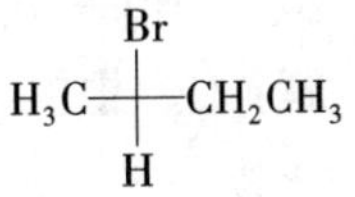

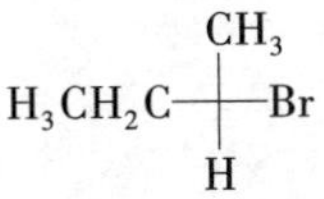

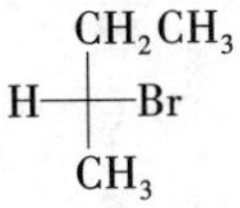

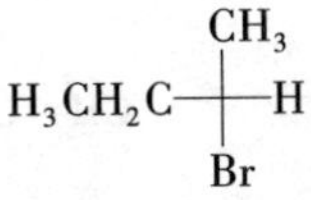

(e) $\begin{array}{c}\text{CH}_3\\ \text{H}_3\text{CH}_2\text{C}\!-\!\!\!-\!\!\!-\!\text{Br}\\ \text{H}\end{array}$ (f) $\begin{array}{c}\text{CH}_2\text{CH}_3\\ \text{H}\!-\!\!\!-\!\!\!-\!\text{Br}\\ \text{CH}_3\end{array}$ (g) $\begin{array}{c}\text{CH}_3\\ \text{H}_3\text{CH}_2\text{C}\!-\!\!\!-\!\!\!-\!\text{H}\\ \text{Br}\end{array}$ (h) $\begin{array}{c}\text{Br}\\ \text{H}\!-\!\!\!-\!\!\!-\!\text{CH}_3\\ \text{CH}_2\text{CH}_3\end{array}$

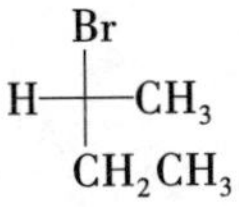

解：判断费歇尔投影式是否属于同种结构或对映异构体，有几种方法：①直接放一面镜子看是否属于镜像关系，如(a)和(b)(c)属于对映异构体关系。

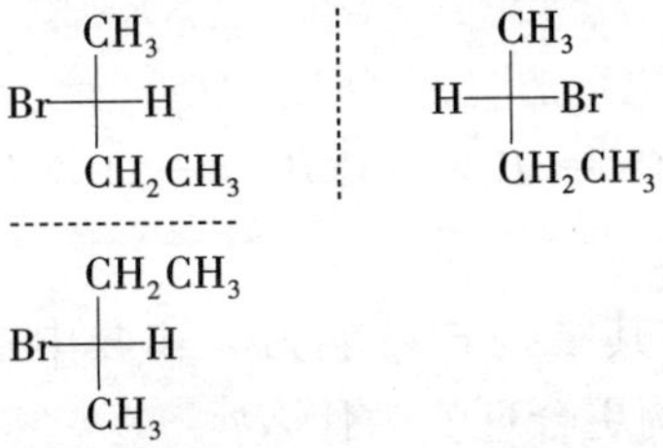

$$\begin{array}{c}\text{CH}_3\\ \text{Br}\!-\!\!\!-\!\!\!-\!\text{H}\\ \text{CH}_2\text{CH}_3\end{array} \bigg| \begin{array}{c}\text{CH}_3\\ \text{H}\!-\!\!\!-\!\!\!-\!\text{Br}\\ \text{CH}_2\text{CH}_3\end{array}$$

$$\begin{array}{c}\text{CH}_2\text{CH}_3\\ \text{Br}\!-\!\!\!-\!\!\!-\!\text{H}\\ \text{CH}_3\end{array}$$

②根据基团对调次数，对调偶数次同种结构，奇数次对映异构体。

(b)(c)(g)对调奇数次：(b)—CH_3 与—CH_2CH_3 对调一次；(c)—Br 和—H 对调一次；(g)—Br 和—CH_2CH_3 对调一次；

(d)(e)(f)对调偶数次：(d)—CH_3 与—Br，—CH_2CH_3 和—H 分别对调一次，合计对调两次；(e)可以看作—Br 和—CH_2CH_3 对调一次后、—Br 和—H 再对调一次；(f)—CH_3 与—CH_2CH_3 对调一次，然后—Br 和—H 再对调一次；

所以，(a)与(b)(c)(g)是互为对映异构体，与(d)(e)(f)属于同种结构。或纸面内旋转180°属于同种结构，如(f)。

③根据固定一个基团旋转其他3个基团属于同种结构。

如(a)与(e)(h)属于同种结构：(e)可以看作固定—CH_3，顺时针旋转—Br、—H 和—CH_2CH_3；(h)可以看作固定—CH_2CH_3，顺时针旋转—CH_3、—H 和—Br。

所以，(a)与(d)(e)(f)(h)属于同种结构；(a)与(b)(c)(g)是互为对映异构体。

【例题 10-5】 化合物 A 分子式为 C_8H_{16}，经臭氧氧化，然后锌粉存在条件下水解只能得到一种酮 B，A 与冷的碱性 $KMnO_4$ 作用生成内消旋化合物 C，写出 A 的构型式和 B 的平面投影式，并写出相关反应。

解：根据分子式可知分子 A 中含有一个不饱和度，再结合在锌粉存在条件下水解可知 A 为烯烃，含有一个双键。水解产物有一种酮，说明双键碳上含有两个烃基，且结构对称。A 与冷的碱性 $KMnO_4$ 作用生成二醇 C，为内消旋化合物，说明 C 中含有两个手性碳原子，且结构中含有对称面。

所以，A 为 Z-3,4-二甲基-3-己烯，B 为 2-丁酮，C 为 3,4-二甲基-3,4-己二醇。其结构式为：

A $\begin{array}{c}\text{H}_3\text{C}\quad\text{CH}_3\\ \diagdown\quad\diagup\\ \text{C}\!=\!\text{C}\\ \diagup\quad\diagdown\\ \text{H}_3\text{CH}_2\text{C}\quad\text{CH}_2\text{CH}_3\end{array}$ B $\begin{array}{c}\text{O}\\ \|\\ \text{CH}_3\text{CH}_2\text{C}\text{CH}_3\end{array}$ C $\begin{array}{c}\text{CH}_2\text{CH}_3\\ \text{H}_3\text{C}\!-\!\!\!-\!\!\!-\!\text{OH}\\ \text{H}_3\text{C}\!-\!\!\!-\!\!\!-\!\text{OH}\\ \text{CH}_2\text{CH}_3\end{array}$
内消旋体

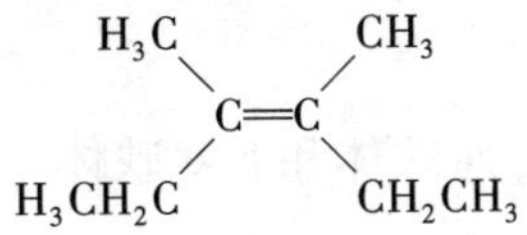

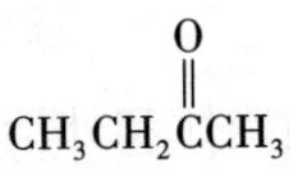

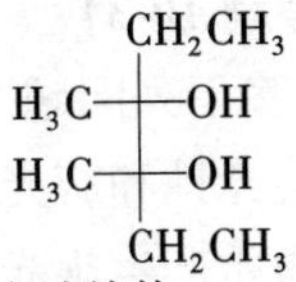

【例题 10-6】按照次序规则下列 4 个基团最优先的是(　　)。

A. —CH=CH$_2$　　　B. —C(CH$_3$)$_3$　　　C. —COOH　　　D. —CH$_2$CH$_3$

解：C。根据基团大小顺序规则，—CH=CH$_2$ 和—COOH 可以转换成以下结构，然后进行比较。

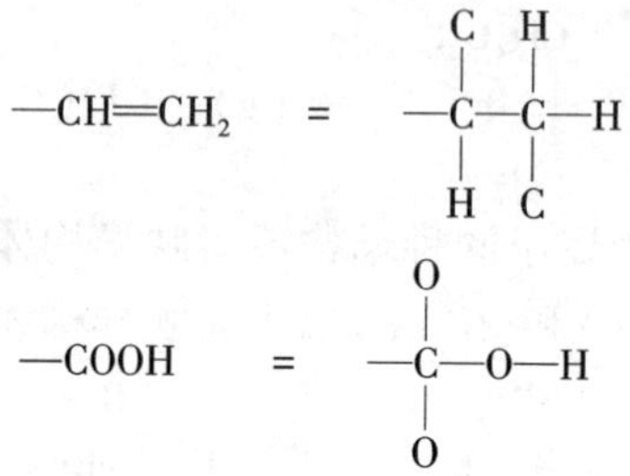

$$-CH=CH_2 \quad = \quad \begin{matrix} C \\ | \\ -C-C-H \\ | \\ H \quad C \end{matrix}$$

$$-COOH \quad = \quad \begin{matrix} O \\ \| \\ -C-O-H \\ | \\ O \end{matrix}$$

所以基团顺序为—COOH>—CH=CH$_2$>—C(CH$_3$)$_3$>—CH$_2$CH$_3$

最优先的基团为羧基。

【例题 10-7】某天然产物 A 其结构式可能为 a 和 b 中的一种，现知道 A 的比旋光度 $[\alpha]_D = +40.6°$，你认为哪种结构更合理？为什么？

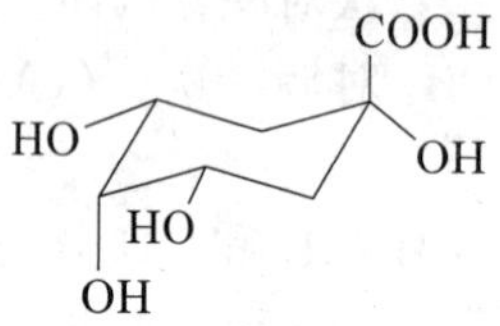

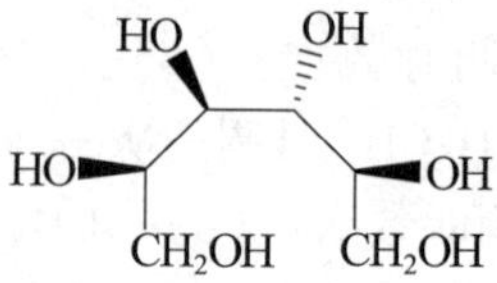

解：b 更合理，因为 a 中有对称面，没有旋光性，而 b 既没有对称面，也没有对称中心，有旋光性。

10.3　思考题

【思考题 10-1】

1. 某化合物 10g，溶于甲醇，稀释至 100mL，在 25°时用 10cm 长的盛液管在旋光仪中观察到旋光度为+2.30°，试计算该化合物的比旋光度。

2. 已知葡萄糖的 $[\alpha]_D^{20} = +52.5°$，在 10cm 长的样品管中盛葡萄糖溶液，以钠光灯在 20℃时测定旋光度为+3.4°，求此溶液的浓度？

3. 将 100mL 含 5g 果糖的溶液放在 10cm 长的样品管中，在 20℃及钠光灯下测得其旋光度为−4.64°，则果糖的比旋光度为多少？

【思考题 10-2】

乙烯和乙炔分子是否有对称面和对称中心？

【思考题 10-3】

1. 回答下列问题。

(1)旋光性和旋光度　(2)内消旋体和外消旋体　(3)对映体和非对映体

(4)物质产生旋光异构的原因　(5)手性和对称因素

2. 判断下列化合物的构型是 R 还是 S。

(1) [结构式：HO—C(CH₃)(H)⋯CH₂CH₃]   (2) [结构式：HO—C(H)(⋯CH=CH₂)—CH₃]

3. 标出手性碳原子，用 R/S 标记法命名下列化合物并判断化合物有无旋光性。

(1) [Fischer投影式：CHO / H—OH / H—OH / CH₂OH]   (2) [Fischer投影式：CH₂CH₃ / Br—CH₃ / H—Cl / CH₃]   (3) [1,3-二甲基环己烷]

10.4 思考题答案

【思考题10-1】

答：1. 该化合物的浓度为 $c = \dfrac{10\text{g}}{100\text{mL}} = 0.1\text{g/mL}$，$l = 10\text{cm} = 1\text{dm}$，$\alpha = +2.30°$

根据公式 $[\alpha]_D^{20} = \dfrac{\alpha}{cl}$，代入数据得 $[\alpha]_D^{20} = \dfrac{+2.30°}{0.1 \times 1} = +23.0°$

该化合物的比旋光度为 $[\alpha]_D^{20} = +23.0°$（甲醇）

2. 已知样品管长度 $l = 10\text{m} = 1\text{dm}$，$\alpha = +3.4°$

根据公式 $[\alpha]_D^{20} = \dfrac{\alpha}{cl}$ 转换得 $c = \dfrac{\alpha}{l[\alpha]_D^{20}}$，

代入数据得 $c = \dfrac{\alpha}{l[\alpha]_D^{20}} = \dfrac{+3.4°}{1 \times (+52.5)} = 0.065\text{g/mL}$

3. 果糖的浓度为 $c = \dfrac{5\text{g}}{100\text{mL}} = 0.05\text{g/mL}$，$l = 10\text{cm} = 1\text{dm}$，$\alpha = -4.64°$

根据公式 $[\alpha]_D^{20} = \dfrac{\alpha}{cl}$，代入数据得 $[\alpha]_D^{20} = \dfrac{-4.64°}{0.05 \times 1} = -92.8°$

果糖的比旋光度为 $[\alpha]_D^{20} = -92.8°$

【思考题10-2】

答：乙烯和乙炔分子有对称面和对称中心。

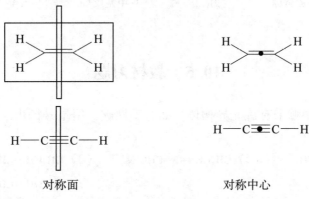

对称面　　　　　　对称中心

【思考题 10-3】

答：1.（1）当一束平面偏振光透射过含有非对称因素的物质的晶体或液体时，平面偏振光的偏振平面将从原来的相位旋转一定的角度而呈一新的相位，并按这个新的相位继续向前传播，能导致这一现象发生的性质即为该物质所具有的旋光性或光学活性。从旋光仪回转刻度盘上读出的读数就是该物质的旋光度。

（2）将一对对映体中的右旋体与左旋体等量混合，它们的旋光能力将互相抵消，不显示旋光性，这种等量对映体的混合物称为外消旋体。因分子内部含有相同的手性碳原子，且分子的两半互为实物和镜像关系而导致分子不呈现旋光性的化合物叫作内消旋体。

（3）两种化合物的空间构型互为实物和镜像关系，因此又称对映异构体，简称对映体。两种化合物的空间构型不互为实物和镜像关系，因此又称非对映异构体，简称非对映体。

（4）要判断某一物质产生旋光异构的原因，关键是看分子中是否具有对称因素，没有对称因素，分子具有手性，若有对称因素则不具有手性。

（5）物体和分子的不对称性又称手性、非对称性。凡是具有平面对称因素（σ）或中心对称因素（i）的分子都能与它们各自的镜像重叠，所以都是对称分子，属于非手性分子。而非对称分子则属于手性分子。

2.（1）结构中手性碳原子连接的 4 个基团大小顺序为—OH>—CH$_2$CH$_3$>—CH$_3$>—H，氢原子离视线最近，其他 3 个基团从大到小逆时针，所以为 R 型。

（2）结构中手性碳原子连接的 4 个基团大小顺序为—OH>—CH$_2$=CH$_2$>—CH$_3$>—H，从上方看，氢原子离视线最近，其他 3 个基团从大到小顺时针，所以为 S 型。

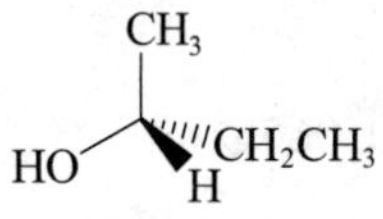

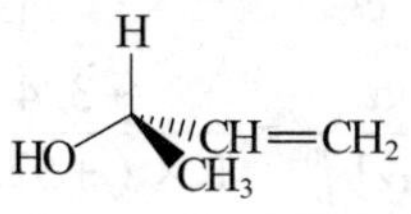

3. 手性碳原子的标准是连有 4 个不同基团。

(1) 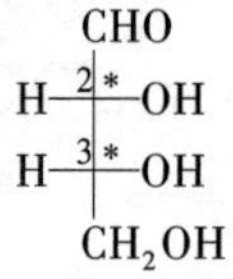 (2R,3R)-赤藓糖 有

(2) 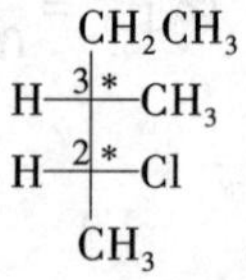 (2R,3S)-2-氯-3-甲基戊烷 有

(3) 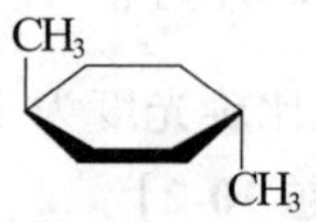 反-1,4-二甲基环己烷 无

10.5 教材习题

1. 下列化合物中哪个有旋光异构体？如有手性碳，用星号标出。指出可能有的旋光异构体的数目。

(1) CH$_3$CH$_2$CHCH$_3$
          |
          Cl

(2) CH$_3$CH=C=CHCH$_3$

(3) CH$_3$CH—CH—COOH
       | |
      OH CH$_3$

2. 用 Fischer 投影式写出下列化合物可能有的旋光异构体，并用 R/S 标记法命名，并注明内消旋体或外消旋体。

(1) 2-溴-1-丁醇　　(2) α,β-二溴丁二酸　　(3) α,β-二溴丁酸　　(4) 1,2-二溴丁烷

3. 下列各组投影式是否相同？

(1)
$$\begin{array}{c}COOH\\CH_3-\!\!\!\!\!\!-\!\!\!\!\!\!-OH\\C_6H_5\end{array}, \quad \begin{array}{c}COOH\\CH_3-\!\!\!\!\!\!-\!\!\!\!\!\!-C_6H_5\\OH\end{array} \quad 与 \quad \begin{array}{c}COOH\\HO-\!\!\!\!\!\!-\!\!\!\!\!\!-C_6H_5\\CH_3\end{array}$$

(2)
$$\begin{array}{c}CHO\\H-\!\!\!\!\!\!-\!\!\!\!\!\!-OH\\CH_2OH\end{array} \quad 与 \quad \begin{array}{c}CH_2OH\\HO-\!\!\!\!\!\!-\!\!\!\!\!\!-H\\CHO\end{array}$$

(3)
$$\begin{array}{c}CH_3\\H-\!\!\!\!\!\!-\!\!\!\!\!\!-C_2H_5\\Br\end{array} \quad 与 \quad \begin{array}{c}H\\CH_3-\!\!\!\!\!\!-\!\!\!\!\!\!-C_2H_5\\Br\end{array}$$

4. 用立体化学反应式表示下列反应。

(1) (R)-2-氯丁烷与 NaOH 反应（S_N2 历程）

(2) 顺-2-丁烯与溴发生加成反应

5. 具有旋光性的醇 A，分子式为 $C_6H_{12}O$，经催化氢化后得到无旋光性的醇 B，试推导出 A 和 B 的结构式。

6. 分子式是 $C_5H_{10}O_2$ 的酸，有旋光性，写出它的一对对映体的投影式，并用 R/S 标记法命名。

7. 分子式为 C_6H_{12} 的开链烃 A，有旋光性，经催化氢化生成无旋光性的 B，分子式为 C_6H_{14}，写出 A 和 B 的结构式。

8. 乙醇与乙醛形成的半缩醛（假定它是稳定的），应该有什么样的构型（以 R/S 法标记）？

10.6　教材习题答案

1. (1) $CH_3CH_2\overset{*}{C}HCH_3$　有旋光性，含有一个手性碳原子，2 个对映异构体。
　　　　　　　$|$
　　　　　　　Cl

(2) $CH_3CH=\!\!=\!\!C=\!\!=\!\!CHCH_3$　有旋光性，属于丙二烯型，双键碳连有 2 个不同基团，有 2 个对映异构体。

(3) $CH_3\overset{*}{C}H\overset{*}{C}H-COOH$　含有 2 个不同的手性碳原子，有 4 个旋光异构体，两两为对映
　　　　$|$
　　　　OCH_3

异构体，分别构成两组外消旋体。

2.

(1)
$$\begin{array}{cc}\begin{array}{c}CH_2OH\\H-\!\!\!\!\!\!-\!\!\!\!\!\!-Br\\CH_2CH_3\end{array} & \begin{array}{c}CH_2OH\\Br-\!\!\!\!\!\!-\!\!\!\!\!\!-H\\CH_2CH_3\end{array}\\ R & S\end{array}$$

外消旋体

(2)

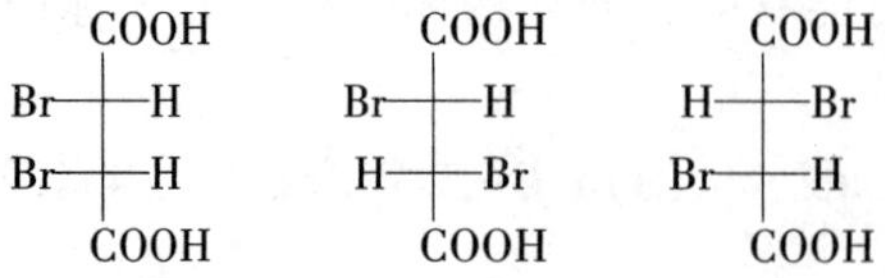

	COOH	COOH	COOH
	Br—H	Br—H	H—Br
	Br—H	H—Br	Br—H
	COOH	COOH	COOH
	A	B	C
	2R,3S	2R,3R	2S,3S
	内消旋体	外消旋体	

(3)

	COOH	COOH	COOH	COOH
	Br—H	H—Br	H—Br	Br—H
	Br—H	H—Br	Br—H	H—Br
	CH₃	CH₃	CH₃	CH₃
	A	B	C	D
	2R,3S	2S,3R	2S,3S	2R,3R
	外消旋体		外消旋体	

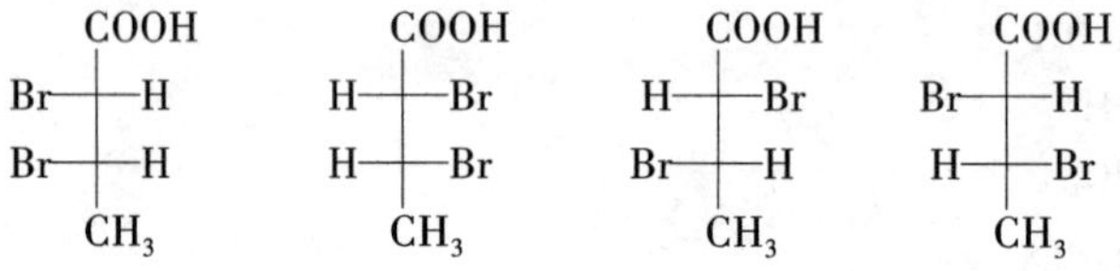

(4)

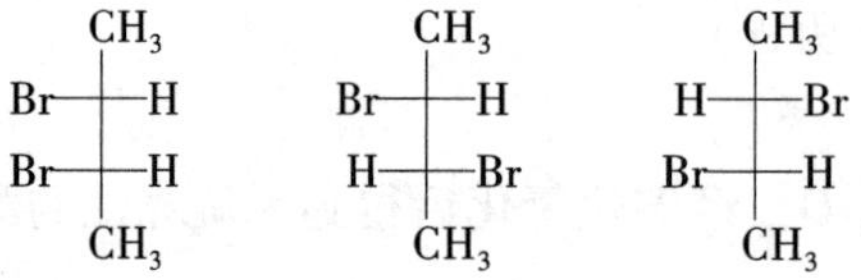

	CH₃	CH₃	CH₃
	Br—H	Br—H	H—Br
	Br—H	H—Br	Br—H
	CH₃	CH₃	CH₃
	A	B	C
	2R,3S	2R,3R	2S,3S
	内消旋体	外消旋体	

3.

(1) 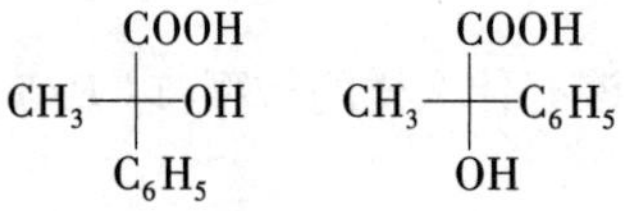 CH₃—OH / C₆H₅（COOH）   CH₃—C₆H₅ / OH（COOH）   2 个基团对调一次，二者互为对映异构体。

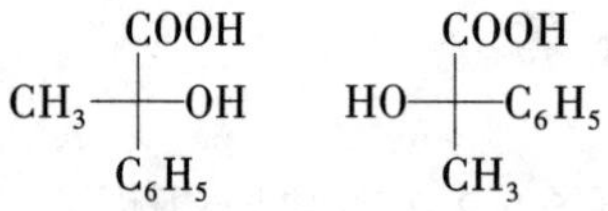

    CH₃—OH / C₆H₅（COOH）   HO—C₆H₅ / CH₃（COOH）   固定羧基，其他 3 个基团逆时针旋转，为同种结构。

(2) 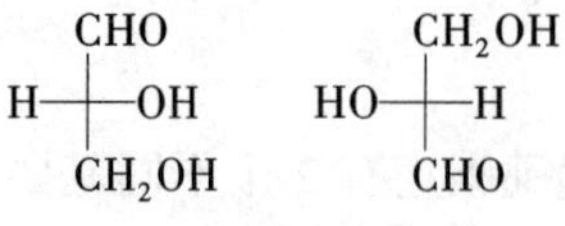 H—OH / CH₂OH（CHO）   HO—H / CHO（CH₂OH）   在纸平面内旋转 180°，为同种结构。

(3) 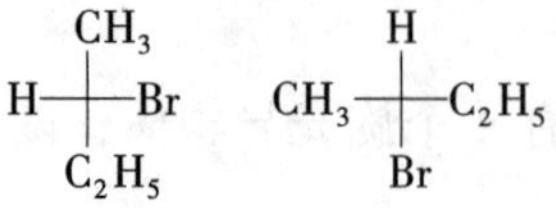 H—Br / C₂H₅（CH₃）   CH₃—C₂H₅ / Br（H）   2 个基团对调两次，为同种结构。

4.

(1) ^-OH + H₃CH₂C—（H, CH₃）—Cl （S） ⟶ [HO····C（H, CH₂CH₃, CH₃）····Cl] ⟶ HO—（H, CH₂CH₃, CH₃）C （R）

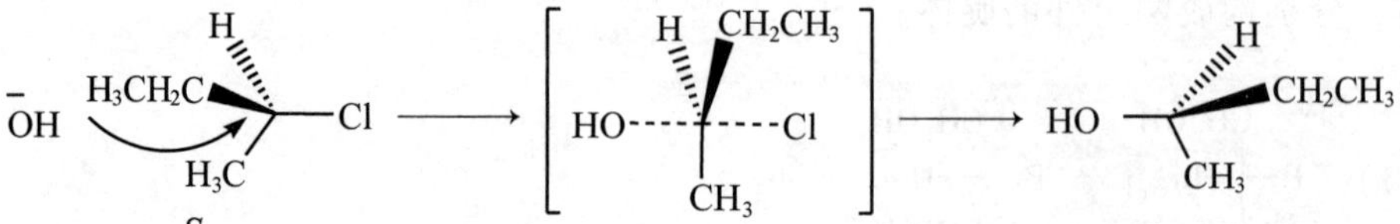

构型发生反翻转

(2) 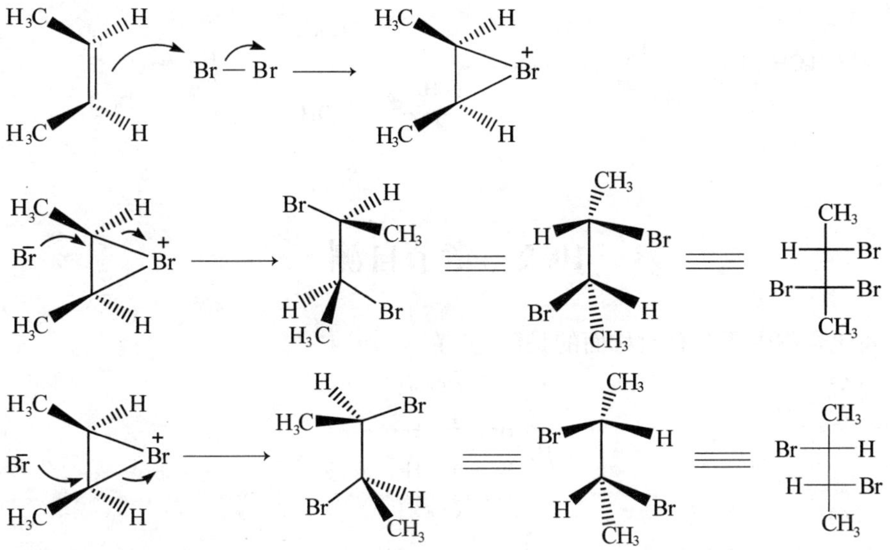

生成对映异构体

5. 根据旋光性的醇 A 分子式为 $C_6H_{12}O$，可知含一个不饱和度，为不饱和醇。具有旋光性说明该化合物应该含有手性碳原子，当催化氢化后得到无旋光性的醇 B，说明原来的手性碳原子变成了非手性碳原子，即原来 A 中一个碳原子上连有 4 个不同基团。变成 B 后至少有两个基团相同。由此推测：

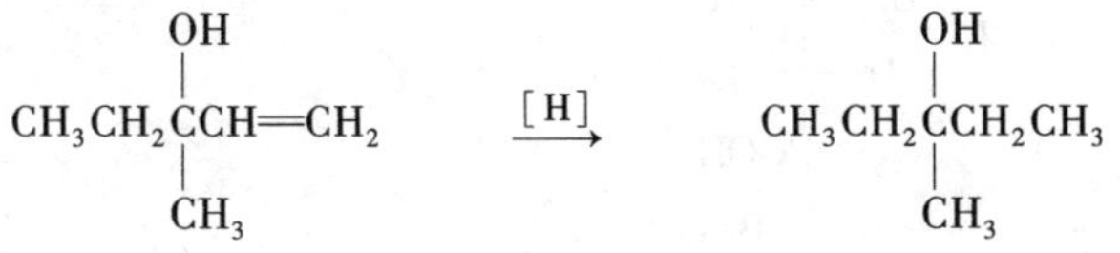

A　　　　　　　　B

或 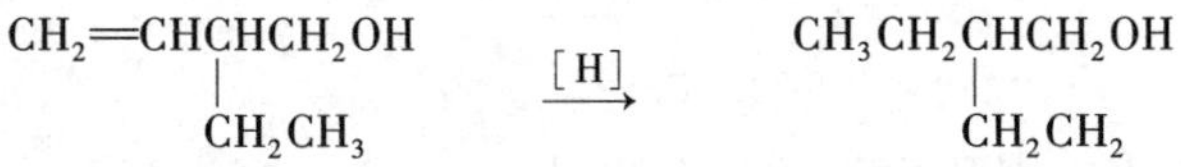

A　　　　　　　　B

6. 分子式是 $C_5H_{10}O_2$ 的酸，有旋光性，其不饱和度为 1，所以为饱和羧酸。由此可推测其对映异构体的结构为：

A. 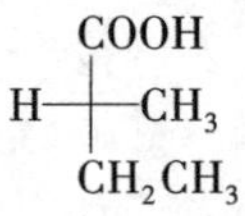

(*R*)-2 甲基丁酸

B. 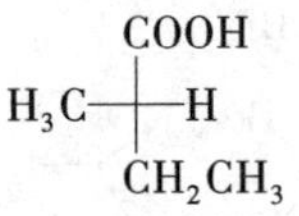

(*S*)-2 甲基丁酸

7. 分子式为 C_6H_{12} 的开链烃 A，有旋光性。可知不饱和度为 1，因为有旋光性，因此不可能是环己烷。且结构中至少有一个手性碳原子，经催化氢化生成无旋光性的 B，分子式为 C_6H_{14}。说明原来的手性碳原子变成了非手性碳原子。由此推测 A、B 的结构分别为：

A. 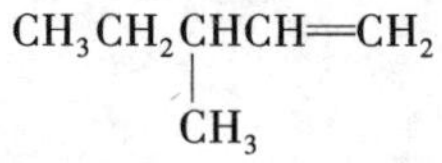

B. 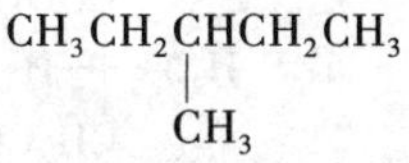

8. 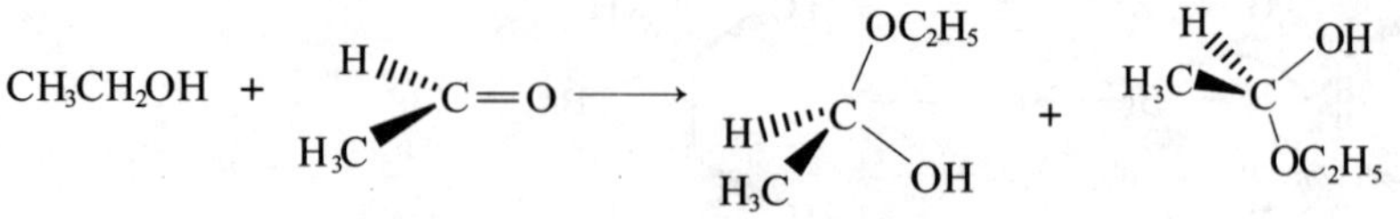

R S

10.7 章节自测

1. 下列化合物中不含有对称面的是(   )。

A. 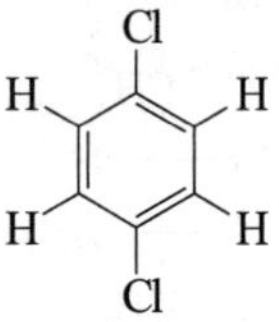

B. 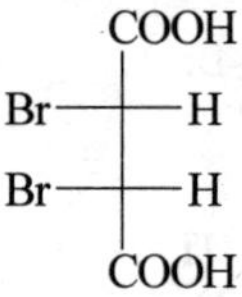

C. 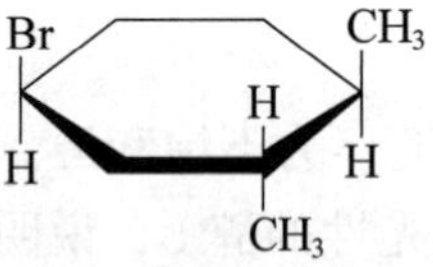

D. 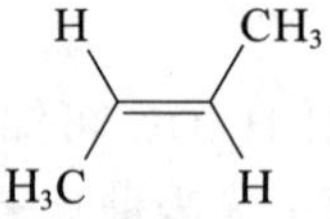

2. 下列化合物中含有对称中心的是(   )。

A. 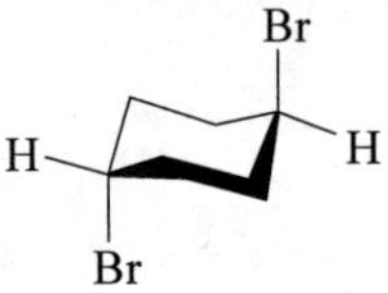

B. 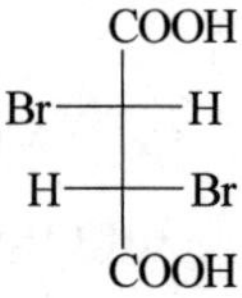

C. 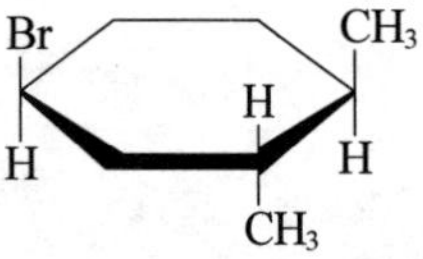

D. 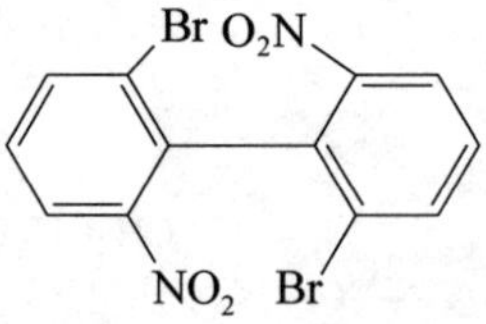

3. 下列化合物中既有对称面又有对称中心的化合物是(   )。

A. 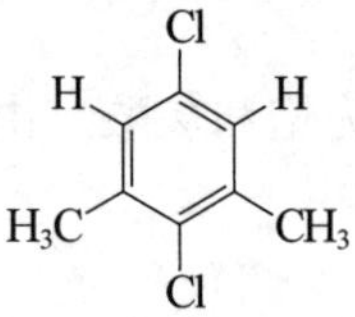

B. 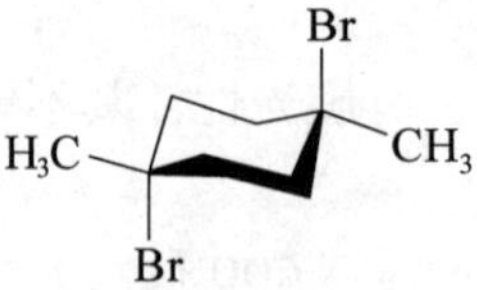

C. 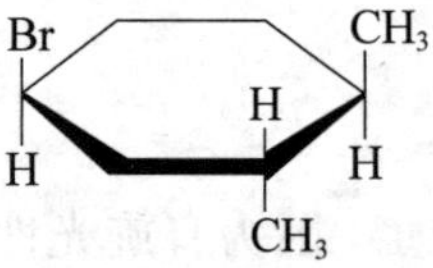

D. 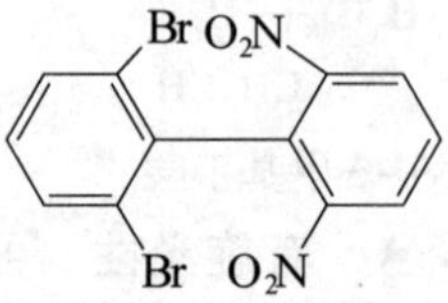

4. 下列化合物中属于D-型的是(   )。

A. 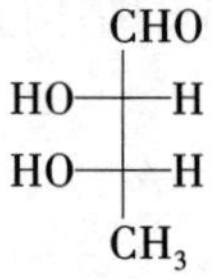

B. 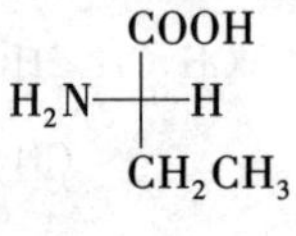

C. 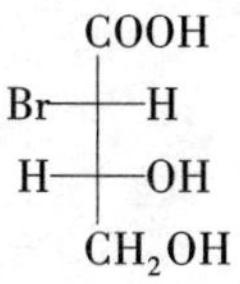
```
     COOH
Br ——— H
 H ——— OH
     CH₂OH
```

D. 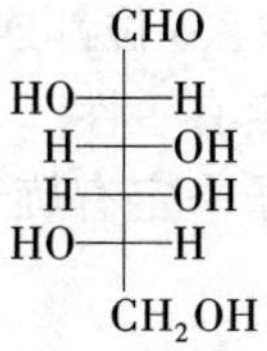
```
     CHO
HO ——— H
 H ——— OH
 H ——— OH
HO ——— H
     CH₂OH
```

5. *下列化合物费歇尔投影式与哪一种是对映异构体关系(　　)?

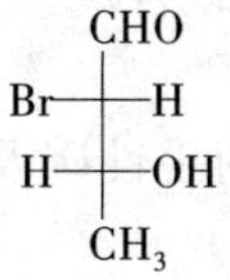

```
     CHO
Br ——— H
     ——— OH
     CH₃
```

A. 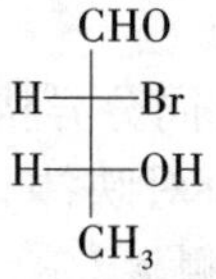
```
     CHO
 H ——— Br
 H ——— OH
     CH₃
```

B. 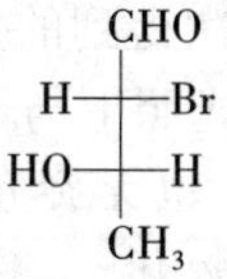
```
     CHO
 H ——— Br
HO ——— H
     CH₃
```

C. 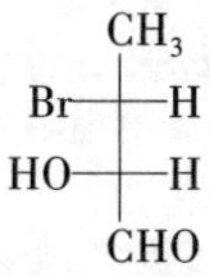
```
     CH₃
Br ——— H
HO ——— H
     CHO
```

D. 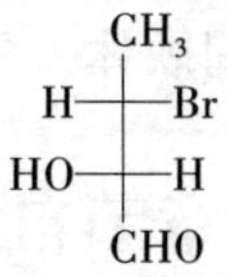
```
     CH₃
 H ——— Br
HO ——— H
     CHO
```

6. 下列化合物中绝对构型属于 R 型的是(　　)。

A. 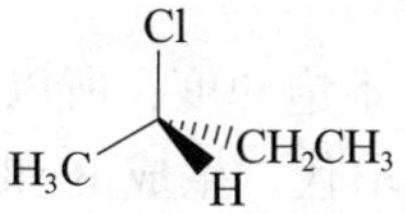 (手性碳：Cl楔形，CH₂CH₃虚线，CH₃与H)

B. 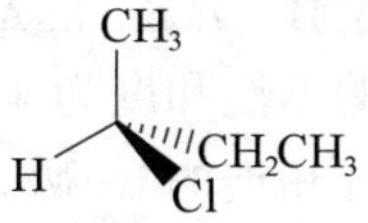 (手性碳：CH₂CH₃楔形，Cl虚线，CH₃与H)

C. 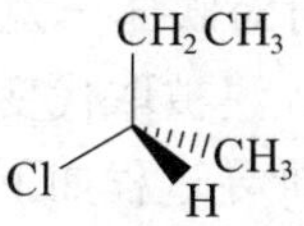 (手性碳：CH₃虚线，Cl实线，CH₂CH₃与H)

D. 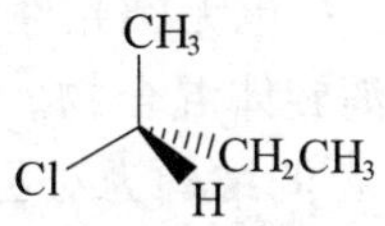 (手性碳：CH₂CH₃虚线，Cl实线，CH₃与H)

7. 下列化合物中哪种结构的绝对构型是 S 型(　　)?

A. 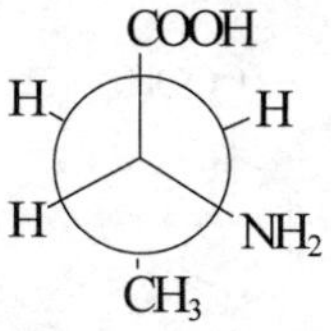 (纽曼投影式：COOH, H, H, NH₂, CH₃)

B. 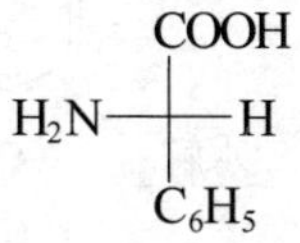
```
     COOH
H₂N ——— H
     C₆H₅
```

C. 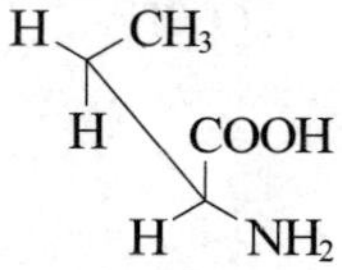 (锯架式：CH₃, COOH, NH₂, H, H)

D. 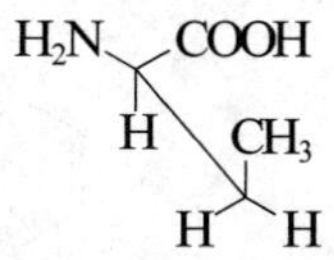 (锯架式：H₂N, COOH, CH₃, H, H)

8. 下面说法正确的是(　　)。

A. 分子的手性是对映体存在的必要和充分条件

B. 能测出旋光活性的必要和充分条件是手性碳原子

C. 具有手性原子的物质都是可以拆分的

D. 没有手性碳原子的分子不可能有对映体

9. 下列说法正确的是(　　)。

A. 丙二烯型化合物只要一个链端双键碳连有不同基团就有手性

B. 联苯型化合物只要两个苯环的 2，6 位都连有不同基团就有手性

C. 只含有一个手性碳的化合物必定有手性

D. 含有两个相同手性碳原子的分子一定有旋光性

10. 下列说法正确的是(　　)。

A. 手性分子一定无对称因素

B. 将含两个手性碳的旋光活性物质的每一个手性碳各取两个基团交换一次，由于总的交换次数为偶数，因此分子的构型不变

C. (Z,R)-3-戊烯-2-醇与(E,S)-3-戊烯-2-醇的手性碳及双键碳的构型都相反，因而是对映异构体

D. 将手性碳原子上的基团对调奇数次得到的是其对映异构体的构型

11. 某芳烃 A，分子式为 C_9H_{12}，在光照下与不足量的 Br_2 作用，生成同分异构体 B 和 C($C_9H_{11}Br$)，B 无旋光性，不能拆分。C 也无旋光性，但能拆开形成一对对映体。B 和 C 都能够水解，水解产物经过量的 $KMnO_4$ 氧化，均得到对苯二甲酸。试推测 A、B、C 的构造式，并用费歇尔投影式表示 C 的一对对映体，分别用 R/S 法标记其构型。

10.8　章节自测答案

1. C　2. A　3. B　4. C　5. B　6. D　7. B　8. A　9. C　10. A

11. 根据分子式可知化合物 A 的不饱和度为 4，而苯环有 4 个不饱和度，所以 A 的苯环上连有饱和烃基。在光照下与苯环相连的 α-碳上的氢被溴原子取代，生成 B 和 C 溴代烃异构体。B 无旋光性，不能拆分。C 也无旋光性，但能拆开形成一对对映体。说明 B 是非手性分子，C 是手性分子，是外消旋体混合物。B 和 C 都能够水解，溴被取代变醇，氧化均得到对苯二甲酸。初步确定为 A 的结构为对乙基甲苯。因此，其推导过程如下：

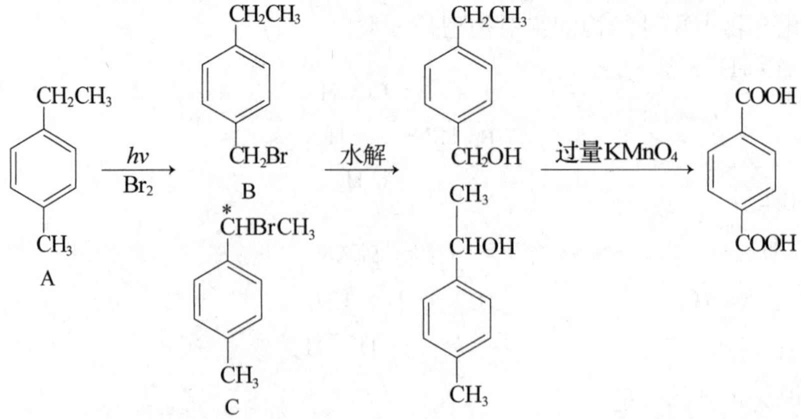

则 C 的两个对映异构体的费歇尔投影式为：

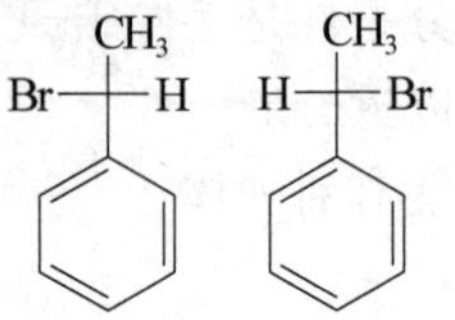

第 11 章　杂环化合物和生物碱

11.1　主要知识点和学习要求

11.1.1　杂环化合物的分类与命名

11.1.1.1　杂环化合物的分类
构成环的原子除碳原子外，还有其他非碳原子，这类化合物称为杂环化合物，不包括内酯、交酯和环状酸酐等。

分类：单杂环和稠杂环两大类或者芳香杂环和非芳香杂环。

11.1.1.2　杂环化合物的命名
(1) 音译法
① 单杂原子单环：吡咯、呋喃、噻吩、吡啶。
② 单杂原子稠环：吲哚、喹啉。
③ 多杂原子单环：嘧啶、嘧唑、噻唑。
④ 多杂原子稠环：嘌呤、鸟嘌呤、腺嘌呤。

(2) 系统命名法　根据相应的碳环母体命名，命名时在相应的碳环母体名称前面加上杂原子的名称。

① 当环上有一个以上杂原子时，命名时依照 O、S、N 的顺序依次编号，编号时杂原子的位次数字之和应最小。

② 当环上有取代基时，取代基的位次从杂原子开始依次用 1, 2, 3, …（或 α, β, γ, …）编号。

③ 一些多杂原子的杂环，在编号时按照本身规定的编号顺序。例如，

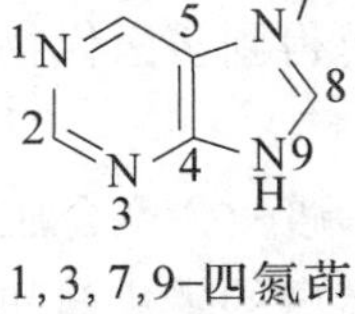

1,3,7,9-四氮茚　　　　　1,3-二氮苯
（嘌呤）　　　　　　　（嘧啶）

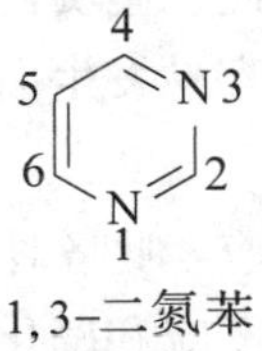

因此，牢记不同编号原则掌握并熟悉是重点也是难点。

11.1.1.3　学习要求
熟悉杂环化合物命名规则。

11.1.2　杂环化合物的结构和性质

11.1.2.1　杂环化合物的结构
由于芳杂环是一类特殊的非苯芳环。现以吡咯（五元环）和吡啶（六元环）为例，具体

说明芳杂环的结构。

吡咯环：氮原子和4个碳原子都是sp^2杂化，5个原子处在同一平面。由5个sp^2和sp^2杂化轨道形成的σ键组成了五元环。每个原子未参与杂化的p轨道都垂直于环平面，并从侧面相互平行重叠，形成一个闭合的共轭体系，其中氮原子的p轨道中有2个电子（孤对电子），这样，吡咯环的共轭体系虽然是由5个原子组成，但参与共轭体系的π电子数却有6个，符合休克尔规则（π电子数=$4n+2$），所以，吡咯环是个非苯芳环。

吡啶环：氮原子和5个碳原子也都是sp^2杂化，由6个sp^2和sp^2杂化轨道形成的σ键组成了六元环。每个原子也都有未参与杂化的p轨道且都垂直于环平面，这些p轨道也从侧面相互平行重叠，形成一个闭合的共轭体系。但和吡咯不同的是，吡啶分子中，氮原子参与共轭体系的p轨道中只有一个电子，氮原子上的未共用电子（孤对电子）占据的是sp^2杂化轨道，因此，吡啶环的共轭体系是六原子六电子的大π键体系，也符合休克尔规则，吡啶环也是一个非苯芳环。

其他芳香性杂环：呋喃、噻吩、咪唑、噻唑、嘧啶等其他芳杂环的结构与吡咯和吡啶的结构相似，具有六电子大π键的闭合的共轭体系。

芳杂环虽然有芳香性，但不如苯那样典型，有时也会表现出环烯的性质。

11.1.2.2 杂环化合物的化学性质

芳杂环具有芳香结构，因此有一定的芳香性。

(1) 亲电取代反应　芳杂环上的电子云密度是不均匀的，发生亲电取代的难易程度与苯相比也是不一样的。

吡咯：虽然氮的电负性比碳的大，氮原子对碳架有吸电子的诱导效应，但是氮原子的未共用电子对参与了共轭，表现出给电子的共轭效应，由于共轭效应起主导作用，总的结果是，环上4个碳的电子云密度相对提高，其中α-碳原子的电子云密度又稍高于β-碳原子的电子云密度，因此，吡咯比苯更容易发生亲电取代反应，而且α位更容易取代。呋喃和噻吩的情况也大致如此。

吡啶：氮原子与碳原子发生的是π-π共轭效应，氮原子的未共用电子对并没有参与共轭，由于氮原子的电负性大于碳的，所以环上的5个碳原子的电子云密度相对降低，其中以β位降低的最小。因此，吡啶比苯更难发生亲电取代反应，且取代多发生在β位上。

①卤代反应：吡咯很容易发生卤代反应，并可得到多卤代物，吡啶则在较强烈的条件下才能被卤代。

②硝化反应和磺化反应：吡咯对酸很不稳定，遇酸会聚合成复杂的物质，因而不能和硝酸及硫酸直接发生硝化反应和磺化反应，需用特殊的硝化剂和磺化剂。

③酰基化反应（傅-克反应）：吡咯可被乙酸酐等酰基化，而吡啶则不能。

亲电取代反应时，五元环比苯活泼，而六元环则不如苯活泼，其顺序为呋喃和吡咯 > 噻吩 > 苯 > 吡啶。

(2) 氧化反应

吡咯：很容易被氧化，这是因为吡咯环富含电子，容易与氧化剂（电子受体）作用。

吡啶：吡啶环是缺电子的结构，对氧化剂很稳定，只有侧链才能被氧化。吡啶环和苯环稠合在一起时，苯环被氧化而吡啶环保持不变，可见吡啶环比苯环更不易被氧化。

(3) **加氢反应** 芳杂环一般比苯更容易发生加氢反应,它们可以在缓和的条件下得到其氢化产物,并可得到部分加氢的产物。

(4) **酸碱性** 吡咯和吡啶分子中虽然都含有氮原子,但由于氮原子上的未共用电子对所处的状态不同,它们的酸碱性的表现也不同。

吡咯:氮原子上的未共用电子对参与了闭合共轭体系的形成,电子离域的结果使它和 H^+ 的结合能力在很大程度上被减弱,所以它的碱性很弱。同时由于这种共轭作用,使氮原子上的电子云密度相对降低,氮氢之间的电子云分布更加偏向于氮,使氮上的氢更容易电离为 H^+,所以,吡咯不但不表现出碱性,反而表现出弱酸性。吡咯的酸性比苯酚弱而略强于醇,与强碱可以形成盐。

吡啶:氮原子上的未共用电子对不参与闭合共轭体系的形成,和 H^+ 的结合能力就比较强,因此,吡啶显弱碱性,与酸能形成盐。从结构上看,吡啶属于叔胺,但其碱性要比脂肪族叔胺弱得多,这是因为吡啶分子中氮原子上的未共用电子对处于 sp^2 杂化轨道中,而一般脂肪族的叔胺氮原子上的共用电子对是在 sp^3 杂化轨道中。杂化轨道中 s 成分多受核的约束力就强,因此,吡啶中氮原子的未共用电子对受核的约束力较强,与 H^+ 的结合能力就比较弱,其碱性就要比一般脂肪族的叔胺弱得多,但比苯胺稍强。例如,苯胺的 $pK_b=9.4$,吡啶的 $pK_b=8.64$,三乙胺的 $pK_b=3.4$,氨的 $pK_b=4.75$。从结构上看,吡啶属于环状叔胺,它也可与卤代烷烃反应生成季铵盐。

11.1.2.3 学习要求

(1)掌握吡咯和吡啶的结构特点。

(2)掌握吡咯和吡啶的化学性质(取代、氧化、加氢、酸碱性)。

11.1.3 重要的杂环化合物及其衍生物

11.1.3.1 吡咯及其衍生物

吡咯及其衍生物非常重要,许多生理上的重要物质都是它的衍生物。例如,卟吩环是由吡咯合成的,血红素和叶绿素等都是熟知的吡咯及其衍生物。

11.1.3.2 呋喃及其衍生物

呋喃本身是无色具有特殊气味的液体。呋喃衍生物中比较有代表性的化合物(如四氢呋喃和糠醛),四氢呋喃通常作为有机反应中的溶剂,而糠醛可以用来制备其他重要化工产品。

11.1.3.3 吡啶及其衍生物

吡啶由于具有特殊的臭味而被人们避而远之,然而,吡啶是一种优良的反应溶剂及有机合成原料。例如,烟酸、维生素 B_6、异烟酸及其衍生物异烟酰肼都是重要的吡啶衍生物。

11.1.3.4 生物碱

生物碱(也称植物碱)是一类存在于生物体内,对人和动物有强烈生理作用的含氮碱性化合物。它们的分子结构中大多含有氢化程度不同的含氮杂环,但也有少数非杂环的生物碱。不同植物中含有的生物碱差异也很大。

大多数生物碱是无色固体结晶,有苦味,难溶于水,能溶于乙醇、乙醚、丙酮、氯仿和苯等有机溶剂中。天然的生物碱大多具有旋光性，并以左旋的为多。在生物体内，生物碱通常与苹果酸、柠檬酸、草酸、硫酸、磷酸等有机酸或无机酸结合成盐而存在，这种盐一般易溶于水。极少数的生物碱和糖形成糖苷。

11.1.3.5　学习要求

(1) 掌握吡咯和吡啶的结构特点。

(2) 掌握吡咯和吡啶的化学性质(取代、氧化、加氢、酸碱性)。

(3) 掌握杂环的芳香性。

11.2　典型例题

【例题 11-1】命名下列化合物。

(1) 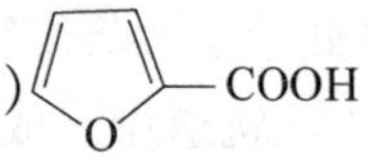 ［呋喃-2-COOH］　(2) ［吡啶］

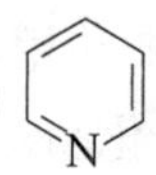

解：(1) 母体环是呋喃环，对于羧基的位置在 α 位，所以命名为 α-呋喃甲醛。

(2) 苯环上一个 C 原子被 N 原子所取代，所以第二个结构命名为吡啶。

【例题 11-2】完成下列反应。

(1) 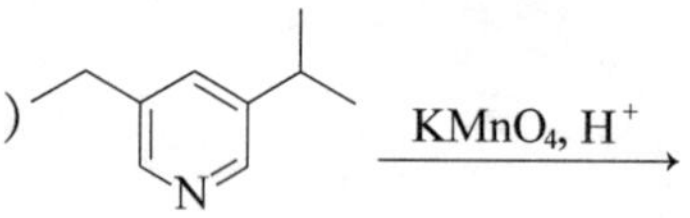 ［3-甲基-5-异丙基吡啶］ $\xrightarrow{\text{KMnO}_4, \text{H}^+}$　(2) 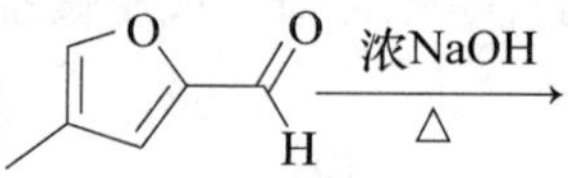 ［4-甲基呋喃-2-甲醛］ $\xrightarrow[\Delta]{\text{浓 NaOH}}$

解：

(1) 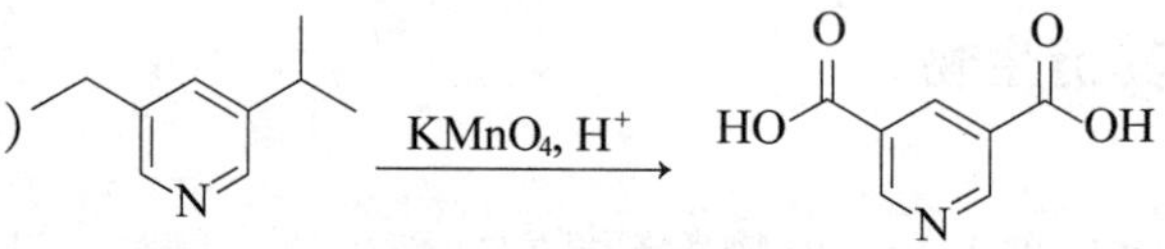 ［3-甲基-5-异丙基吡啶］ $\xrightarrow{\text{KMnO}_4, \text{H}^+}$ ［吡啶-3,5-二甲酸］

(2) 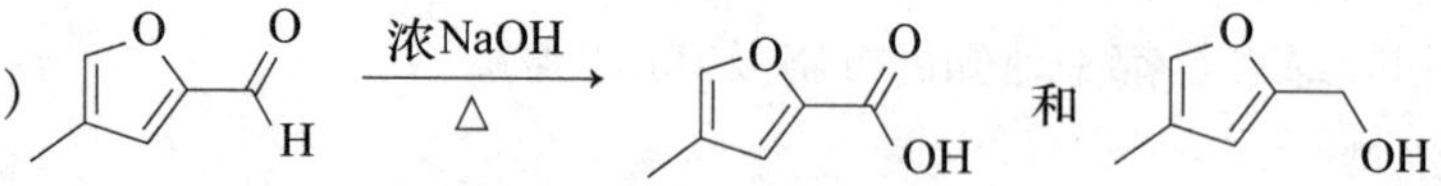 ［4-甲基呋喃-2-甲醛］ $\xrightarrow[\Delta]{\text{浓 NaOH}}$ ［4-甲基呋喃-2-甲酸］ 和 ［4-甲基-2-羟甲基呋喃］

【例题 11-3】按休克尔规则，不具有芳香性的是(　　)。

A.  ［呋喃］　　B.  ［噻吩］　　C. 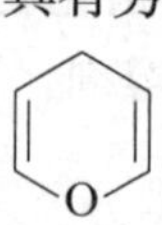 ［2H-吡喃］　　D. 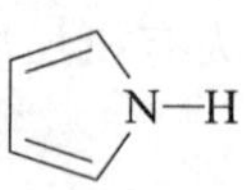 ［吡咯 N-H］

解：对于选项 A、B、D，由于呋喃、噻吩、吡咯中的杂原子和其他 4 个碳原子都是 sp² 杂化，5 个原子处在同一平面。由 5 个 sp² 和 sp² 杂化轨道形成的 σ 键组成了五元环。每个原子未参与杂化的 p 轨道都垂直于环平面，并从侧面相互平行重叠，形成一个闭合的共轭体系，其中杂原子的 p 轨道中有 2 个电子(孤对电子)，这样，吡咯环的共轭体系虽然是由 5 个原子组成的，但参与共轭体系的 π 电子数却有 6 个，符合休克尔规则(π 电子数 =4n+2)，所以，选项 A、B、D 都具有芳香性。而对于选项 C 来说，亚甲基上的碳原子与其他碳原子不共平面，因此不具有芳香性。

11.3 思考题

【思考题 11-1】

命名下列化合物。

(1) 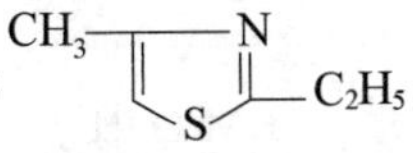 4-甲基-2-乙基噻唑结构 (2) 呋喃-2-甲酸结构 (3) N-甲基吡咯结构 (4) 4-甲基咪唑结构

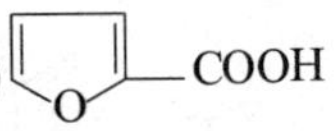

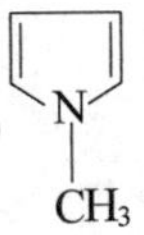

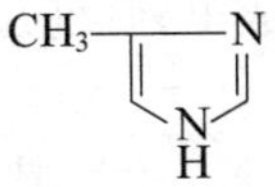

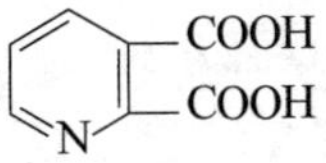

(5) 2,3-吡啶二甲酸结构 (6) 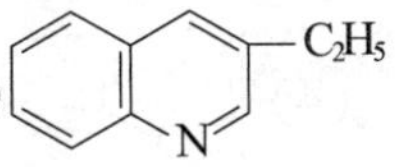 3-乙基喹啉结构 (7) 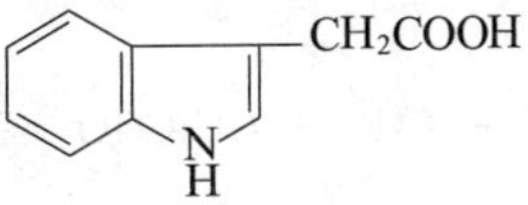 吲哚-3-乙酸结构

(8) 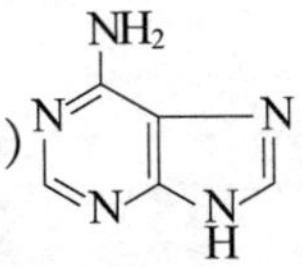 腺嘌呤结构 (9) 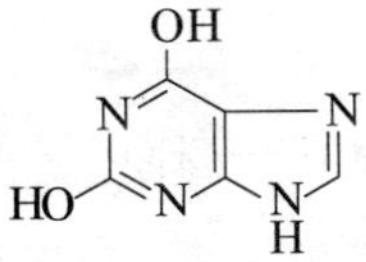 2,6-二羟基嘌呤结构

【思考题 11-2】

1. 完成下列反应。

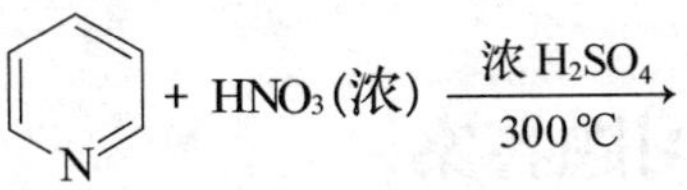

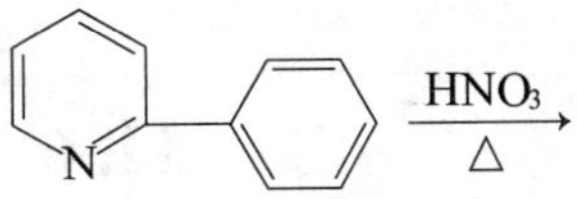

$$\text{吡啶} + HNO_3(浓) \xrightarrow[300\ ^\circ C]{浓 H_2SO_4}$$

$$\text{2-苯基吡啶} \xrightarrow[\Delta]{HNO_3}$$

2. 把下列化合物按其碱性由强到弱的顺序排列：乙胺、苯胺、吡啶、吡咯、六氢吡啶、氨。

3. 下列各组化合物的 pK_b 何者较大？
(1) 吡啶和吡咯   (2) 吡啶和六氢吡啶   (3) 吡咯和四氢吡咯

11.4 思考题答案

【思考题 11-1】

答：(1) 2-乙基-4-甲基噻唑 (2) α-呋喃甲酸 (3) N-甲基吡咯 (4) 4-甲基咪唑
(5) 2,3-吡啶二羧酸 (6) 3-乙基喹啉 (7) 3-吲哚乙酸 (8) 腺嘌呤
(9) 2,6-二羟基嘌呤

【思考题 11-2】

答：

1. 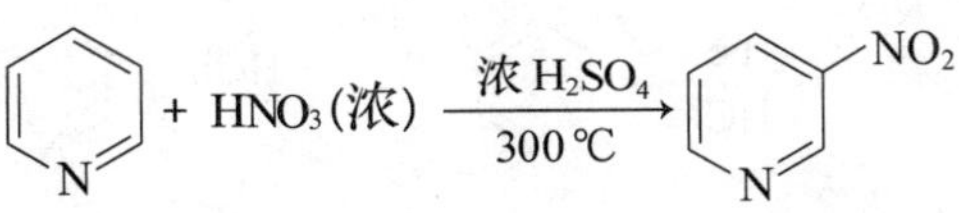 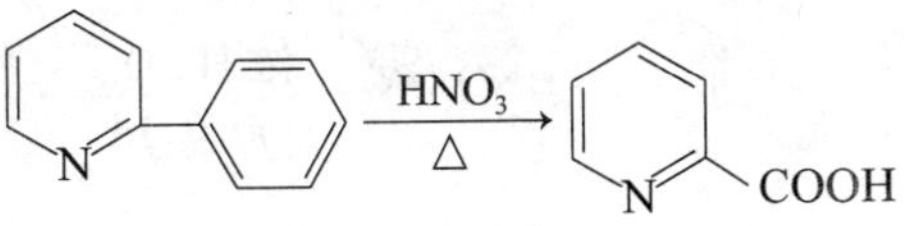 $\text{吡啶} + HNO_3(浓) \xrightarrow[300\ ^\circ C]{浓 H_2SO_4} \text{3-硝基吡啶}$; $\text{2-苯基吡啶} \xrightarrow[\Delta]{HNO_3} \text{吡啶-2-甲酸}$

2. 六氢吡啶 > 乙胺 > 氨 > 吡啶 > 苯胺 > 吡咯

3. (1) 吡啶   (2) 六氢吡啶   (3) 四氢吡咯

11.5 教材习题

1. 喹啉起硝化反应时，硝基取代在苯环上还是取代在吡啶环上？吲哚起硝化反应，硝基取代在哪个环上？

2. 完成下列反应。

(1) 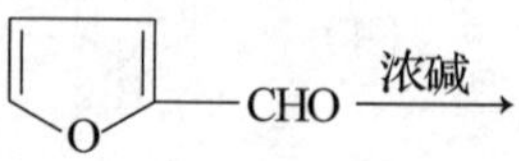 呋喃-CHO $\xrightarrow{\text{浓碱}}$

(2) 3-CH(CH$_3$)$_2$-吡啶 $\xrightarrow{\text{KMnO}_4/\text{H}^+}$

(3) 呋喃-CHO + CH$_3$CHO $\xrightarrow[\triangle]{\text{稀碱}}$

(4) 呋喃-MgCl $\xrightarrow[\text{Et}_2\text{O}]{\text{CH}_3\text{CHO}}$

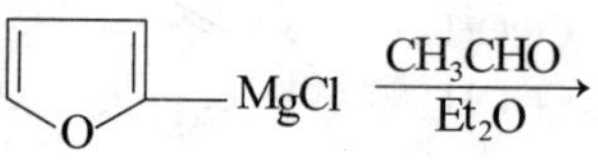

3. 完成下列转化（其他试剂任选）。

(1) 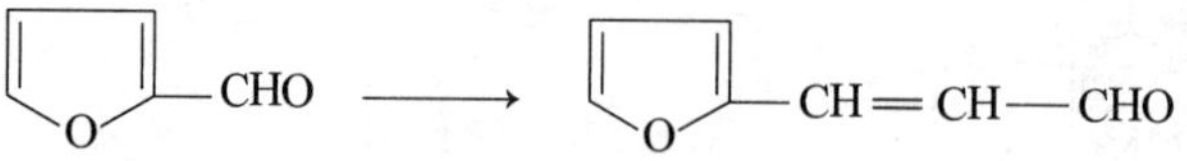 呋喃-CHO ⟶ 呋喃-CH=CH-CHO

(2) 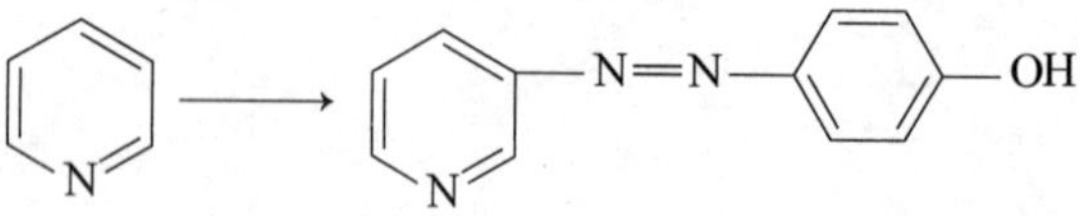 吡啶 ⟶ 3-(吡啶基)-N=N-苯-OH

11.6 教材习题答案

1. 喹啉起硝化反应时，硝基取代在苯环上。吲哚起硝化反应时，硝基取代在吡咯环上。

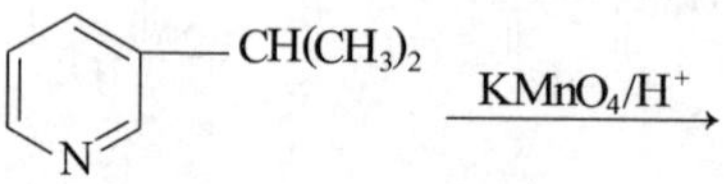

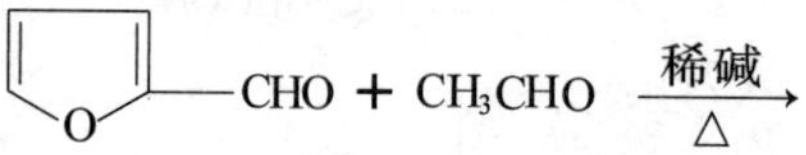

2. (1) 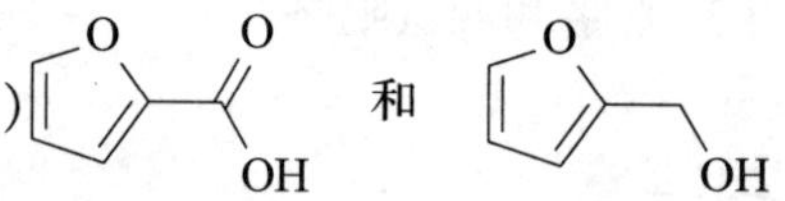 呋喃-COOH 和 呋喃-CH$_2$OH

(2) 烟酸（3-吡啶甲酸）

(3) 呋喃-C(H)=CHCHO

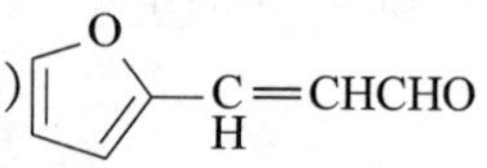

(4) 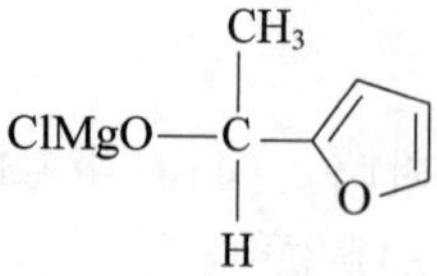 ClMgO-C(CH$_3$)(H)-呋喃

3.

(1) 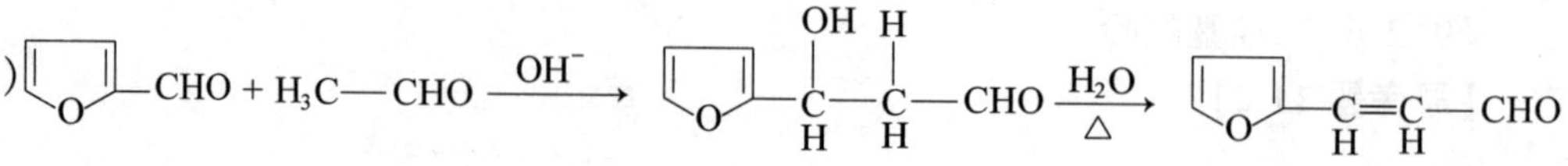 呋喃-CHO + H$_3$C—CHO $\xrightarrow{\text{OH}^-}$ 呋喃-C(OH)(H)-C(H)(H)-CHO $\xrightarrow[\triangle]{\text{H}_2\text{O}}$ 呋喃-C(H)=C(H)-CHO

(2) 吡啶 + HNO$_3$(浓) $\xrightarrow[300\,°\text{C},\ 1\text{d}]{\text{浓 H}_2\text{SO}_4}$ 3-NO$_2$-吡啶 $\xrightarrow[\text{HCl}]{\text{Fe}}$ 3-NH$_2$-吡啶 $\xrightarrow{\text{HCl}}$ 3-$\overset{+}{\text{N}}$H$_3\bar{\text{C}}$l-吡啶 +

HNO$_2$ $\xrightarrow{0\sim5\,°\text{C}}$ 3-$\overset{+}{\text{N}}\equiv$N$\bar{\text{C}}$l-吡啶 + 苯-OH $\xrightarrow[0\,°\text{C}]{\text{NaOH}}$ 3-(吡啶基)-N=N-苯-OH

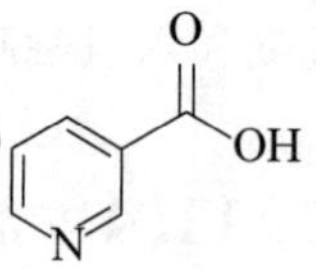

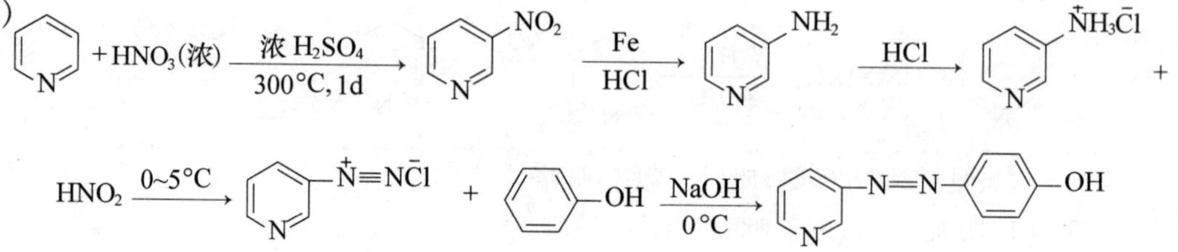

11.7 章节自测

1. 下列化合物中，吡啶是(　　)。

   A. 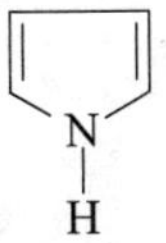 吡咯   B. 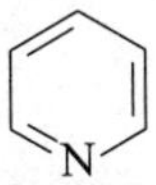 吡啶   C.  呋喃   D.  噻吩

2. 按休克尔规则，不具有芳香性的是(　　)。

   A.  呋喃   B.  噻吩   C. 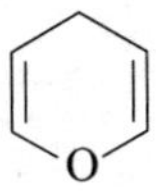   D. 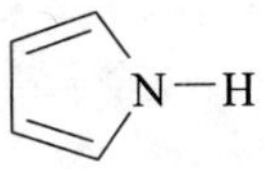 吡咯

3. 吡咯是一个(　　)化合物。

   A. 中性   B. 酸性   C. 碱性   D. 两性

4. 下列化合物中碱性最强的是(　　)。

   A. 苯胺   B. 苄胺   C. 吡咯   D. 吡啶

5. 吡啶发生硝化反应时，硝基进入(　　)。

   A. α 位   B. β 位   C. γ 位   D. α 位和 β 位各一半

11.8 章节自测答案

1. B 2. C 3. B 4. B 5. B

第 12 章 萜类和甾体化合物

12.1 主要知识点和学习要求

12.1.1 萜类
12.1.1.1 概念
萜类化合物的骨架是以异戊二烯(C_5H_8)为单位首尾相连而成的一类化合物,在这些萜类化合物分子中常含有数目不等的碳碳双键,也经常含有羟基、羰基和羧基等官能团,分子中碳原子数是 5 的倍数,而且异戊二烯单位可以结合成链状,形成链萜;也可以结合成环状,形成环萜,若异戊二烯单位以链状首尾相连形成的是链萜,以环状相结合则称为环萜,这种结构特点叫作萜类化合物的异戊二烯规律。此类化合物主要存在于植物叶、花、果实内的香精油中,如一些色素和激素等。

12.1.1.2 萜类的分类
根据异戊二烯单位的个数,分为单萜、倍半萜、二萜等,在三萜或四萜化合物分子结构中,各个异戊二烯单位之间除了以头尾结合的方式外,也还有尾尾结合,如三萜是由两个倍半萜、四萜是由两个双萜通过尾尾结合而成的。

萜类结构的书写:通常写结构简式,只写碳碳间的键,不写出碳、氢原子,键的交点或末端即代表一个碳原子,但连有其他原子或基团时必须写出。下面总结几种重要的萜类化合物:

(1) 链状单萜 香叶醇属于链状单萜,具有玫瑰香味,存在于多种香精油中。它的顺型异构体叫橙花油醇,香味比较温和,用于制备香料。它的氧化产物香叶醛与橙花油醛统称为柠檬醛,存在于柠檬草油中,具有柠檬香味。

(2) 单环单萜 柠檬烯,具有柠檬香味,最简单的单环单萜,有一个手性碳,有旋光性,右旋柠檬烯存在于柠檬油和橙皮油中,左旋柠檬烯存在于薄荷油和松针油中,外消旋体则存在于松节油。薄荷醇(薄荷精)属于单环单萜醇,其氧化产物是薄荷酮,二者都是薄荷的主要成分,具有芳香气味和杀菌作用,用于医药和化妆品工业。天然产的薄荷醇是左旋的薄荷醇。

(3) 双环单萜 莰醇是饱和二环萜醇,又称冰片或龙脑,具有旋光性,无色片状结晶,熔点 208℃,存在于热带植物龙脑的香精油中。其氧化产物是饱和二环萜酮,又称樟脑,无色晶体,熔点 180℃,易升华。

(4) 倍半萜 主要代表化合物法尼醇又称金合欢花醇,无色黏稠液体,沸点 125℃,具有铃兰香味,存在于玫瑰油、橙花油、茉莉油等中,可用于制高级香精。昆虫保幼激素也是一种倍半萜衍生物,能使昆虫保持幼虫的体态,如过量可使昆虫不能正常发育导致其不育或死亡,是有效的杀虫剂。

(5)二萜　维生素 A 是一个二萜醇,脂溶性维生素,主要存在于鱼肝油中。在蛋黄、牛奶和动物肝脏中也含有丰富的维生素 A。当体内缺乏维生素 A 时,会导致眼膜和眼角膜硬化症和夜盲症。长期缺乏维生素 A 会患营养不良和生长滞缓等症状。松香酸是一种多环二萜,是松香的主要成分。松香酸用于制造清漆和药物,其钠盐可作肥皂的增泡剂和乳化剂。叶绿醇(植醇)是叶绿素分子的组成部分,工业上是合成维生素 E 和维生素 K_1 的原料。

(6)三萜　鲨烯是很重要的无环三萜烯烃,油状液体,不溶于水,存在于鲨鱼肝、橄榄油、酵母、麦芽中。鲨烯容易环化成四环化合物,鲨烯经氧化、脱氢、甲基重排而形成羊毛甾醇。可见萜类与甾体化合物有着密切的关系。

(7)四萜　分子中都含有一个较长的碳碳双键的共轭体系,多带有由黄至红的颜色,大多难溶于水而易溶于有机溶剂,遇浓硫酸或三氯化锑($SbCl_3$)的氯仿溶液呈深蓝色,常用颜色反应来鉴定四萜化合物的存在。胡萝卜素是四萜化合物中最重要的代表物,有 α、β 和 γ 3 种异构体,β-异构体含量最高,它们的结构中共轭双键为全反式,在分子中间有两个异戊二烯单位尾尾相连。α-胡萝卜素中含有一个手性碳原子,有旋光异构体存在。β-胡萝卜素整个分子是对称的,中间的双键易断裂,形成两分子维生素 A,是维生素 A 元。番茄红素,也是一种四萜化合物。番茄红素的结构与胡萝卜素的相似,但碳链的两端没有环状的结构,分子中含有 13 个双键。

12.1.1.3　萜类的性质及用途

萜烯由于重键的存在,能与亚硝酰氯(NOCl)、氯化氢及溴等发生加成反应,形成结晶化合物,用于萜类的分析和鉴定。

植物中的萜类,其作用是吸引授粉、保护果实免受昆虫侵袭、调节植物热量。香精油广泛地用于香皂、牙膏、化妆品、卷烟、糖果、饮料等的制作,还可作为药物和杀虫剂。

12.1.1.4　学习要求

(1)熟悉萜类的概念。

(2)了解常见的萜类化合物的分类、性质及用途。

(3)重点掌握异戊二烯规律。

12.1.2　甾体化合物

12.1.2.1　概念

以甾环为主要骨架的化合物叫作甾体化合物。甾环是包含一个部分氢化或完全氢化的菲与一个环戊烷稠合的碳环结构,共包含 A、B、C、D 4 个环。C、D 及 B、C 两环的关系都是以反式相结合的,环 A 和环 B 有两种方式相结合,以顺式相结合的叫正系,相当于顺十氢萘的构型;以反式结合的叫别(异)系,相当于反十氢萘的构型。甾体化合物的基本骨架如下所示:

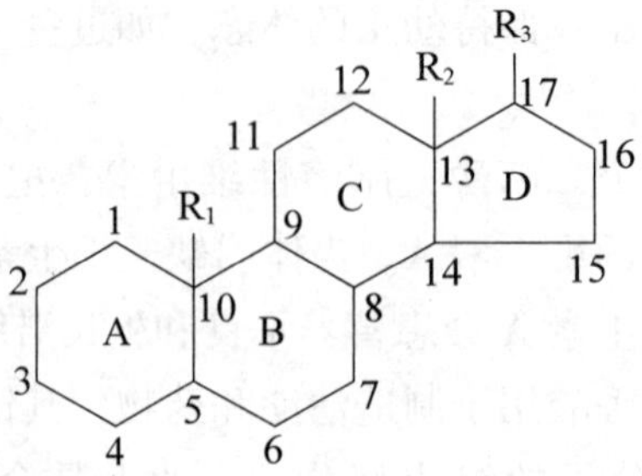

12.1.2.2 甾体化合物的分类

(1) 甾醇 是一类含有羟基的固体化合物，又称固醇，分为动物甾醇和植物甾醇两类。胆甾醇(胆固醇)是细胞膜的重要组成部分，以血液、脂肪、脑髓及神经组织中含量最多，是最重要的动物甾醇。胆甾醇具有旋光性，在浓硫酸内遇乙酸酐即发生颜色反应，叫作李柏曼(Libermann)反应，可用来定性或定量测定胆甾醇。麦角甾醇是最重要的植物甾醇，存在于麦角、酵母、真菌及小麦粒内。经紫外光照射时，B 环开裂生成维生素 D_2。

(2) 甾族激素 很多激素属于甾体化合物。例如，黄体酮又称孕烯二酮，是一种雌性激素，其甾环的 C_3 上有一个羰基，C_4 和 C_5 之间是一个双键，C_{17} 上连有一个乙酰基，可以与羟氨和 2,4-二硝基苯肼等羰基试剂反应，生成肟、腙等。它的生理作用是抑制排卵，并使受精卵在子宫中发育以及使乳腺发育。临床用于治疗习惯性流产、子宫功能性出血、月经失调等。睾丸酮是雄性激素之一，存在于睾丸内。其结构与黄体酮极相似，所不同的是它的 C_{17} 上连有一个羟基，临床上用于医治勃起功能障碍(阳萎)和性神经衰弱等。肾上腺皮质激素是从肾上腺皮质部分分泌出来的激素。这类化合物的结构都极为相似，差不多都含有一个 α,β-不饱和羰基，C_{17} 的侧链上含有一个羰基。昆虫蜕皮激素，能刺激昆虫的蜕皮。

(3) 强心苷、蟾毒苷和皂角苷的配体。

12.1.2.3 学习要求

(1) 掌握甾体化合物的概念和结构。
(2) 熟悉了解常见的几种甾体化合物的性质及用途。

12.2 典型例题

【例题 12-1】 命名下列化合物。

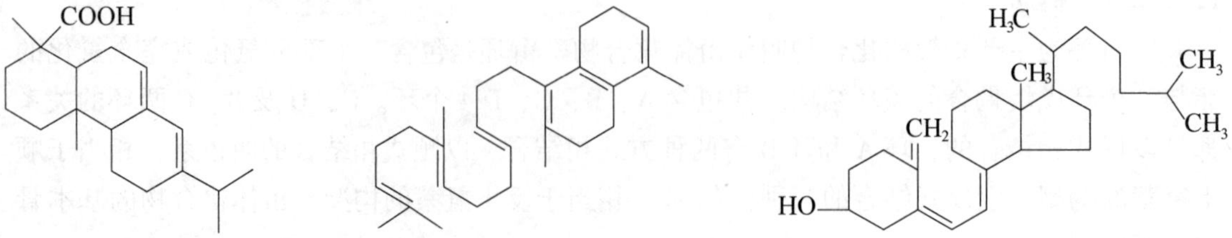

解：松香酸　鲨烯　维生素 D_3。

【例题 12-2】写出下列化合物的结构式。
(1) 月桂烯　　(2) 金合欢花醇　　(3) 胆固醇

解：(1)、(2)、(3) 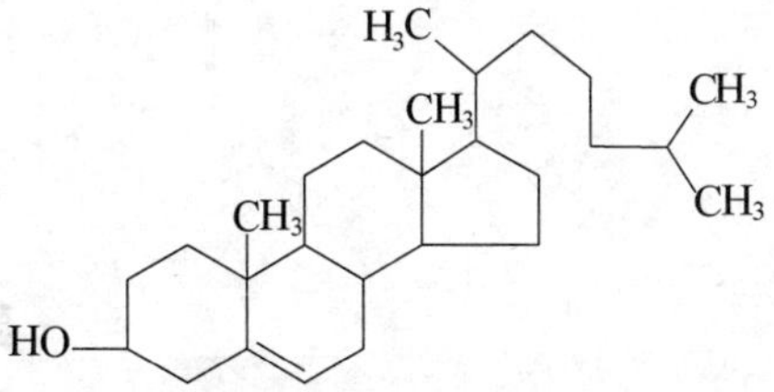 结构式如图所示。

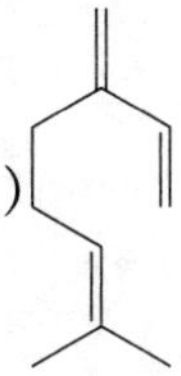

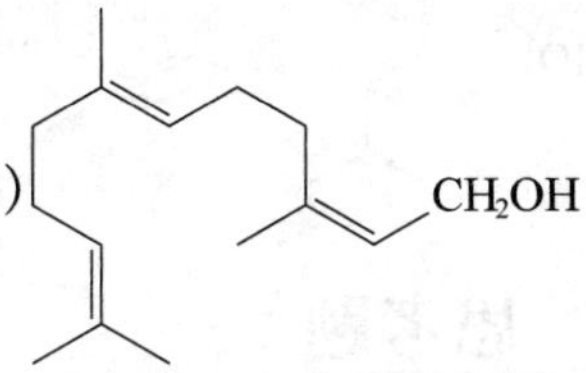

【例题 12-3】下面是胆酸的结构式，请问这种甾族化合物属于何种构型？结构中的 3 个—OH 属于何种构型？

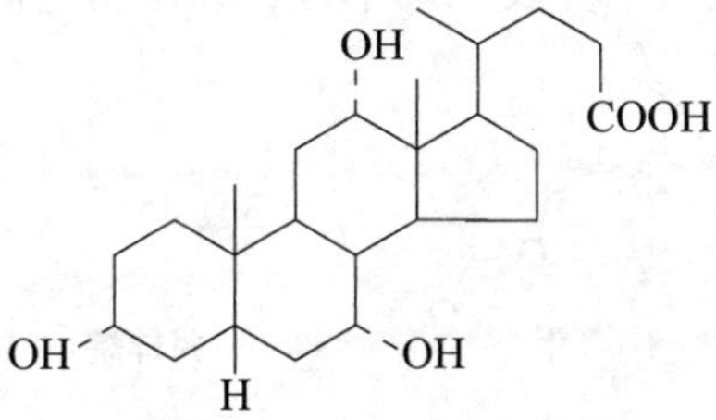

解：(1) 因为 5 位的氢属于 β 构型，A/B 环是顺式稠合，因此是属于 5β 系列。
(2) 3 个—OH 均属于 α 构型，因为虚线表示在环平面下方。

【例题 12-4】樟脑分子中有几个手性碳原子，有几对对映异构体？并写出与苯肼加成消除反应。

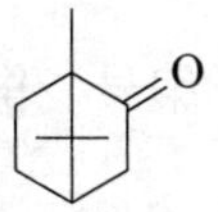

解：(1) 樟脑分子中有两个手性碳原子，只有一对对映异构体，由于桥环的存在，使得 1 号碳的甲基和 4 号碳的氢只能处于顺式构型，因此只有一对对映异构体。

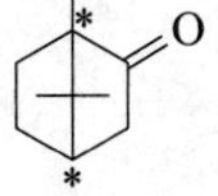

(2) 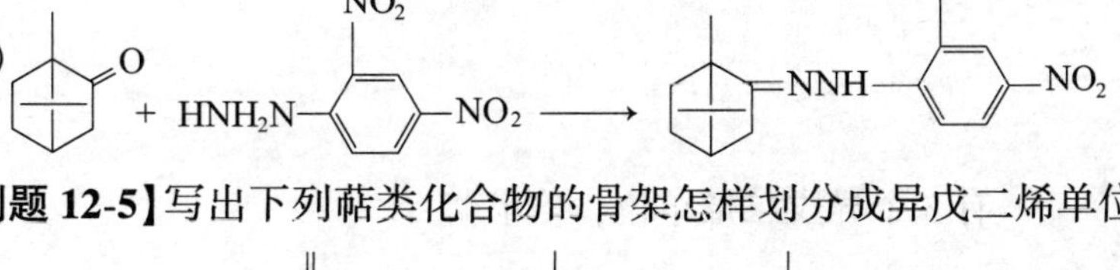 反应式如图所示。

【例题 12-5】写出下列萜类化合物的骨架怎样划分成异戊二烯单位。

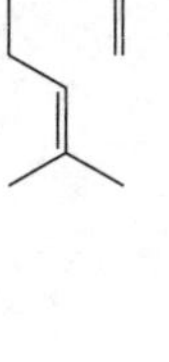

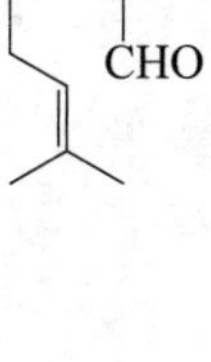

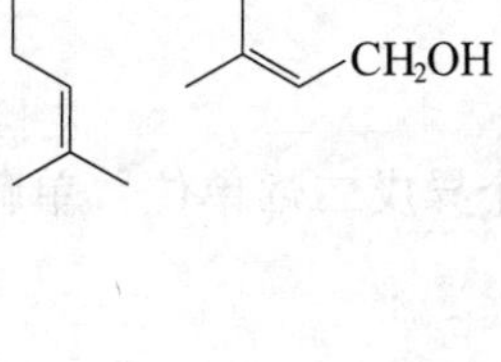

解：

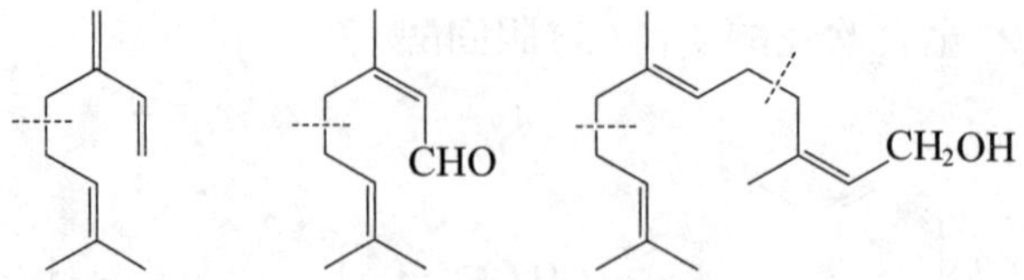

12.3 思考题

【思考题 12-1】
用虚线将下列化合物分成若干异戊二烯单位，并说明它们各属于哪一类萜。

(1) 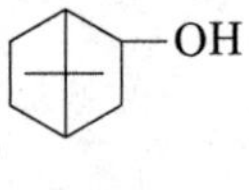 冰片

(2) 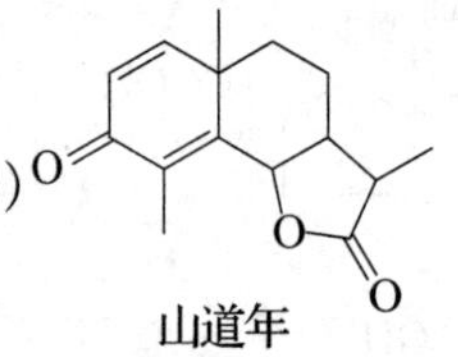 山道年

(3) 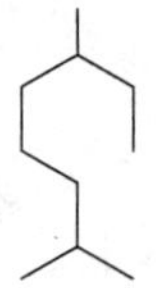 月桂烷

(4) 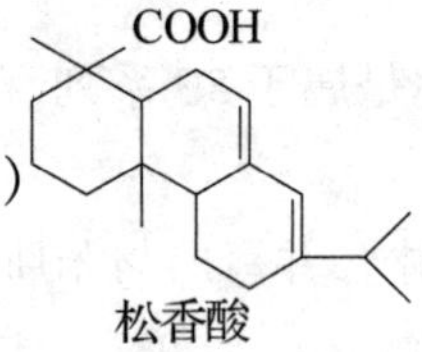 松香酸

(5) 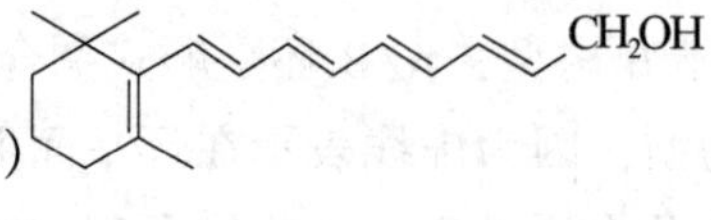 维生素A

【思考题 12-2】
写出甾体化合物的基本骨架和碳原子编号。甾体化合物的正系和别系是如何确定的？

12.4 思考题答案

【思考题 12-1】
答：

(1) 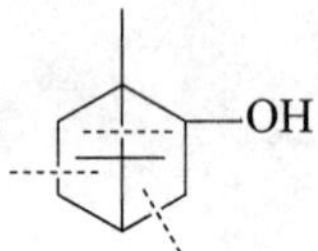 有2个异戊二烯单位，单萜

(2) 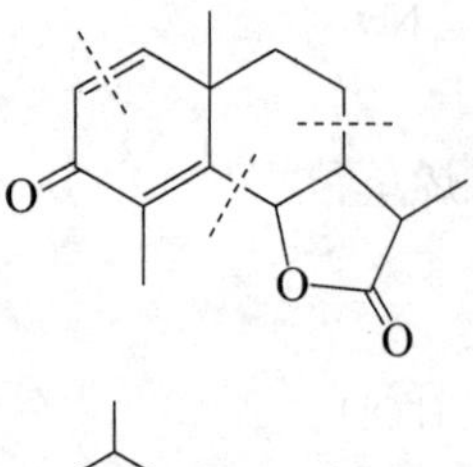 有3个异戊二烯单位，倍半萜

(3) 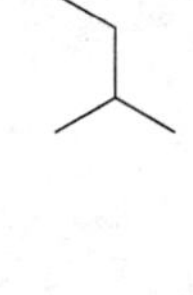 有2个异戊二烯单位，单萜

(4) 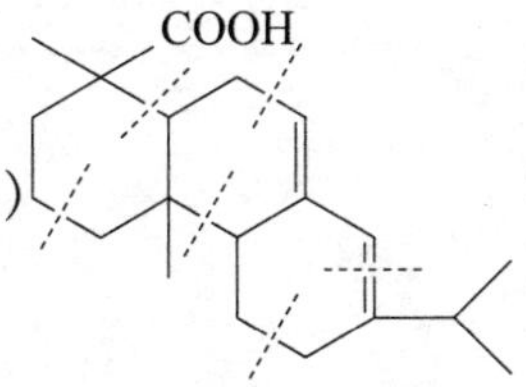 [结构式：含COOH的二萜结构] 有 4 个异戊二烯单位，二萜

(5) 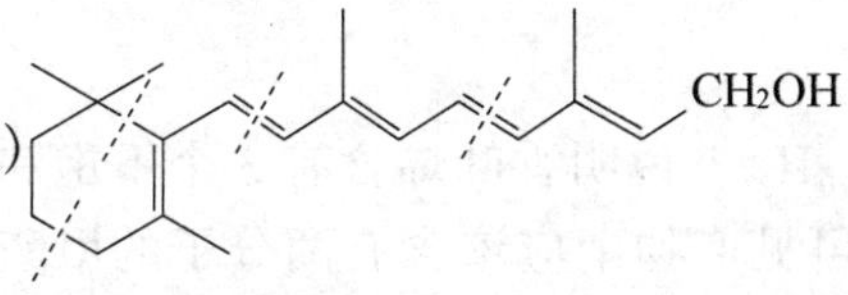 [结构式：含CH₂OH的二萜结构] 有 4 个异戊二烯单位，二萜

【思考题 12-2】

答：甾体化合物的基本骨架和碳原子编号

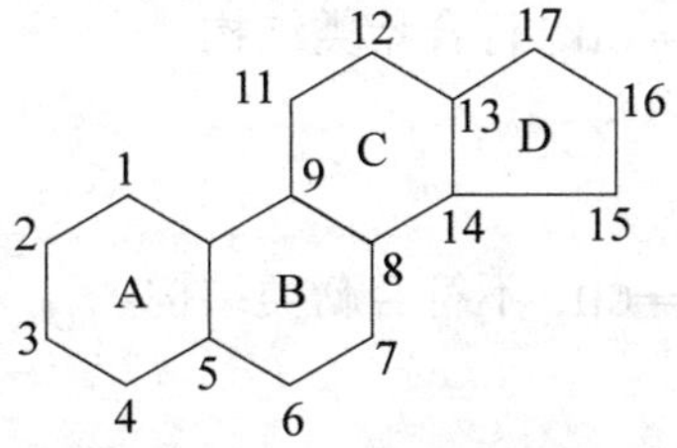

[甾体骨架图：A、B、C、D 四环，碳原子编号 1-17]

A 环和 B 环以顺式相结合的叫正系，以反式结合的叫别(异)系。

12.5 教材习题

1. 有一个萜 A，分子式为 $C_{10}H_{16}O$，经催化加氢后，得到分子式为 $C_{10}H_{22}O$ 的化合物。用高锰酸钾氧化 A 则得 $CH_3-\overset{O}{\underset{\|}{C}}-CH_3$，$HOOC-CH_2-CH_2-\overset{O}{\underset{\|}{C}}-CH_3$ 及 $HOOC-COOH$。试推测 A 的结构。

2. 香叶烯（$C_{10}H_{16}$），吸收 3mol 氢而成为 $C_{10}H_{22}$，经臭氧分解产生 $CH_3-\overset{O}{\underset{\|}{C}}-CH_3$，$HC-CH_2-CH_2-\overset{O}{\underset{\|}{C}}H$ 和 $H\overset{O}{\underset{\|}{C}}-\overset{O}{\underset{\|}{C}}H$。试根据异戊二烯规律，推测香叶烯的可能结构。

12.6 教材习题答案

1. 有一个萜 A，分子式为 $C_{10}H_{16}O$，则其不饱和度为 3，说明含有两个异戊二烯结构单元，经催化加氢后，得到分子式为 $C_{10}H_{22}O$ 的化合物。用高锰酸钾氧化 A 得到丙酮、草酸及 4-戊酮酸，由氧化产物可知 A 中双键的位置可能为：

(1) $\underset{CH_3}{\overset{CH_3}{\|}}C=CHCH=CHCH_2CH_2\overset{O}{\underset{\|}{C}}CH_3$ 不符合萜类结构

(2) 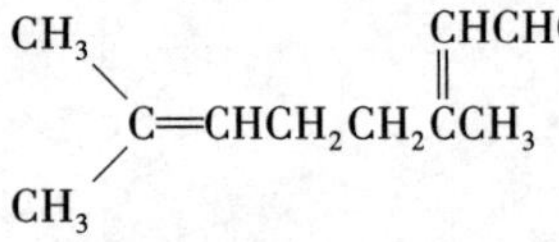 $\underset{CH_3}{\overset{CH_3}{>}}C=CHCH_2CH_2\overset{CHCHO}{\underset{}{C}}CH_3$ 符合萜类结构

所以，A 的结构为 $\underset{CH_3}{\overset{CH_3}{>}}C=CHCH_2CH_2\overset{CHCHO}{\underset{}{C}}CH_3$

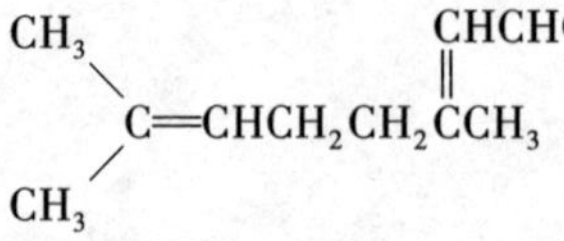

2. 香叶烯（$C_{10}H_{16}$），吸收 3mol 氢而成为 $C_{10}H_{22}$，说明香叶烯含有 3 个不饱和度，其经臭氧分解产生丙酮、甲醛和 2-羰基戊二醛，可见产物中应该含有两分子的甲醛，则可能的结构有：

(1) 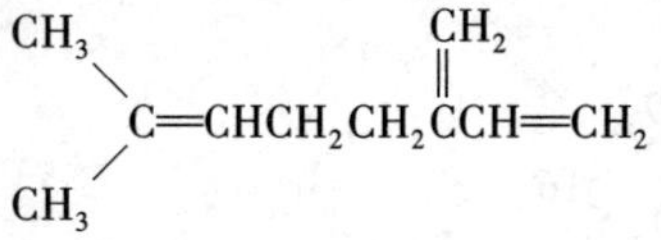 $\underset{CH_3}{\overset{CH_3}{>}}C=CHCH_2CH_2\overset{CH_2}{\underset{}{C}}CH=CH_2$ 符合萜类结构

(2) $\underset{CH_3}{\overset{CH_3}{>}}C=CHCH_2CH_2CH\overset{CH_2}{=}CH_2$ 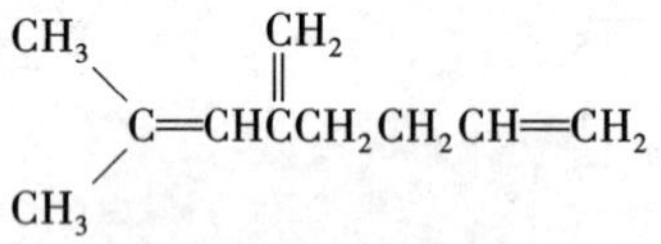 不符合萜类结构

(3) 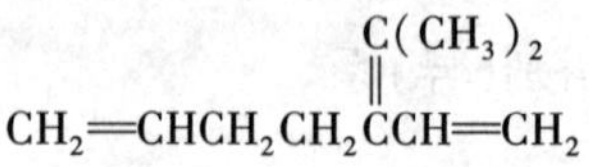 $CH_2=CHCH_2CH_2\overset{C(CH_3)_2}{\underset{}{C}}CH=CH_2$ 不符合萜类结构

所以，香叶烯的可能结构为 $\underset{CH_3}{\overset{CH_3}{>}}C=CHCH_2CH_2\overset{CH_2}{\underset{}{C}}CH=CH_2$

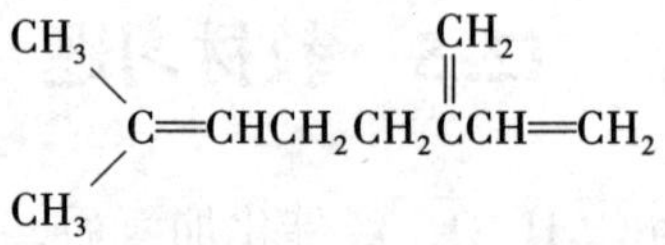

12.7　章节自测

1. 下列属于二萜的化合物是(　　)。

A. 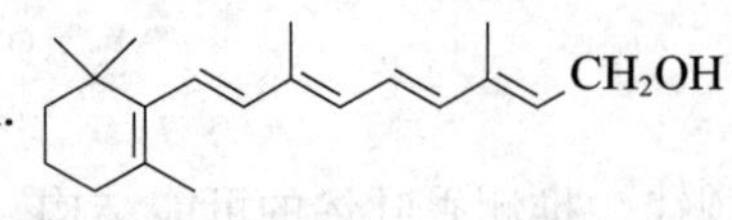 　　　　B.

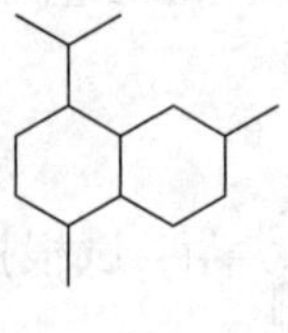

C. 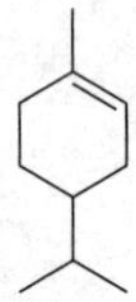 　　　　D.

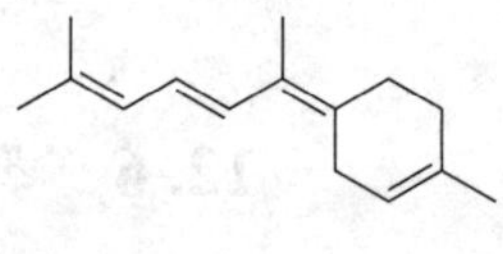

2. 下列化合物哪个不是单萜(　　)?

A. 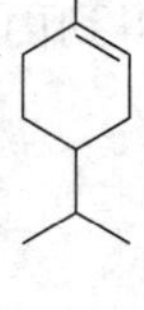 　　　　B.

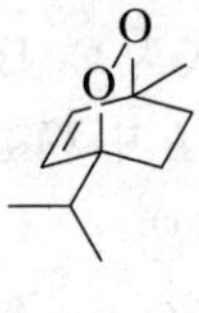

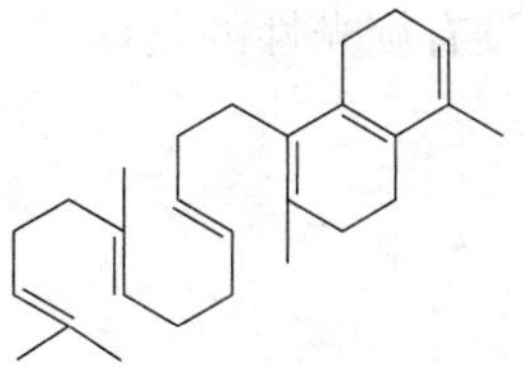

3. 下列化合物哪个不是倍半萜(　　)?

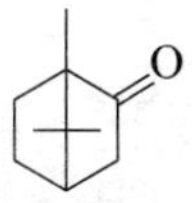

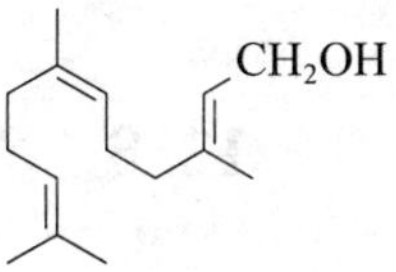

4. 下面的化合物属于对映异构的是(　　)。

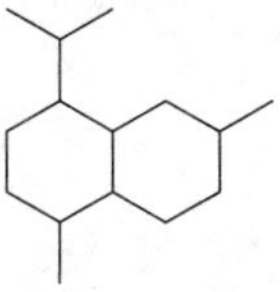

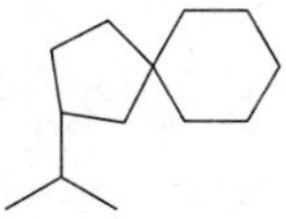

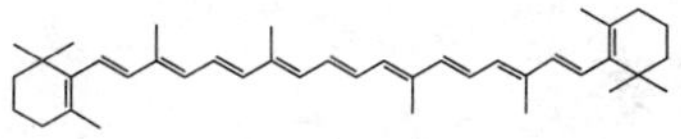

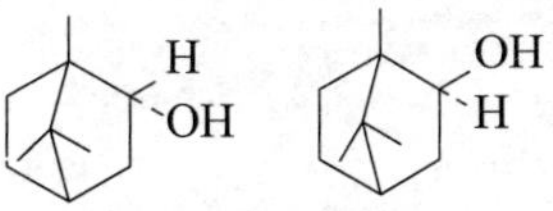

5. 下面哪个化合物遇浓硫酸或三氯化锑(SbCl₃)的氯仿溶液呈深蓝色(　　)?

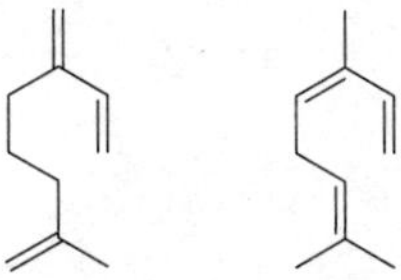

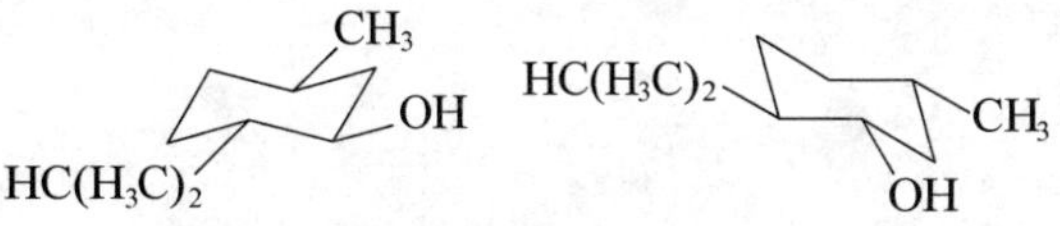

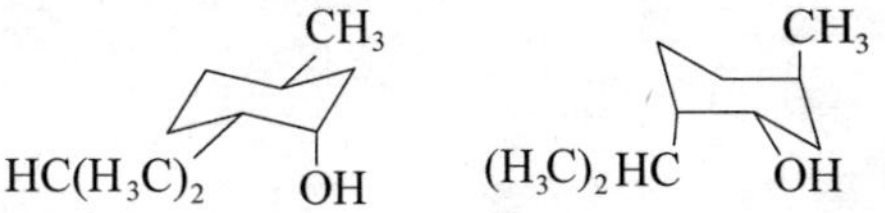

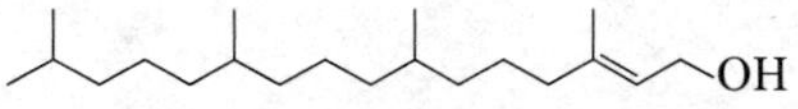

6. 下面化合物能与亚硝酰氯(NOCl)、氯化氢及溴等发生加成反应,形成结晶状的化合物的是(　　)。

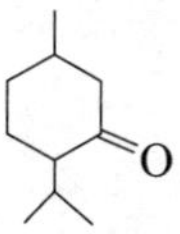

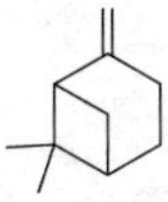

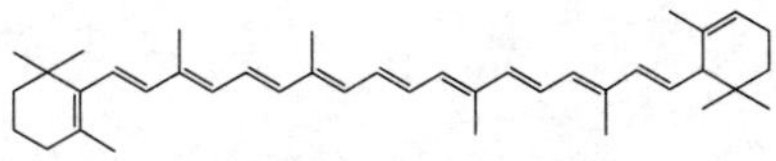

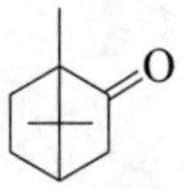

7. 下列化合物中,既能与托伦试剂产生银镜反应又能与2,4-二硝基苯肼作用产生沉淀的是(　　)。
   A. 柠檬醛　　　B. 樟脑　　　C. 薄荷醇　　　D. 胆固醇

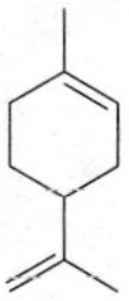

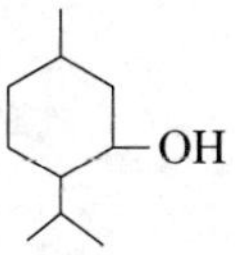

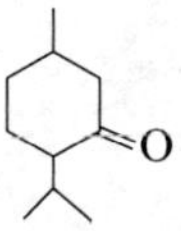

8. 下列化合物中,既能与三氯化铁产生显色反应又能使溴水褪色的是(　　)。
   A. 胆酸　　　B. 炔雌二醇　　　C. 胆固醇　　　D. 薄荷醇

9. 在浓硫酸、乙酸酐条件下反生颜色反应的是(　　)。
   A. 胆甾醇　　　B. 7-脱氢胆甾醇　　　C. 维生素D₃　　　D. 麦角甾醇

10. 下列化合物没有旋光性的是（　　）。

A. 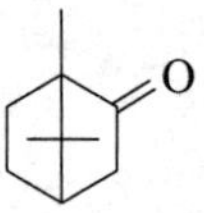 [结构式：含羰基的双环化合物]

B. 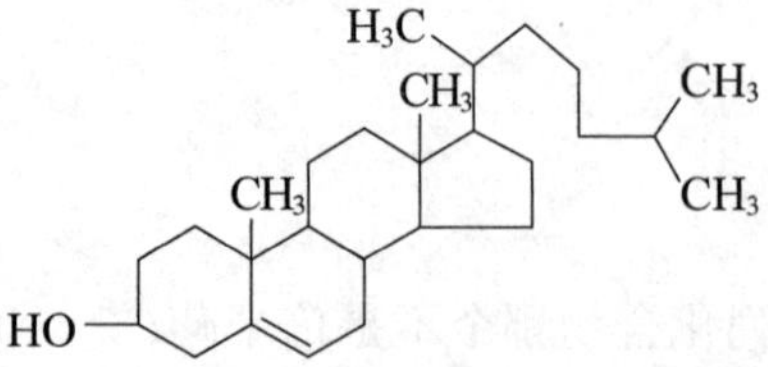 [胆固醇结构式]

C. 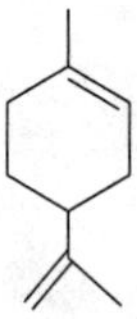 [4-异丙烯基-1-甲基环己烯]

D. 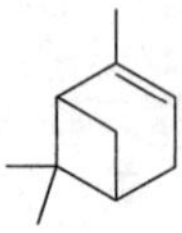 [α-蒎烯结构式]

12.8　章节自测答案

1. A　2. D　3. C　4. B　5. C　6. A　7. A　8. B　9. A　10. D

第 13 章 油脂和类脂

13.1 主要知识点和学习要求

13.1.1 油脂的结构和命名

13.1.1.1 油脂的结构

油脂广泛存在于动植物体内，在植物体内油脂主要存在于果实和种子中，在动物体内主要存在于内脏的脂肪组织、骨髓、皮下缔结组织中，用于动物体的能量供应并保护内脏免受震动和撞击。

油和脂的总称为油脂。油在常温下为液态，脂在常温下呈固态或半固态。油脂是一种酯类化合物，由高级脂肪酸与丙三醇（甘油）脱水而成，属于高级脂肪酸的甘油酯。

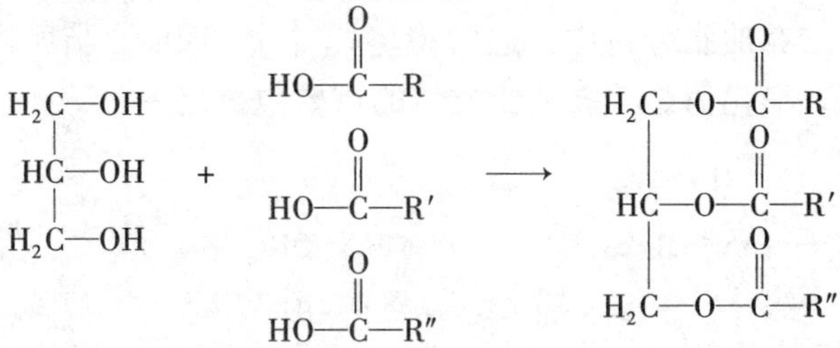

$$\begin{matrix} H_2C-OH \\ HC-OH \\ H_2C-OH \end{matrix} + \begin{matrix} HO-\overset{O}{\underset{\|}{C}}-R \\ HO-\overset{O}{\underset{\|}{C}}-R' \\ HO-\overset{O}{\underset{\|}{C}}-R'' \end{matrix} \longrightarrow \begin{matrix} H_2C-O-\overset{O}{\underset{\|}{C}}-R \\ HC-O-\overset{O}{\underset{\|}{C}}-R' \\ H_2C-O-\overset{O}{\underset{\|}{C}}-R'' \end{matrix}$$

　　　甘油　　　　　高级脂肪酸　　　　　　油脂

油脂中 R、R′、R″ 表示高级脂肪酸的烃基，当三者相同时为单纯甘油酯，不同时为混合甘油酯。天然油脂大多数为混合甘油酯的混合物。

13.1.1.2 高级脂肪酸的命名

高级脂肪酸包括饱和高级脂肪酸和不饱和高级脂肪酸，有系统命名和俗名两种命名方法。

系统命名法原则：①饱和高级脂肪酸按碳原子数称为某碳酸；②不饱和脂肪酸按碳原子数和双键数命名，含有一个双键称为某碳烯酸、两个双键称为某碳二烯酸，以此类推。双键用希腊字母"Δ"表示，双键位次写在 Δ 右上角。

俗名是根据高级脂肪酸的主要来源命名。饱和脂肪酸中十六碳酸俗称软脂酸，十八碳酸俗称硬脂酸。不饱和脂肪酸中由于存在双键，存在顺反异构现象。多数天然不饱和脂肪酸为顺式。

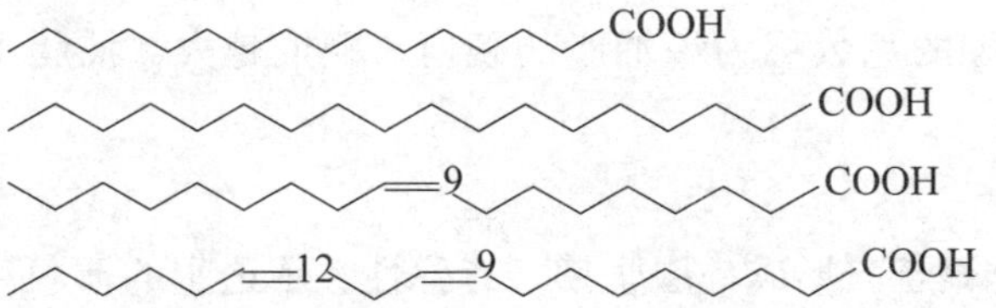

　　　　　　COOH　　　　　十六碳酸（软脂酸）
　　　　　　　COOH　　　　十八碳酸（硬脂酸）
　　　　=⁹　　　COOH　　　顺-Δ^9-十八碳烯酸（油酸）
　=¹²　=⁹　　　COOH　　　顺,顺-$\Delta^{9,12}$-十八碳二烯酸（亚油酸）

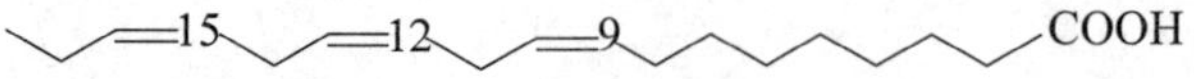

$\diagdown=_{15}\diagdown=_{12}\diagdown=_9\diagdown\diagdown\diagdown\diagdown\diagdown$COOH 顺,顺,顺-$\Delta^{9,12,15}$-十八碳三烯酸(亚麻酸)

13.1.1.3 学习要求
掌握油脂的基本结构组成和性质。

13.1.2 油脂的化学性质

13.1.2.1 水解反应
由于油脂是酯类化合物，结构中存在酯键，可以在酸、碱或脂酶催化作用下发生水解，为可逆反应。

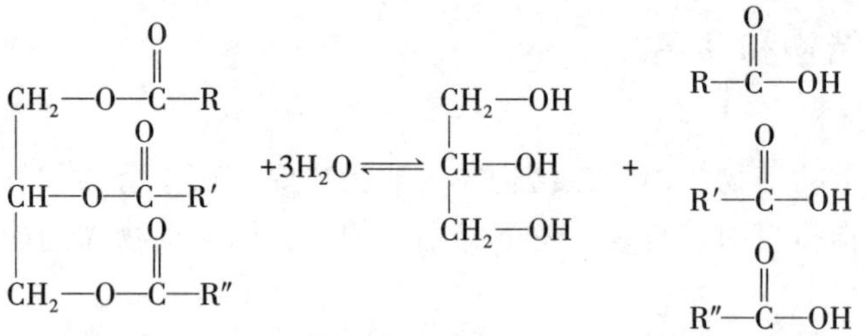

在过量碱存在下，油脂可以完全水解。因为水解生成的高级脂肪酸与碱作用会生成脂肪酸盐，使反应平衡向右移动。高级脂肪酸钠盐称为肥皂或硬皂，所以油脂在碱性介质中的水解称为皂化反应。在油脂分析中，通常将皂化并中和 1g 油脂所需氢氧化钾的毫克数称为该油脂的皂化值。皂化值是检验油脂质量的重要数据之一。

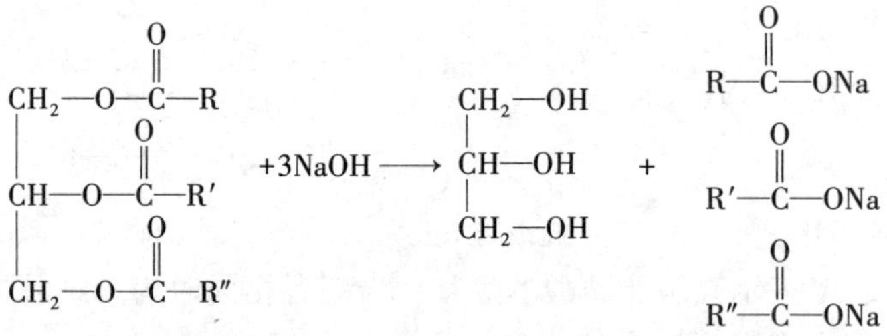

油脂的皂化值可用于粗略计算该油脂的平均相对分子质量。

$$平均相对分子质量 = \frac{3 \times 56 \times 1000}{皂化值}$$

式中，56 是氢氧化钾的相对分子质量；3 为中和 1mol 三羧酸甘油酯的脂肪酸所需的氢氧化钾量。

13.1.2.2 加成反应
油脂中不饱和脂肪酸甘油酯含有碳碳双键，可以与氢、卤素发生加成反应。

(1) 加氢反应 不饱和脂肪酸甘油酯在催化剂(Ni、Pt、Pd)作用下，加氢生成饱和脂肪酸甘油酯，存在形式由液态转为固态，易于贮存运输。这个过程称为油的氢化或硬化。

(2) 加卤素 不饱和脂肪酸甘油酯的碳碳双键与卤素发生加成反应，可用于测定油脂不饱和程度。每 100g 油脂中所能吸收碘的克数称为该油脂的碘值。碘值越大，油脂不饱和程度越大。

13.1.2.3 干化作用
一些植物油与空气接触后发生氧化聚合，形成一层坚韧、有弹性、不透水的薄膜。这一过程叫作油脂的干化作用。一般认为油脂双键旁的链端的亚甲基容易与氧发生自动氧化反应，生成一个游离基自行结合为高分子化合物。油脂的不饱和程度和碳碳双键的共轭体系均会影响油脂的干化性能。

13.1.2.4 油脂的酸败

油脂受湿、热、光和空气中氧的作用会发生油脂的酸败。引起油脂酸败的主要原因有两个：空气氧化分解和微生物氧化分解。油脂中游离脂肪酸的含量可以用氢氧化钾进行中和，中和1g油脂中游离脂肪酸所需氢氧化钾的毫克数，称为该油脂的酸值。酸值高低是衡量油脂品质好坏的重要参数之一。

13.1.2.5 学习要求

（1）了解油脂的水解反应、加成反应（加氢、卤素）、干化作用和油脂的酸败。

（2）理解油脂的皂化值、碘值和酸值的含义，并学习通过油脂的皂化值计算该油脂的平均相对分子质量。

13.1.3 肥皂

13.1.3.1 肥皂结构

肥皂的制备一般以硬脂酸含量较高而碘值低的脂为原料，在碱作用下水解作用制得。常见的肥皂为钠皂，易于结块、能溶于水。肥皂为强碱弱酸盐，其水溶液呈碱性，与重金属离子作用形成盐沉淀。硬水中重金属离子含量较高，因此肥皂在硬水中会产生白色沉淀，不适宜使用。肥皂是日常生活中常见的洗涤去污剂。肥皂结构中包含一个长烃链和一个羧酸根。

13.1.3.2 肥皂的表面活性

肥皂结构中烃基长链是一种典型的疏水（亲脂）基团，羧酸根则是一种很强的亲水基团。当肥皂与水接触时，亲水基团羧酸根进入水中而疏水基团烃基长链翘在水面外。当肥皂分子含量不足以铺满整个水面时，这些分子虽定向排列但较零乱松散；当肥皂分子较多时，这些分子尽可能地直立排列于水面，形成布满水面的单分子厚度的肥皂薄膜，叫作单分子层或单分子膜。当肥皂与油接触时，除烃基长链进入油中而羧酸根于油面以外，排列情况和与水接触时相似。

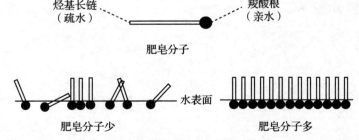

单分子膜的形成降低了水（油）的表面张力，表面能减小。肥皂在油表面形成单分子层

时，羧酸根翘在油面上面，使油表面出现一定的亲水性；同理，当肥皂在水的表面形成单分子层时也会使水的表面出现某些亲脂性，这就是肥皂的表面活性。

13.1.3.3 乳化

水与油一起剧烈振荡，油成为微细的油珠分散在水中，构成乳浊液，当静置一段时间后，细小的油珠又合并成大油滴，这是因烃基与水相斥，彼此靠范德华引力聚集在一起，逐步与水分离。当在体系中加入肥皂时，肥皂分子在细油珠表面定向排列，亲脂的烃基部分进入油珠中，亲水的羧酸根排布在油珠表面，油珠表面因亲水基团的存在而带负电荷，互相排斥，阻止彼此合并，乳浊液可保存较长时间。这种现象称为乳化。凡具有乳化作用的物质都叫乳化剂。

肥皂去污就是利用其乳化性能。油污被肥皂处理后，肥皂分子亲脂部分进入油污并经过摩擦后，油污被分散，同时其表面排布着一层亲水层，容易被水分子拉入水中形成乳浊液，达到去污的效果。

13.1.3.4 学习要求

（1）了解肥皂的结构及表面活性。

（2）了解肥皂的乳化性能及去污过程。

13.1.4 表面活性剂

13.1.4.1 分类

根据表面活性剂中亲水基团所带电荷可分为3种类型，包括阳离子型、阴离子型和非离子型。阳离子型表面活性剂亲水基团为阳离子，多数为季铵盐，季铵盐具有较好的抑菌效果，因此除可作为乳化剂外还可作为抑菌剂。阴离子型表面活性剂亲水基团为阴离子，肥皂是一种典型的阴离子型表面活性剂。非离子型表面活性剂在水中不离解成离子，亲水性较弱，乳化性能有待提高。

13.1.4.2 学习要求

了解表面活性剂的分类及不同表面活性剂结构差异。

13.1.5 类脂

13.1.5.1 磷脂

磷脂为含磷酸的类脂化合物，按其组分分为磷脂酸、卵磷脂和脑磷脂及神经磷脂。

磷脂酸为高级脂肪酸和磷脂共同与甘油组成的酯，甘油中一个羟基被磷酸酯化，剩下的两个羟基被脂肪酸酯化。根据磷酸在甘油中位置的不同，可将其分为 α-磷脂酸（第一个碳原子上）和 β-磷脂酸（第二个碳原子上）。

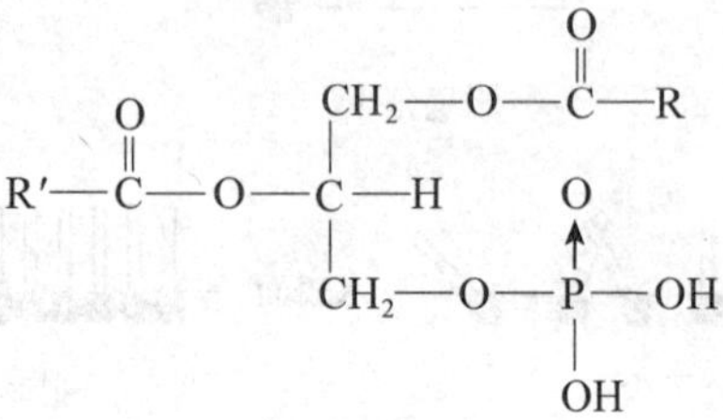

L-α-磷脂酸

卵磷脂和脑磷脂是磷脂酸中磷酸上的一个羟基与具有羟基的含氮碱或其他羟基化合物形成的酯。含氮碱基为胆碱的称为卵磷脂；含氮碱基为胆胺的称为脑磷脂。卵磷脂和脑磷脂广泛存在于动植物器官中。卵磷脂和脑磷脂是吸水性很强的白色蜡状固体，在空气中久放时，不饱和脂肪酸被氧化变成褐色。卵磷脂和脑磷脂在不同有机溶剂中溶解度不同。卵磷脂不溶于丙酮，能溶于乙醇和乙醚；脑磷脂不溶于丙酮和乙醇，但能溶于乙醚。

神经磷脂主要存在于动物的脑和神经中，是由神经醇取代甘油与带有含氮碱基的磷酸形成的酯。神经磷脂是白色晶体，在空气中较稳定，不溶于丙酮和乙醚，溶于热的乙醇。

13.1.5.2 蜡

蜡的主要成分是由高级脂肪酸与高级饱和一元醇组成的酯的混合物。蜡在常温下是固体，不溶于水，能溶于有机溶剂，如乙醚、苯、氯仿、四氯化碳等。蜡在空气中不易变质，也不被微生物侵害而腐败，化学性质非常稳定。根据来源不同，蜡可分为植物蜡和动物蜡两类，可用于制造蜡纸、蜡笔、蜡烛、鞋油、上光剂、防水剂及药膏的基质等。

13.1.5.3 学习要求

(1) 了解磷脂的分类及结构差异。
(2) 了解磷脂的物理性质，掌握卵磷脂、脑磷脂和神经磷脂的分离方法。

13.2 典型例题

【例题 13-1】 写出下列化合物的构造式。

(1) $CH_3(CH_2)_{14}COOH$ (2) ～～$=_{12}=_9$～～COOH

解： (1) 饱和高级脂肪酸的命名按所含碳原子数称为某碳酸，该化合物中含有 16 个碳原子，因此命名为十六碳酸，又可称为软脂酸。(2) 该化合物属于不饱和高级脂肪酸。不饱和高级脂肪酸的命名按其所含碳原子数和双键数分别称为某碳烯酸、某碳二烯酸，用希腊字母 Δ 表示双键，并将双键的位次写在 Δ 的右上角。该化合物中含有两个双键，为二烯结构，双键位置分别在 9 号和 12 号位，因此命名为 $\Delta^{9,12}$-十八碳二烯酸。

【例题 13-2】 用化学方法鉴别三油酸甘油酯和三硬脂酸甘油酯。

解： 三油酸甘油酯与三硬脂酸甘油酯两者差别在于组成油脂的脂肪酸不同。三油酸甘油酯是由三分子油酸与甘油制备得到的，三硬脂酸甘油酯由三分子硬脂酸与甘油制得的。硬脂酸是一种饱和脂肪酸，油酸为不饱和脂肪酸，分子结构中存在一个 C=C 双键，因此可以通过油脂中脂肪酸类型的不同进行区分。在两种油脂中加入溴水或 $KMnO_4$ 溶液，由于三油酸甘油酯中存在不饱和键，可以与溴水发生加成反应而使溴水褪色，或被 $KMnO_4$ 溶液氧化而使 $KMnO_4$ 溶液褪色。三硬脂酸甘油酯不与溴水或 $KMnO_4$ 溶液发生反应，因此溴水或 $KMnO_4$ 溶液不褪色。

【例题 13-3】 皂化 5g 油脂所消耗的 2mol/L KOH 的量为 25mL，计算该油脂的皂化值。

解： 油脂的皂化值为皂化并中和 1g 油脂所需氢氧化钾的毫克数，根据题中可计算出皂化 5g 油脂所消耗的氢氧化钾为 $25/1\,000 \times 2 \times 56 \times 1\,000 = 2\,800$mg。皂化 1g 油脂所需的氢氧化钾为 $2\,800/5 = 560$mg。因此该油脂的皂化值为 560mg。

13.3 思考题

【思考题 13-1】

1. 写出下列化合物的结构式。
   (1) 花生四烯酸(顺，顺，顺，顺-$\Delta^{5,8,11,14}$-二十碳四烯酸)
   (2) 反式油酸　　　　　　(3) 亚麻酸
2. 用化学方法鉴别下列化合物。
   (1) 硬脂酸和蜡　　　　　(2) 三油酸甘油酯和三硬脂酸甘油酯
   (3) 石油和花生油
3. 2g 油脂完全皂化，消耗 0.5mol/L KOH 15mL，计算该油脂的皂化值。

【思考题 13-2】

1. 如何从卵磷脂、脑磷脂和神经磷脂的混合物中把三者分开？
2. 有一个合成磷脂，其水解产物是甘油、磷酸、胆碱和两分子硬脂酸，且无旋光性，试写出它的结构式。

13.4 思考题答案

【思考题 13-1】

答：1. (1)

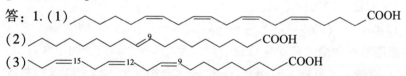

(2)

(3)

2. (1) 蜡在空气中不易发生氧化，化学性质非常稳定，硬脂酸含有羧基，可以与碱发生皂化反应，生成硬脂酸钾，因此，可以通过氢氧化钾将硬脂酸和蜡区分开来。

(2) 三油酸甘油酯与三硬脂酸甘油酯两者差别在于组成油脂的脂肪酸不同。三油酸甘油酯是由三分子油酸与甘油制备得到的，三硬脂酸甘油酯由三分子硬脂酸与甘油制得的。硬脂酸是一种饱和脂肪酸，油酸为不饱和脂肪酸，分子结构中存在一个 C=C 双键，因此可以通过油脂中脂肪酸类型的不同进行区分。在两种油脂中加入溴水或 $KMnO_4$ 溶液，由于三油酸甘油酯中存在不饱和键，可以与溴水发生加成反应而使溴水褪色，或被 $KMnO_4$ 溶液氧化而使 $KMnO_4$ 溶液褪色。三硬脂酸甘油酯不与溴水或 $KMnO_4$ 溶液发生反应，因此溴水或 $KMnO_4$ 溶液不褪色。

(3) 石油中大多数为饱和烃，花生油中含不饱和脂肪酸 80% 以上，因此，可以通过石油和花生油中成分结构的不同进行区分。在石油和花生油中加入溴水或 $KMnO_4$ 溶液，由于花生油中存在不饱和键，可以与溴水发生加成反应而使溴水褪色，或被 $KMnO_4$ 溶液氧化而使 $KMnO_4$ 溶液褪色。石油不与溴水或 $KMnO_4$ 溶液发生反应，因此溴水或 $KMnO_4$ 溶液不褪色。

3. 油脂的皂化值为皂化并中和 1g 油脂所需氢氧化钾的毫克数，皂化 2g 油脂所消耗的氢氧化钾为 15/1 000×0.5×56×1 000＝420mg，因此该油脂的皂化值为 210mg。

第 13 章 油脂和类脂

【思考题 13-2】

答：1. 卵磷脂、脑磷脂和神经磷脂在有机溶液中溶剂度不同。卵磷脂溶于乙醇和乙醚，脑磷脂溶于乙醚，神经磷脂溶于热的乙醇溶液。在卵磷脂、脑磷脂和神经磷脂中加入冷的乙醇溶液，卵磷脂溶解而脑磷脂和神经磷脂不溶；再加入乙醚溶液，溶解的是脑磷脂，没有溶解的就是神经磷脂。

2. 磷脂是由高级脂肪酸和磷酸共同与甘油组成的酯，甘油的一个羟基被磷酸酯化，而磷酸上的另一个羟基可以与胆碱形成酯。题中合成磷脂的水解产物为甘油、磷酸、胆碱和两分子硬脂酸，也就意味着组成磷脂的高级脂肪酸为硬脂酸，也就是十八碳酸。

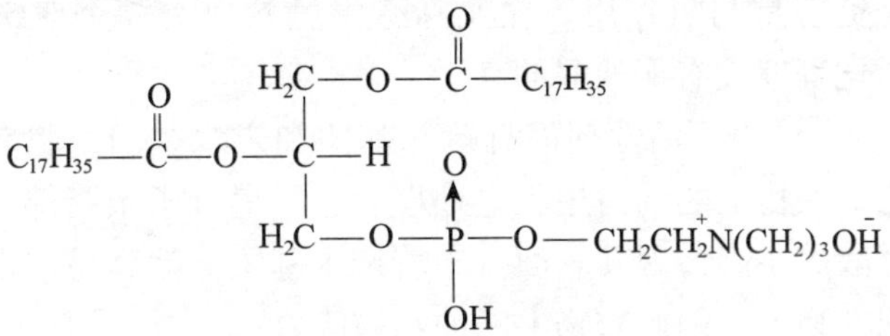

$$\begin{array}{c} O \\ \| \\ C_{17}H_{35}-C-O \end{array} \begin{array}{c} H_2C-O-C-C_{17}H_{35} \\ | \quad\quad O \\ CH \quad\quad \| \\ | \\ H_2C-O-P-O-CH_2CH_2\overset{+}{N}(CH_2)_3OH \\ | \\ OH \end{array}$$

13.5 教材习题

1. 区分下述每组词的含义有何不同。
   (1) 脂和酯
   (2) 脂类和类脂
   (3) 磷酸酯和磷脂酸
   (4) 混合甘油酯和甘油酯混合物

2. 解释下列各问题。
   (1) 菜籽油的碘值比羊脂高，熔点比羊脂低。
   (2) 酸败油的酸值比新鲜的油高。
   (3) 桐油干化性能比亚麻油好。
   (4) 肥皂、磷脂、合成表面活性剂为什么能作乳化剂？简述肥皂去污垢的原理。

13.6 教材习题答案

1. (1) 酯是由醇与酸相互作用失水后生成的有机化合物。脂是由生物体内取得的脂肪，主要为脂肪酸的甘油酯。

(2) 脂类是高级脂肪酸甘油酯的统称，包括油脂和类脂。类脂化合物为一些从化学结构上不相干的物质，如磷脂、蜡、甾体化合物等，由于它们在物态及物理性质方面与油脂相似，所以叫作类脂化合物。

(3) 磷酸酯是磷酸与醇反应形成的酯类物质。磷脂酸是由甘油、磷酸和高级脂肪酸组成的化合物。

(4) 混合甘油酯是 2 种或 3 种不同高级脂肪酸与甘油脱水生成的酯类化合物。甘油酯混合物则是多种高级脂肪酸的甘油酯混合在一起得到的混合物。天然油脂大多数是混合甘油酯的混合物。

2.（1）碘值是表示油脂不饱和程度的指标之一。油脂的不饱和程度越大，其碘值也就越大。菜籽油中不饱和脂肪酸含量较羊脂中的高，因此碘值比羊脂的高。油脂的熔点随着脂肪酸碳链长度的增长而逐渐上升；当碳原子数量相同时，不饱和度的增加会使熔点下降。因此，菜籽油的碘值比羊脂的高，熔点比羊脂的低，根本在于菜籽油中的不饱和脂肪酸含量多于羊脂中的。

（2）中和 1g 油脂中游离脂肪酸所需氢氧化钾的毫克数，称为该油脂的酸值。油酸败后游离脂肪酸增多，酸值升高。

（3）桐油干化比亚麻油快是因为桐油酸中 3 个双键形成了共轭体系，而共轭双键链端的亚甲基更为活泼，更容易与氧作用。在亚麻酸中虽然也有 3 个双键，但不形成共轭体系，所以亚甲基的活化程度没有桐油酸的高。

（4）肥皂、磷脂、合成表面活性剂都有疏水基团和亲水基团，肥皂能够去除油垢，就是利用它的乳化性能，衣物上的油污用肥皂处理后，肥皂分子亲脂部分进入油污层，经机械摩擦，油污逐渐分散成小滴，因其表面排布着亲水基团，就容易被水分子拉入水中形成乳浊液而不能回沾到衣物上，因此衣物上的油污被除去。

13.7　章节自测

1. 油脂的皂化值是指皂化并中和 1g 油脂所需的氢氯化钾的(　　)数。
   A. 克　　　　B. 千克　　　　C. 毫克　　　　D. 微克

2. 下列说法错误的是(　　)。
   A. 从化学组成来看，油脂为高级脂肪酸的甘油酯
   B. 油脂的皂化值越高，油脂的平均相对分子质量越小
   C. 油脂的皂化值中包括了酸值
   D. 一般碘值越小，油脂的不饱和程度越高

3. 判断题(正确的打"√"，错误的打"×")。
   （1）一般碘值越大，表示油脂的不饱和程度越高。(　　)
   （2）油脂是混合物，是强极性化合物，易溶于乙醚、石油醚等溶剂。(　　)
   （3）油脂的皂化值越高，表明其平均相对分子质量越小。(　　)
   （4）桐油干化性能比亚麻油好是因为桐油酸 3 个双键形成了共轭体系。(　　)
   （5）肥皂具有表面活性是因为其分子中同时含有亲水基团和疏水基团。(　　)

13.8　章节自测答案

1. C　2. D　3. (1)√　(2)×　(3)√　(4)√　(5)√

第14章 碳水化合物

14.1 主要知识点和学习要求

碳水化合物也称糖类化合物，是一类含有多个羟基的醛或酮化合物的统称。根据水解情况，可将碳水化合物分为三类：单糖、低聚糖和多糖。其中，单糖是低聚糖和多糖组成的基本单位。

14.1.1 单糖

14.1.1.1 单糖的开链结构

单糖是多羟基醛或多羟基酮，除了丙酮糖外，分子中都含有手性碳原子，具有旋光异构现象。对于单糖的旋光异构体，除可采用 R/S 命名法表示其构型外，还常采用 D、L 系列法表示其构型。用 D、L 表示糖的构型时，与右旋的 R 型甘油醛相关的为 D 构型的单糖，则其对映体 S 型甘油醛相关的为 L 构型的单糖，如下所示。在判断一个糖是 D 构型还是 L 构型，只需看距离羰基最远的手性碳原子的构型即可，与 D-甘油醛相同，为 D 型糖；与 L-甘油醛相同，为 L 型糖。

$$\begin{array}{cc} \text{CHO} & \text{CHO} \\ \text{H}-\overset{|}{\underset{|}{\text{C}}}-\text{OH} & \text{HO}-\overset{|}{\underset{|}{\text{C}}}-\text{H} \\ \text{CH}_2\text{OH} & \text{CH}_2\text{OH} \\ \text{D-(+)-甘油醛} & \text{L-(-)-甘油醛} \end{array}$$

值得注意的是，D 和 L 只表示以甘油醛为标准而确定的糖的构型，而糖的旋光方向和旋光性大小，需通过旋光仪测定，不能从结构式上直接看出。

14.1.1.2 单糖的环状结构

(1) 单糖的环状半缩醛和半缩酮结构　糖类化合物同时含有羰基和羟基，容易发生分子内加成反应而形成环状的半缩醛。环状半缩醛是由糖分子中的羟基与羰基加成反应生成的，原来的羰基氧原子变为羟基，羰基碳原子由 sp^2 杂化转变为 sp^3 杂化，并通过醚键与羟基碳原子相连。结果使羰基碳原子成为新手性碳原子，与其相连的羟基称为半缩醛羟基或苷羟基。半缩醛羟基与决定构型的羟基在同侧称为 α 型，异侧称为 β 型。

单糖多以六元环和五元环的半缩醛结构存在，六元环的糖叫作吡喃糖，五元环的糖叫作呋喃糖。

(2) 变旋现象　研究发现，从乙醇水溶液中结晶出来的葡萄糖为 α 型，比旋光度为 +113°；而从吡啶溶液中结晶出来的葡萄糖为 β 型，比旋光度为 +19°。将 α 型与 β 型葡萄糖任意一种溶于水后，比旋光度变为 +52°。这种旋光性化合物溶液的旋光度逐渐变化，最后达到一个恒定值的现象，称为变旋现象。葡萄糖的变旋现象是通过葡萄糖半缩醛的形成与裂解而产生的。

(3)哈沃斯透视式　是指用一个环的平面来表示单糖环状结构,以 D-葡萄糖为例。将碳链(Ficsher 投影式)放成水平位置(Ⅰ),碳链左边的原子或原子团放在碳链上边,形成图中(Ⅱ)结构;C_5 绕 C_4—C_5 键轴 120°,使 C_5 上羟基靠近 C_1 上的羰基(Ⅲ);C_5 上羟基与羰基加成成环,羟甲基(—CH_2OH)在环的上面,C_1 上新生成的羟基在环的上方或下方。葡萄糖的哈沃斯透视式如下所示:

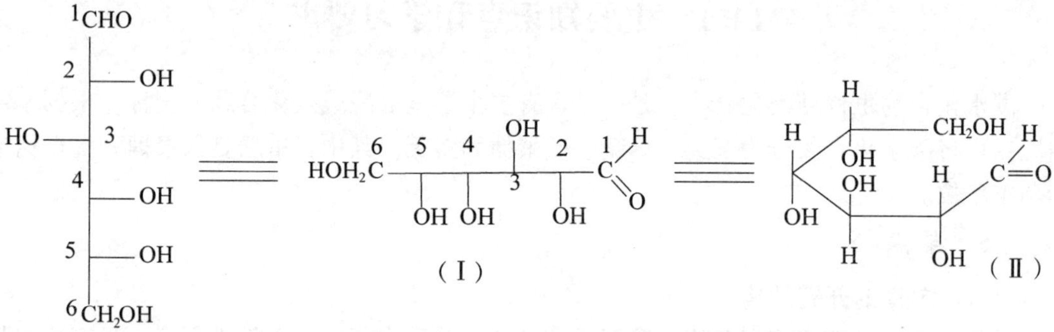

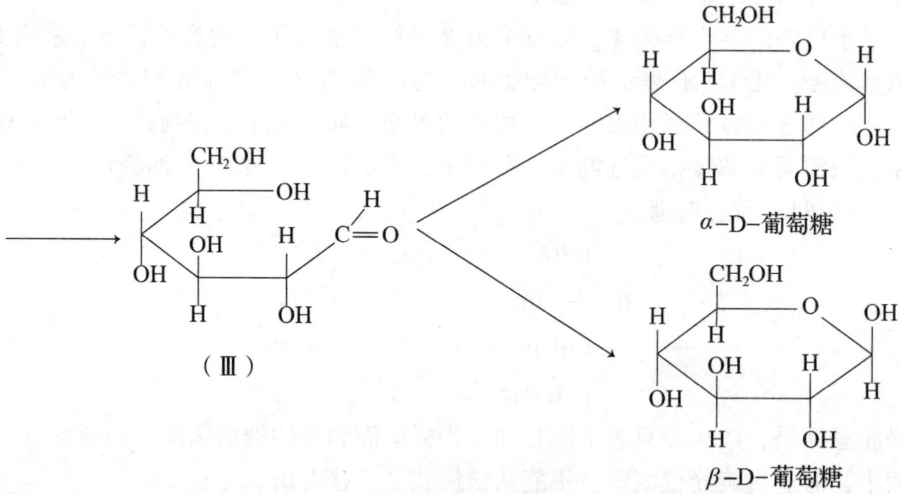

用哈沃斯透视式表示糖时,α 型与 β 型的确定以新形成的半缩醛羟基与决定构型的碳原子上的羟基相对位置为标准。半缩醛羟基与环上羟甲基在异侧为 α 型,在同侧为 β 型。

(4)环的构象　事实上,在呋喃型糖分子中,成环的 4 个碳原子和 1 个氧原子共平面;而吡喃型糖分子中,5 个碳原子与 1 个氧原子并不在同一平面。这时,哈沃斯透视式不能反映六元环的三维空间构象,常用构象式表示。类似于环己烷椅式结构稳定,吡喃糖的椅式构象也有两种:N-式和 A-式。

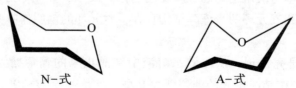

14.1.1.3 单糖的化学性质

(1) 与碱的作用

①差向异构化：含有多个手性碳原子的旋光异构体中，只有一个手性碳原子的构型相反，而其他手性碳原子的构型完全相同的一类化合物叫作差向异构体。在碱性溶液中，D-葡萄糖、D-甘露糖、D-果糖可以相互转化，类似 D-葡萄糖与 D-甘露糖，只有一个手性碳原子不同的差向异构糖体，通过烯醇式进行的转化，称为差向异构化。

$$
\begin{array}{c}
\text{CHO} \\
\text{H}-\overset{|}{\text{C}}-\text{OH} \\
\text{HO}-\overset{|}{\text{C}}-\text{H} \\
\text{H}-\overset{|}{\text{C}}-\text{OH} \\
\text{H}-\overset{|}{\text{C}}-\text{OH} \\
\text{CH}_2\text{OH}
\end{array}
\rightleftharpoons
\begin{array}{c}
\text{H} \\
\text{HO}-\overset{|}{\text{C}}=\overset{|}{\text{C}}-\text{OH} \\
\text{HO}-\overset{|}{\text{C}}-\text{H} \\
\text{H}-\overset{|}{\text{C}}-\text{OH} \\
\text{H}-\overset{|}{\text{C}}-\text{OH} \\
\text{CH}_2\text{OH}
\end{array}
\rightleftharpoons
\begin{array}{c}
\text{CHO} \\
\text{HO}-\overset{|}{\text{C}}-\text{H} \\
\text{HO}-\overset{|}{\text{C}}-\text{H} \\
\text{H}-\overset{|}{\text{C}}-\text{OH} \\
\text{H}-\overset{|}{\text{C}}-\text{OH} \\
\text{CH}_2\text{OH}
\end{array}
$$

D-葡萄糖　　　烯醇式中间体　　　D-甘露糖

$$
\updownarrow
$$

$$
\begin{array}{c}
\text{CH}_2\text{OH} \\
\overset{|}{\text{C}}=\text{O} \\
\text{HO}-\overset{|}{\text{C}}-\text{H} \\
\text{H}-\overset{|}{\text{C}}-\text{OH} \\
\text{H}-\overset{|}{\text{C}}-\text{OH} \\
\text{CH}_2\text{OH}
\end{array}
$$

D-果糖

②强碱溶液中的分解作用：单糖在强碱作用下，可分解为醛，醛经过聚合之后生成树脂状物质，物质颜色变化为黄色→金黄色→黑棕色。

(2) 氧化作用

①碱性溶液中氧化：醛糖或酮糖在碱性溶液中可异构化生成烯醇中间体，烯醇中间体不稳定，逐渐被弱氧化剂氧化分解为羧酸或小分子羧酸混合物。例如，在碱性溶液中，单糖作为一种还原剂，可将弱氧化剂斐林试剂中 Cu^{2+} 还原为砖红色氧化亚铜（Cu_2O）沉淀，可用于还原糖的定性与定量；或将托伦试剂中的 Ag^+ 还原为银镜或银末沉淀。

单糖在碱性溶液中还原斐林试剂的性质称为还原性，把能还原斐林试剂的糖称为还原糖。所有单糖都是还原糖。

②酸性溶液中的氧化：在酸性溶液中，弱氧化剂（如溴水）可选择性地氧化醛糖分子中醛基为羧基，而酮糖不易被溴水氧化，可用于区别醛糖和酮糖。如强氧化剂氧化醛糖，不仅醛基被氧化，伯醇基也易被氧化，生成糖二酸。

(3) 还原反应　单糖可以通过催化加氢或酶的作用，还原生成相应的糖醇。

(4) 成脎反应　单糖与苯肼作用生成二苯腙，又称为脎。反应过程：首先，苯肼与糖中羰基脱水缩合生成苯腙；随后，苯肼将苯腙中 α-羟基氧化为羰基，并释放氨与苯胺；最后，新生成的羰基与苯肼脱水缩合生成糖脎。成脎反应，无论是醛糖还是酮糖，反应只

发生在 C_1 与 C_2 上。

$$\underset{\text{醛糖}}{\begin{array}{c}\text{CHO}\\\text{CHOH}\\(\text{CHOH})_n\\\text{CH}_2\text{OH}\end{array}} + \text{NH}_2-\text{NH}-\text{C}_6\text{H}_5 \xrightarrow{-\text{H}_2\text{O}} \underset{\text{糖苯腙}}{\begin{array}{c}\text{HC}=\text{N}-\text{NH}-\text{C}_6\text{H}_5\\\text{CHOH}\\(\text{CHOH})_n\\\text{CH}_2\text{OH}\end{array}} \xrightarrow{\text{NH}_2-\text{NH}-\text{C}_6\text{H}_5}$$

$$\begin{array}{c}\text{HC}=\text{N}-\text{NH}-\text{C}_6\text{H}_5\\\text{C}=\text{O}\\(\text{CHOH})_n\\\text{CH}_2\text{OH}\end{array} \xrightarrow{\text{H}_2\text{N}-\text{NH}-\text{C}_6\text{H}_5} \underset{\text{糖脎}}{\begin{array}{c}\text{HC}=\text{N}-\text{NH}-\text{C}_6\text{H}_5\\\text{C}=\text{N}-\text{NH}-\text{C}_6\text{H}_5\\(\text{CHOH})_n\\\text{CH}_2\text{OH}\end{array}}$$

(5) 酯化反应 单糖分子中的羟基可与无机磷酸作用，生成磷脂酸，在生物体内存在最广泛的是己糖磷酸脂和丙糖磷酸酯，如3-磷酸甘油醛和6-磷酸葡萄糖。

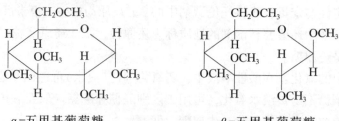

3-磷酸甘油醛　　　6-磷酸葡萄糖

(6) 成醚反应 单糖在碱性溶液中，可与碘甲烷(CH_3I)或硫酸二甲酯[$(\text{CH}_3)_2\text{SO}_4$]反应，单糖分子中羟基上的氢原子全部被甲基所取代，如五甲基葡萄糖。五甲基葡萄糖中，除半缩醛碳上的甲氧基容易被水解外，其余4个甲氧基相对稳定，不易水解。成醚反应对证明单糖环状结构起着重要作用。

α-五甲基葡萄糖　　　β-五甲基葡萄糖

(7) 成苷反应 单糖的环状结构中含有苷羟基，相较于其他几个羟基，化学性质活泼，可与 ROH、R_2NH、RSH 等脱水缩合形成糖苷化合物（缩醛型化合物）。苷的组成分为两部分，糖的部分为糖基，非糖部分为配基或苷基、苷元，连接糖基与配基之间的键称为苷键。

(8) 碳链的递降和递升

①碳链的递降：是指醛糖经过一系列反应，变成少一个碳原子的醛糖。碳链可以用多种方法使其递降，如 Wohl 递降法、Ruff 递降法等。以 Ruff 递降法为例，阿拉伯糖被溴水氧化生成糖酸，与碳酸钙作用生成糖酸钙盐，糖酸钙盐在 Ruff 试剂 [$Fe(OAc)_3$ 或 $FeCl_3$] 作用下，经 H_2O_2 氧化，得到一个不稳定的 α-羰基羧酸，脱羧后形成低一级的醛糖——赤藓糖，反应如下：

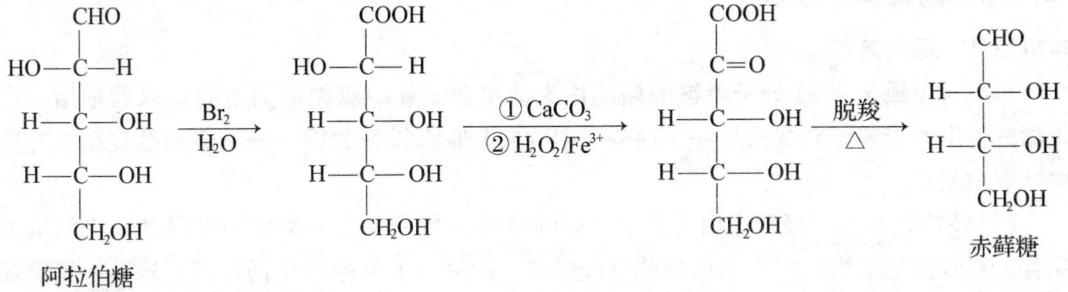

②碳链的递升：碳链的递升常用的反应是 Kliani 氰化增碳法，即醛糖在少量氨存在下与强亲核试剂 HCN 反应，得到 α-羟基腈，经水解得到相应的羟基酸，随后羟基酸经还原生成羟基醛。反应结束后，一个醛糖可以得到多一个碳原子的醛糖和它的差向异构体。以阿拉伯糖的碳链递升反应为例：

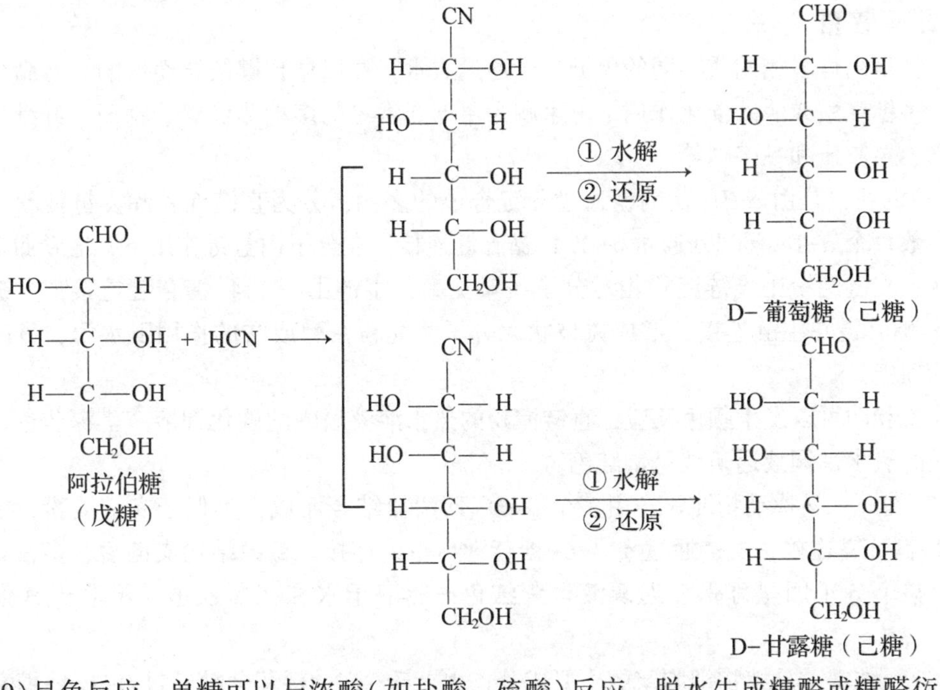

(9) 呈色反应　单糖可以与浓酸（如盐酸、硫酸）反应，脱水生成糠醛或糠醛衍生物，糠醛或糠醛衍生物在一定条件下与酚类、蒽酮等作用，得到不同有色物质，可用于碳水化合物的鉴定。

14.1.1.4　重要的单糖和糖的衍生物

(1) 重要的单糖　D-核糖/D-脱氧核糖、D-葡萄糖、D-果糖、D-甘露糖、D-半乳糖等。

(2)单糖的衍生物　氨基糖、维生素C及糖苷。

14.1.1.5　学习要求

(1)了解和掌握单糖化合物费歇尔命名、哈沃斯透视式的写法。

(2)掌握单糖的化学性质及检验方法。

(3)了解重要的几种单糖和单糖衍生物。

14.1.2　低聚糖与多糖

14.1.2.1　低聚糖

水解时生成2～12分子单糖的糖统称为低聚糖，其中双糖最为重要。双糖是指一个单糖分子中的半缩醛羟基与另一单糖分子中的羟基脱水得到的糖，分为还原性双糖或非还原性双糖两种。

(1)还原性双糖　可看作由一分子单糖的苷羟基与另一分子单糖的醇羟基脱水而成的糖苷。在双糖分子中，有一个单糖单位形成苷，而另一个单糖单位仍保留苷羟基，具有还原性，可发生变旋现象和成脎反应。常见的还原性二糖有麦芽糖、纤维二糖和乳糖等。

(2)非还原性双糖　其结构是两个单糖的苷羟基相互间脱水而形成的双糖，这样的双糖分子中，不存在游离的苷羟基，因而不具有还原性，不发生变旋现象和成脎反应。常见的非还原性双糖和三糖有蔗糖、海藻糖和棉籽糖等。

14.1.2.2　多糖

多糖是由许多相同或不同的单糖分子通过脱水，并以糖苷键结合而成的天然高分子化合物。多糖在酸或酶的催化作用下可水解为单糖。常见的多糖为淀粉、糖原、纤维素、半纤维素、果胶质和黏多糖等。

(1)淀粉　是由α-D-葡萄糖通过苷键合成的多糖，分为直链淀粉和支链淀粉。直链淀粉由数百个α-D-葡萄糖通过α-1,4-糖苷键连接，在分子内氢键作用下，链卷曲盘旋呈螺旋状；支链淀粉比直链淀粉相对分子质量更大，主链由α-1,4-糖苷键连接，支链通过α-1,6-糖苷键与主链连接，形成树枝状大分子。淀粉在酶或酸的作用下水解，最终可水解为葡萄糖。

淀粉和碘可以发生颜色反应，直链淀粉的热水溶液遇碘的碘化钾溶液呈深蓝色，而支链淀粉的热水黏稠液遇碘液呈紫红色。

(2)糖原　又称动物淀粉，由多个α-D-葡萄糖结合而成，类似于支链淀粉，主链由α-1,4-糖苷键连接，支链通过α-1,6-糖苷键与主链连接。糖原结构支链短、多，且比较紧密，整个分子团呈球形。遇碘液呈紫红色，能溶于水和三氯乙酸，不溶于其他有机溶剂。

(3)纤维素　是植物细胞壁的主要成分，由上千个β-D-葡萄糖通过β-1,4-糖苷键结合而成，没有支链。纤维素为长丝状结构，长丝状上存在数目众多的羟基，可形成很多氢键将纤维素分子结成牢固的纤维胶束。纤维胶束为白色纤维状固体，不溶于水、稀酸、稀碱及一般溶剂，能溶于浓硫酸、氢氧化铜的氨溶液、氯化锌的盐酸溶液等，形成黏稠溶液，利用这一溶解性，可制造人造丝和人造棉。纤维素水解相对困难，在无机酸或有机酸作用下水解，最后产生纤维二糖和葡萄糖。

(4)半纤维素　半纤维素为植物细胞壁中的一类多糖，为多缩戊糖和多缩己糖的混合物，在稀酸作用下，可水解为戊糖和己糖。半纤维素不溶于水，能溶于稀碱。

14.1.2.3　**学习要求**

(1)了解和掌握的淀粉的种类、结构和性质。

(2)了解糖原、纤维素和半纤维素。

14.2　典型例题

【例题 14-1】标出下列单糖的 α、β 构型。

(1) 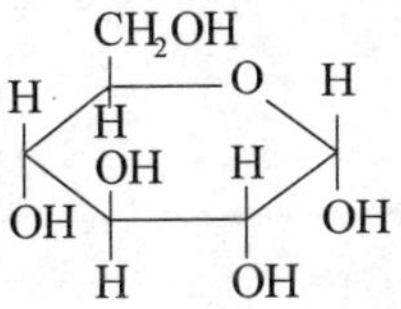

(2) 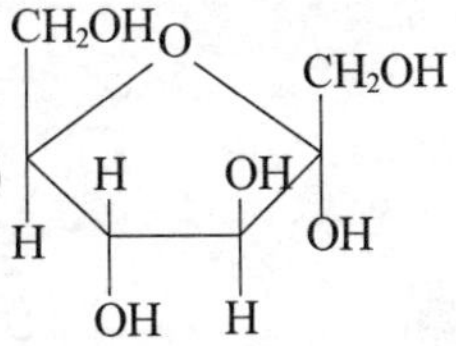

(3) 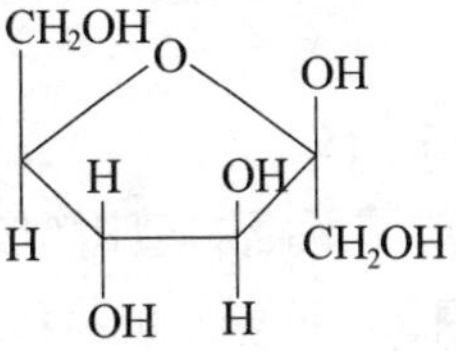

(4) 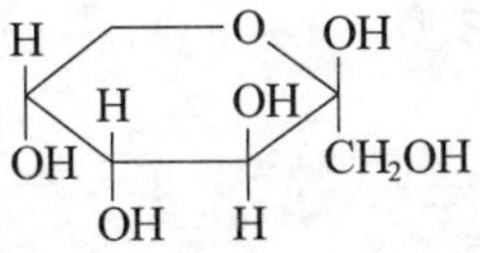

解：(1)α 型　(2)α 型　(3)β 型　(4)β 型

D、L 型区别和决定方法：单糖的 D 及 L 两种异构体，判断其是 D 型还是 L 型，是将单糖分子距离羰基最远的不对称碳原子上—OH 的空间排布与甘油醛比较。若与 D-甘油醛相同，即—OH 在不对称碳原子右边的为 D 型；若与 L-甘油醛相同，即—OH 在不对称碳原子左边的为 L 型。

α、β 型区别和决定方法：用哈沃斯透视式表示糖时，α 型与 β 型的确定以新形成的半缩醛羟基与决定构型的碳原子上的羟基相对位置为标准。半缩醛羟基与环上羟甲基在异侧为 α 型，在同侧为 β 型。

【例题 14-2】画出下列哈沃斯透视式。

(1)α-D-(+)-吡喃葡萄糖　(2)β-D-(+)-呋喃果糖　(3)β-D-(+)-吡喃阿拉伯糖

解：(1) 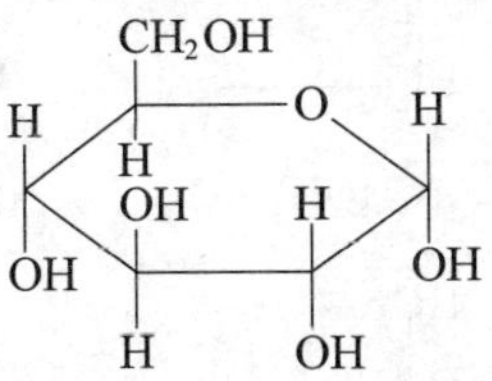

(2) 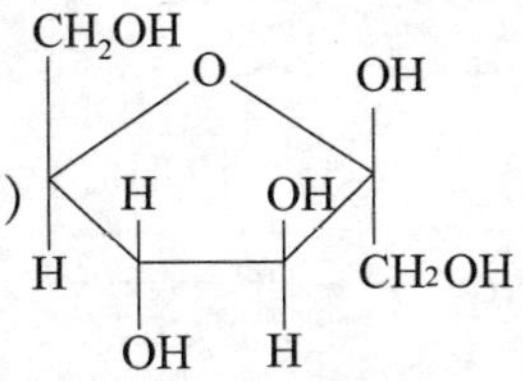

(3) 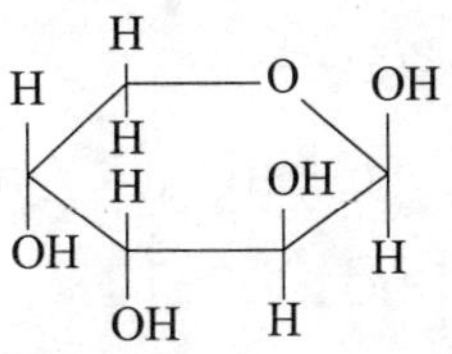

【例题 14-3】写出下列两种单糖通过递增反应的产物，并画出结构式。

(1)D-苏阿糖　(2)D-阿拉伯糖

解：

苏阿糖

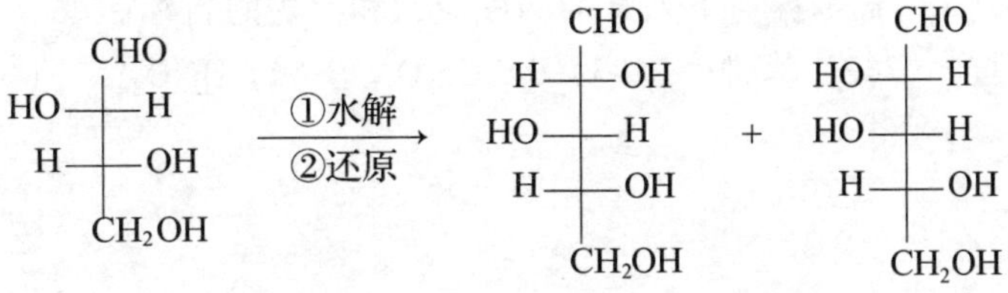

阿拉伯糖 [CHO, HO-H, H-OH, H-OH, CH₂OH] →①水解 ②还原→ [CHO, H-OH, HO-H, H-OH, H-OH, CH₂OH] + [CHO, HO-H, HO-H, H-OH, H-OH, CH₂OH]

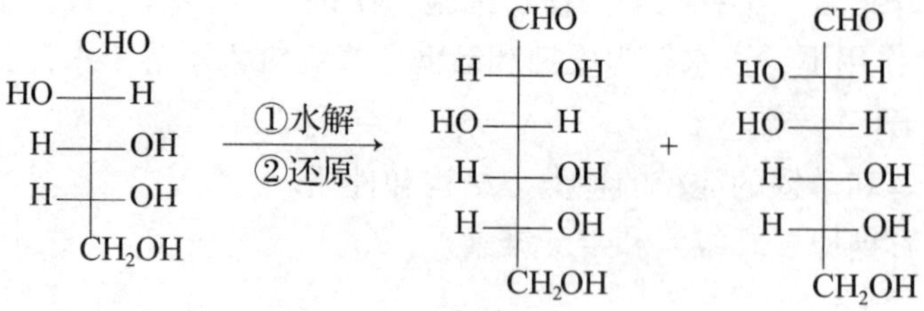

其中，新增的碳原子构型无法确定，其他仍保持不变。

14.3 思考题

【思考题 14-1】

1. 写出下列单糖的吡喃型构型式。
   （1）D-甘露糖　　　　　（2）D-半乳糖　　　　　（3）D-葡萄糖

2. 确定下列单糖的构型（D、L），并指出它们是 α 型还是 β 型。

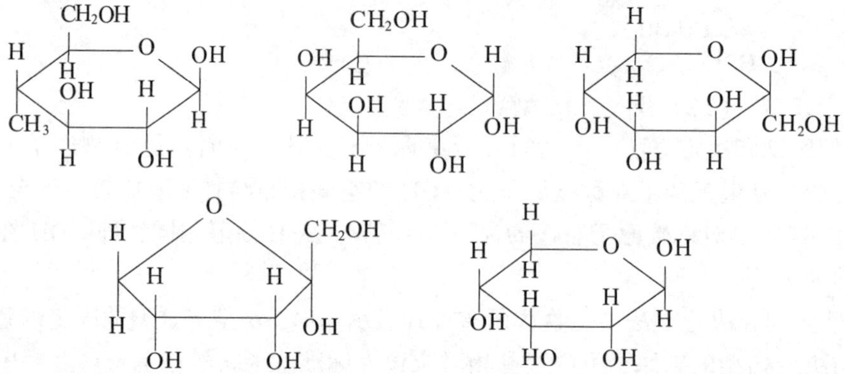

【思考题 14-2】

指出下列化合物哪些能还原斐林试剂？哪些不能？为什么？

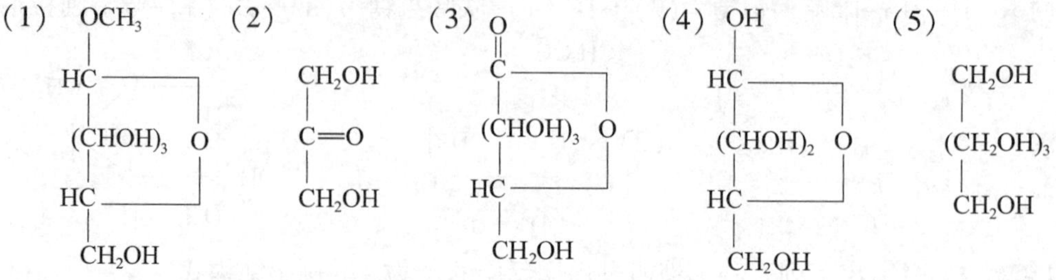

【思考题 14-3】

写出 D-(+)-葡萄糖与下列试剂的反应式和产物的名称。
（1）羟胺　　（2）苯肼　　（3）Br_2-H_2O　　（4）HNO_3　　（5）H_2，Ni

14.4　思考题答案

【思考题 14-1】

答：

1.

α-D-甘露糖

β-D-半乳糖

α-D-葡萄糖

2.

β-D

α-D

β-D

α-D

β-D

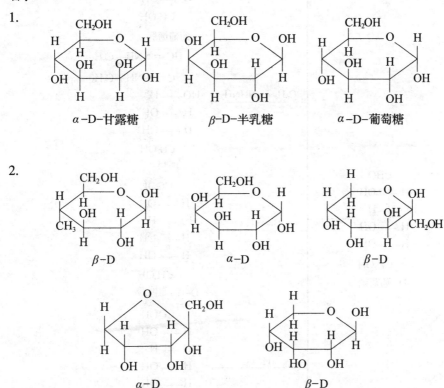

【思考题 14-2】

答：(2)(4)可以还原斐林试剂，(1)(3)(5)不能还原斐林试剂。

(2)中羰基由于受 α-C 上羟基吸电子效应，较为活泼，可转化为烯醇式结构，可还原斐林试剂；(4)中醛基与羟基形成环状半缩醛结构，其中半缩醛羟基具有较强的还原性，可与斐林试剂反应。而(1)中半缩醛羟基成糖苷键，还原性被破坏；(3)中酯键与羟基为无还原性基团；(5)中只有羟基，均不能还原斐林试剂。

【思考题 14-3】

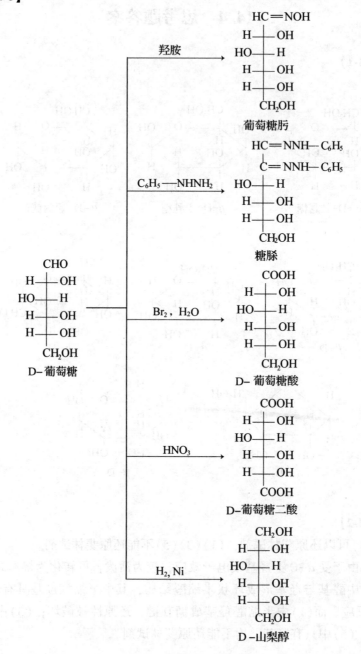

14.5 教材习题

1. 用简单的化学方法鉴别下列各组化合物。
   (1) 葡萄糖、蔗糖、淀粉　　　　(2) 果糖、麦芽糖、糖原
2. 名词解释。
   (1) 变旋现象　　(2) 差向异构　　(3) 苷键　　(4) 还原糖

(5) 在碳水化合物中，D、L、α、β、(+)、(-) 各表示什么意思？

3. 完成下列合成。

(1) 葡萄糖 —→ 庚糖酸　　(2) 核糖 —→ 结构式（呋喃环-CH(OH)-COOH）

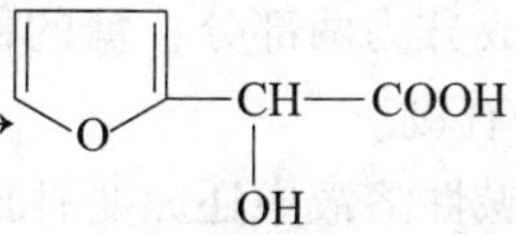

4. 有两个具有旋光性的 D-丁醛糖 A 和 B，与苯肼作用生成相同的糖脎。用硝酸氧化后，A 和 B 都生成含 4 个碳原子的二酸，但前者具有旋光性，而后者不具有旋光性。试推断 A 和 B 的结构。

5. 有一个己醛糖 A 被氧化时生成己糖酸 B 和己糖二酸 C。A 经递降作用先转变为戊醛糖 D，再转变为丁醛糖 E。E 经氧化作用生成左旋酒石酸。B 具有旋光性，而 C 不具有旋光性。试写出 A、B、C、D 和 E 的构型及它们的名称，并以反应式表示上述各变化过程。

6. 从支链淀粉的部分水解产物中可分离出一种叫作异麦芽糖的二糖，其结构式如下：

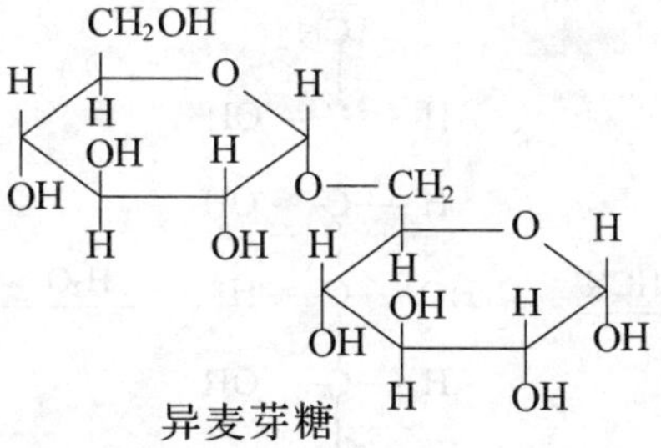

异麦芽糖

试分析异麦芽糖的结构，并回答下列问题：
(1) 它与麦芽糖的结构有何不同？
(2) 它是 α 型结构还是 β 型结构？α-异麦芽糖与 β-异麦芽糖的结构有何不同？
(3) 异麦芽糖可能有哪些性质？

7. 某 D-戊糖 A，分子式为 $C_5H_{10}O_5$，有还原性，可成脎，可变旋，将 A 与 HCN 加成后，经水解得 B，将 B 用 HI 把所有羟基还原成氢原子后得 2-甲基戊酸，试推测 A 的可能的构型式。

14.6　教材习题答案

1. (1) 葡萄糖、蔗糖、淀粉 $\xrightarrow{I_2}$ 无现象 $\xrightarrow{斐林试剂}$ 砖红色沉淀：葡萄糖；无现象：蔗糖；变蓝：淀粉

(2) 果糖、麦芽糖、糖原 $\xrightarrow{I_2}$ 无现象 $\xrightarrow{间苯二酚}$ 红色物质：果糖；无现象/黄色或玫瑰色：麦芽糖；紫红色：糖原

2. (1) 变旋现象：环状单糖的比旋光度由于其 α- 和 β- 端基差向异构体达到平衡而发生变化，即旋光度发生改变，最终达到一个稳定的平衡值的现象。

(2) 差向异构：含有多个手性碳原子的旋光异构体中，只有一个手性碳原子的构型相

反,而其他手性碳原子的构型完全相同的一类化合物叫作差向异构体。差向异构体间通过烯醇式进行的转化,称为差向异构。

(3) 苷键:糖苷的组成分为两部分,糖的部分为糖基,非糖部分为配基或苷基,连接糖基与配基之间的键称为苷键。

(4) 还原糖:单糖在碱性溶液中还原斐林试剂的性质称为还原性,把能还原斐林试剂的糖称为还原糖。所有单糖都是还原糖。

(5) 在碳水化合物中,D、L、α、β、(+)、(-):用 D、L 表示糖的构型时,与右旋的 R 型甘油醛相关的为 D 构型的单糖,则与其对映体 S 型甘油醛相关的为 L 构型的单糖;α、β 表示环状糖分子中半缩醛羟基的方向:葡萄糖分子中半缩醛羟基与 C_5 羟基在同侧为 α 构型,在异侧的为 β 构型;(+)(-)表示旋光方向:使平面偏振光向右旋转的为"+",向左旋转的为"-"。

3.

(1)

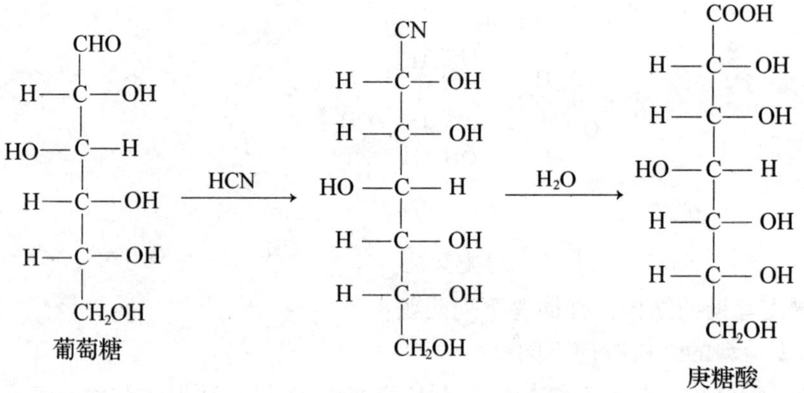

葡萄糖 $\xrightarrow{HCN}$ (中间体) $\xrightarrow{H_2O}$ 庚糖酸

(2)

核糖 $\xrightarrow{浓HCl}$ (糠醛) $\xrightarrow{HCN}$ (氰醇) $\xrightarrow[H_2O]{HCl}$ (产物)

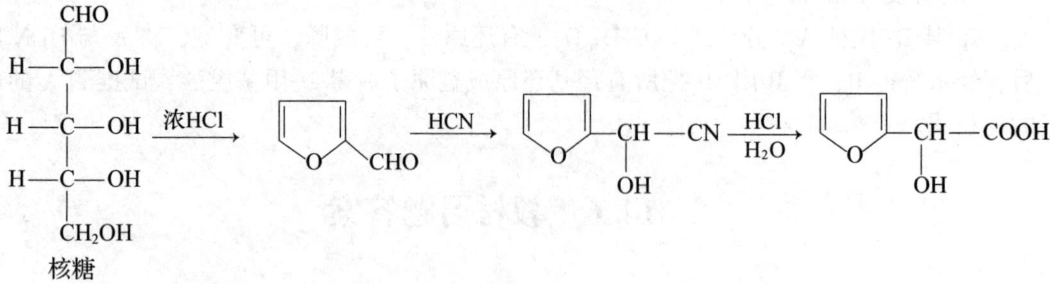

4.

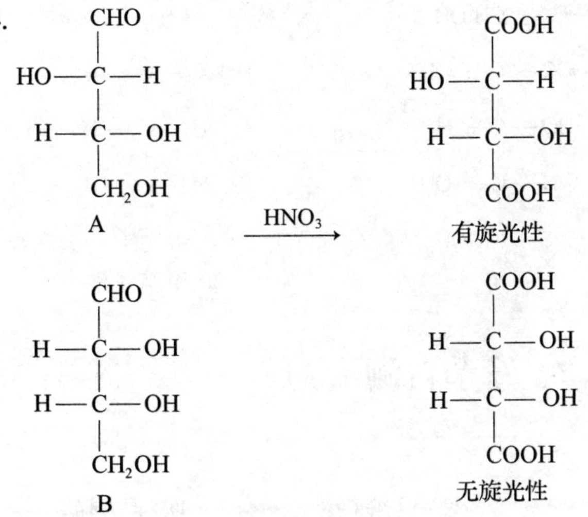

[Structure A: CHO / HO-C-H / H-C-OH / CH₂OH] —HNO₃→ [COOH / HO-C-H / H-C-OH / COOH] 有旋光性

[Structure B: CHO / H-C-OH / H-C-OH / CH₂OH] —→ [COOH / H-C-OH / H-C-OH / COOH] 无旋光性

5.

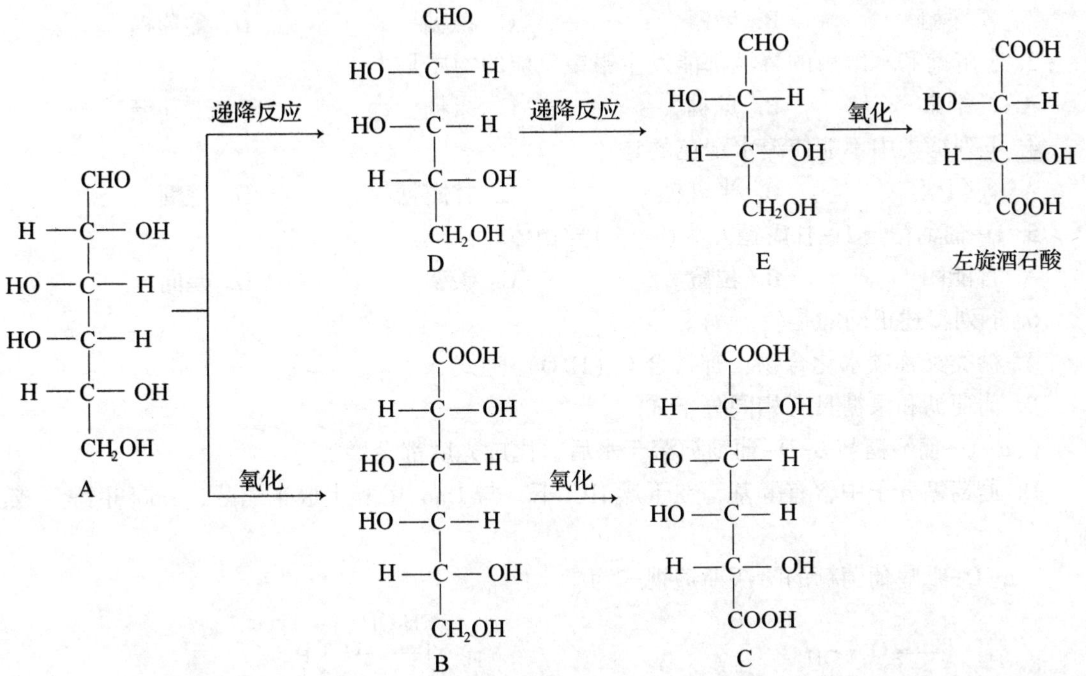

A (CHO / H-C-OH / HO-C-H / HO-C-H / H-C-OH / CH₂OH) —递降反应→ D —递降反应→ E —氧化→ 左旋酒石酸

A —氧化→ B —氧化→ C

6. (1) 麦芽糖是两分子 α-D-葡萄糖通过 α-1,4-糖苷键结合而成的；而异麦芽糖是两分子 α-D-葡萄糖通过 α-1,6-糖苷键结合而成的。

(2) 图中所示异麦芽糖为 α-异麦芽糖，α-异麦芽糖与 β-异麦芽糖的结构区别主要是第二个葡萄糖的异头碳上的羟基和最末位的糖是否在吡喃环的两侧，如果是则为 α 型，否则为 β 型。

(3) 异麦芽糖中有一个单糖单位仍保留苷羟基，以 α、β 两种异构体和开链式达成动态平衡，有变旋现象，能成脎，具有还原性，可参与氧化反应等。

7.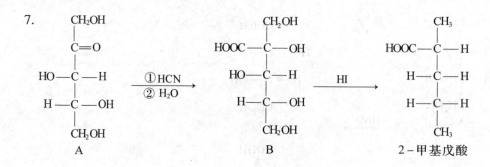

14.7 章节自测

1. 葡萄糖属于(　　)。
   A. 戊醛糖　　　　B. 戊酮糖　　　　C. 己醛糖　　　　D. 己酮糖
2. 下列物质不能发生银镜反应的是(　　)。
   A. 麦芽糖　　　　B. 果糖　　　　　C. 蔗糖　　　　　D. 葡萄糖
3. 水解前和水解后的溶液都能发生银镜反应的物质是(　　)。
   A. 纤维素　　　　B. 蔗糖　　　　　C. 果糖　　　　　D. 麦芽糖
4. 下列糖类中不能使溴水褪色的是(　　)。
   A. 葡萄糖　　　　B. 半乳糖　　　　C. 甘露糖　　　　D. 蔗糖
5. D-葡萄糖与 D-甘露糖互为(　　)异构体。
   A. 官能团　　　　B. 位置　　　　　C. 碳架　　　　　D. 差向
6. 下列叙述正确的是(　　)。
   A. 糖类又称碳水化合物，都符合 $C_m(H_2O)_n$ 通式
   B. 葡萄糖和果糖具有相同分子式
   C. α-D-葡萄糖与 β-D-葡萄糖溶于水后，比旋光度都会增加
   D. 葡萄糖分子中含有醛基，在干燥 HCl 下，与 1mol 甲醇生成半缩醛，2mol 甲醇生成缩醛
7. α-D-吡喃葡萄糖的哈沃斯透视式为(　　)。

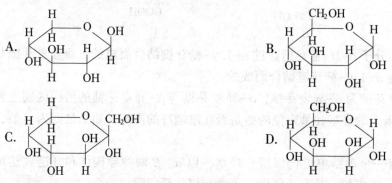

8. 淀粉的基本组成单位为 D-葡萄糖，它在直链淀粉中的主要连接方式为(　　)。
   A. α-1,6-糖苷键　　B. β-1,6-糖苷键　　C. α-1,4-糖苷键　　D. β-1,4-糖苷键

9. 下列哪种情况无变旋现象(　　)。
   A. 葡萄糖溶于水　　　　　　　　B. 果糖溶于水
   C. 蔗糖在酸性溶液中　　　　　　D. 蔗糖在碱性溶液中
10. D-(+)-葡萄糖和 D-(-)-果糖互为何种异构体(　　)？
   A. 对映体　　　B. 非对映体　　　C. 差向异构体　　　D. 构造异构体

14.8　章节自测答案

1. C　2. C　3. D　4. D　5. D　6. B　7. B　8. C　9. D　10. D

第15章 蛋白质和核酸

15.1 主要知识点和学习要求

15.1.1 α-氨基酸

15.1.1.1 氨基酸的结构与命名

蛋白质中存在约 20 种 α-氨基酸，这些氨基酸都是 L 构型，具有旋光性（甘氨酸除外）。氨基酸的构型与乳酸的构型相关，相当于乳酸中的羟基被氨基代替，而乳酸的构型又是由甘油醛的构型导出的。

$$\begin{array}{cccc}
\text{CHO} & \text{COOH} & \text{COOH} & \text{COOH} \\
\text{HO—C—H} & \text{HO—C—H} & \text{H}_2\text{N—C—H} & \text{H}_2\text{N—C—H} \\
\text{CH}_2\text{OH} & \text{CH}_3 & \text{CH}_3 & \text{R} \\
\text{L-(−)-甘油醛} & \text{L-(+)-乳酸} & \text{L-(+)-丙氨酸} & \text{L-氨基酸}
\end{array}$$

氨基酸多用俗名，俗名是按氨基酸的来源或性质命名的。而组成蛋白质的常见的 20 种氨基酸，也常用符号来表示。国际上通用的符号是由氨基酸英文单词的前 3 个字母组成的，因为一个蛋白质可以由数千个氨基酸组成，所以有时又仅用一个英文字母表示。我国也用中文缩写，如用"甘"字代替甘氨酸，用"半"字代替半胱氨酸等。

15.1.1.2 氨基酸的化学性质

（1）两性和等电点　氨基酸分子中同时含有羧基与氨基，在水溶液中，羧基易解离出质子，氨基易结合质子，因此，氨基酸既有酸性，又有碱性，为两性化合物。当酸式电离和碱式电离相等时，氨基酸净电荷为零，此时溶液的 pH 值为该氨基酸的等电点（pI）。等电点状态时，氨基酸以偶极离子形式存在，它在电场中既不向负极移动，也不向正极移动，这时溶解度最小，可利用此法分离氨基酸。

$$\begin{array}{c}
\text{R—CH—COOH} \\
| \\
\text{NH}_2
\end{array}$$
$$\updownarrow$$
$$\text{R—CH—COOH} \underset{\text{H}^+}{\overset{\text{HO}^-}{\rightleftharpoons}} \text{R—CH—COO}^- \underset{\text{H}^+}{\overset{\text{HO}^-}{\rightleftharpoons}} \text{R—CH—COO}^-$$
$$\begin{array}{ccc}
|\quad\quad\quad\quad & |\quad\quad\quad\quad & |\quad\quad\quad\quad \\
\text{NH}_3^+ & \text{NH}_3^+ & \text{NH}_2 \\
\text{正离子} & \text{偶极离子} & \text{负离子} \\
\text{pH}<\text{pI} & \text{pH}=\text{pI} & \text{pH}>\text{pI}
\end{array}$$

应当指出，等电点并不是中性点，在等电点时，氨基酸的 pH 值不一定等于 7。

(2)氨基酸中氨基的反应

①与亚硝酸反应：反应过程中，氨基转化为羟基，并释放氮气，可根据释放氮气体积，计算氨基的含量。

$$\underset{\displaystyle NH_2}{R—\overset{}{C}H—COOH} + HNO_2 \longrightarrow \underset{\displaystyle OH}{R—CH—COOH} + N_2\uparrow + H_2O$$

②与醛或酮的反应：如甲醛与氨基酸中的氨基作用，生成 N-亚甲基氨基酸(希夫碱)。

$$\underset{\displaystyle NH_2}{R—CH—COOH} + HCHO \longrightarrow \underset{\displaystyle N{=}CH_2}{R—CH—COOH} + H_2O$$

N-亚甲基氨基酸

③与2,4-二硝基氟苯(DNFB)的反应：氨基酸中的氨基可与2,4-二硝基氟苯作用，此反应在微弱碱性或中性条件下进行，生成2,4-二硝基苯基氨基酸(DNP-aa)，此方法是蛋白质N端分析的经典方法，称为桑格(Sanger)法。

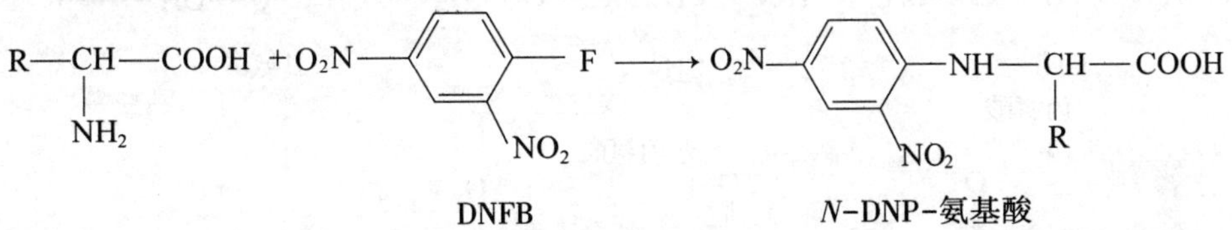

DNFB　　　　N-DNP-氨基酸

④与水合茚三酮的反应：在弱酸性溶液中，α-氨基酸与水合茚三酮共热，反应生成蓝紫色化合物，根据颜色深浅，可作为氨基酸定性、定量分析的重要依据。此反应灵敏，因此是鉴定氨基酸迅速而简便的方法之一。多肽和蛋白质含有氨基，也可发生此反应。

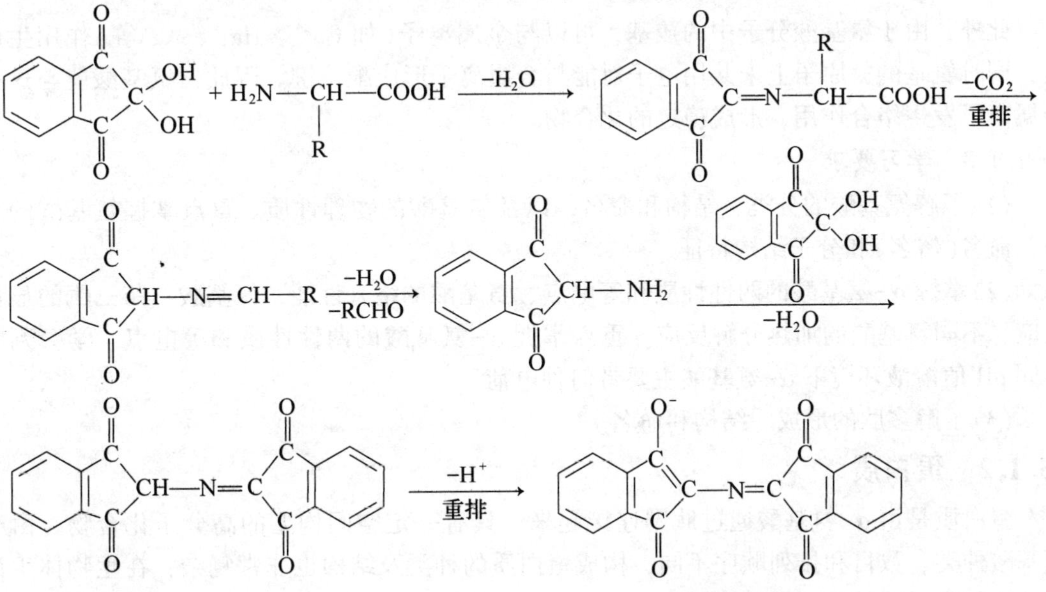

蓝紫色化合物

此外，氨基酸的氨基可被 $KMnO_4$、过氧化氢氧化，生成 α-酮酸；也可发生酰基化反应，生成相应的酰胺。

(3)氨基酸中羧基的反应

①酯化反应：在无水乙醇中，氨基酸可以在干燥的氯化氢作用下发生酯化反应，通过

加热回流，生成氨基酸乙酯。

$$\text{R-CH-C-OH} \xrightarrow[\text{HCl}]{\text{C}_2\text{H}_5\text{OH}} \text{R-CH-C-OC}_2\text{H}_5 + \text{H}_2\text{O}$$
$$|\||\|$$
$$\text{NH}_2\text{O}\text{NH}_2\text{O}$$

②脱羧反应：氨基酸在高温条件下，可以脱去羧基，生成有机胺；或在生物体内，在脱羧酶的作用下，氨基酸也可发生脱羧反应。

(4) 氨基和羧基共同参与的反应

成肽的反应：一个氨基酸的羧基与另一个氨基酸中的氨基脱去一分子水，生成含有酰胺键的化合物称为肽。由 2 个氨基酸分子脱水形成的肽称为二肽，由 3 个氨基酸分子脱水形成的肽称为三肽，由多个氨基酸分子脱水形成的肽称为多肽。其中，酰胺键在蛋白质化学中称为肽键，是蛋白质的主键。

$$\underset{\text{丙氨酸}}{\text{H}_2\text{N-CH-C-OH}} + \underset{\text{苯丙氨酸}}{\text{H}_2\text{N-CH-C-OH}} + \underset{\text{甘氨酸}}{\text{H}_2\text{N-CH}_2\text{-C-OH}} \longrightarrow$$

$$\underset{\text{丙氨酰苯丙氨酰甘氨酸（丙-苯丙-甘肽）}}{\text{H}_2\text{N-CH-C-NH-CH-C-NH-CH}_2\text{-C-OH}}$$

此外，由于氨基酸分子中的羧基，可以与金属离子（如 Cu^{2+}、Hg^{2+}、Ag^+ 等）作用生成盐，同时氨基的氮原子上未共用电子对能与金属离子形成配位键。因此，氨基酸能与这些金属离子发生络合作用，形成稳定的化合物。

15.1.1.3 学习要求

(1) 了解氨基酸的分类、结构和命名，以及氨基酸的物理性质。重点掌握氨基酸的分类、命名（俗名）和分子结构特征。

(2) 掌握 α-氨基酸的两性性质和等电点、氨基酸的络合性能、氨基酸与茚三酮的显色反应、不同氨基酸的加热分解反应。重点掌握 α-氨基酸的两性性质和等电点，学会判断不同 pH 值溶液环境下 α-氨基酸主要带何种电荷。

(3) 了解多肽的形成、结构和命名。

15.1.2 蛋白质

蛋白质是由 α-氨基酸通过肽键连接起来，具有一定空间构型的高分子化合物。由于氨基酸种类、数目和排列顺序不同，构成蛋白质的种类及结构也非常复杂，在生物体生命活动中起着重要作用。

15.1.2.1 蛋白质的结构

蛋白质由 20 余种氨基酸组成，结构可以分为 4 个层次：一级结构、二级结构、三级结构和四级结构。其中，一级结构为蛋白质的化学结构，二级结构、三级结构和四级结构为蛋白质的空间结构。

(1)一级结构　是指蛋白质多肽链中氨基酸的种类、数目和排列顺序，是蛋白质分子结构的基础。蛋白质中，在α-碳原子上具有游离氨基的一端为N端，在α-碳原子上具有游离羧基的一端为C端，书写时N端在左，C端在右。

(2)二级结构　是指蛋白质局部主肽链在空间的排列顺序，通常有规则氢键的存在，一般有α-螺旋、β-折叠等。

(3)三级结构、四级结构　多肽链在二级结构的基础上，进一步卷曲折叠形成复杂的球状分子结构为蛋白质的三级结构。具有三级结构的蛋白质通常为球状蛋白，具有较好的水溶性，多数具有生理作用的蛋白质为球状蛋白。对于很多蛋白质，它们是由多条肽链组成的，这些肽链通过次级键(即非共价键)连接。每条肽链均有自己的一级、二级和三级结构，称为蛋白质亚基；各亚基在蛋白质构象中的空间排列方式称为蛋白质的四级结构。

15.1.2.2　蛋白质的理化性质

(1)胶体性质　蛋白质分子颗粒直径为1~100nm，在胶体质点的范围之内，因此蛋白质具有胶体性质，其溶液为胶体溶液。由于蛋白质表面许多极性基团具有高度亲水性，使蛋白质颗粒外形成一层水化膜，同时颗粒外带有同种电荷，这两个稳定因素可以使胶体稳定存在。如果同时破坏这两个稳定因素，则蛋白质可以聚沉，使其从溶液中分离出来，这是提取和提纯蛋白质的重要方法。

(2)两性和等电点　由于蛋白质含有游离的C端羧基、N端氨基和R基中游离的极性基团，每种蛋白质有确定的等电点，且等电点一般不同。通过调节溶液的pH值，可使混合蛋白质溶液各组分带不同电荷量，在电场中它们的移动方向和速度也不相同，用此原理可分离蛋白质，这是电泳法分离蛋白质的基础。

(3)颜色反应

①缩二脲反应：蛋白质和多肽中都含有很多个临近的肽键，其中氮原子上未共用电子对能与金属离子形成配位键，发生缩二脲反应。在蛋白质或多肽溶液中加入NaOH与几滴$CuSO_4$溶液，则生成浅红色至蓝紫色络合物，此反应是检查蛋白质的通用反应之一。

②茚三酮反应：含有α-氨基的酰基化合物能与水合茚三酮作用生成蓝紫色物质。
α-氨基酸就是一种α-氨基酰基化合物：

$$\underset{\alpha\text{-氨基酰基}}{R-\overset{NH_2}{\underset{|}{CH}}-\overset{O}{\underset{\|}{C}}-} \qquad \underset{\alpha\text{-氨基酸}}{R-\overset{NH_2}{\underset{|}{CH}}-\overset{O}{\underset{\|}{C}}-OH}$$

α-氨基酸、蛋白质和多肽都能与茚三酮反应呈蓝紫色。

(4)沉淀作用与变性作用　在蛋白质溶液中，加入定量中性盐或乙醇或丙酮等水溶性有机溶剂，可破坏蛋白质表面水化膜或同种电荷(双电层)，使蛋白质溶液不能稳定存在，发生沉淀作用；当蛋白质受物理或化学因素的影响，蛋白质空间结构发生变化，导致一系列理化性质的改变，生理活性丧失，即蛋白质发生了变性。

15.1.2.3　学习要求

(1)了解蛋白质的一、二、三、四级结构，以及维系蛋白质四级结构的主键与副键。

(2)重点掌握蛋白质的两性性质与等电点；掌握蛋白质的鉴别——颜色反应。

15.1.3 核酸

根据化学成分不同，核酸可分为核糖核酸（RNA）和脱氧核糖核酸（DNA），分别由核糖核苷酸和脱氧核糖核苷酸通过 3,5-磷酸二酯键结合成链状结构。

15.1.3.1 核酸的理化性质

（1）降解　核酸主链中含有磷酸二酯键和核苷酸中的糖苷键，在酸、碱或特定酶的作用下，可发生水解，生成分子质量较小的核苷酸、核苷、碱基和磷酸，或彻底水解为磷酸、戊糖（核糖或脱氧核糖）以及各种碱基。

（2）变性　由于物理或化学因素的影响，核酸的化学性质不变，但空间构象发生变化（氢键的断裂），导致其生理活性丧失。

（3）核酸的测定

①紫外吸收：核酸及核苷酸中嘌呤环或嘧啶环的共轭体系使它能强烈地吸收紫外光，特别在 260nm 处有最强的吸收。测定样品在 260nm 处的吸光度，与标准曲线对比，即可求出核酸含量。

②呈色反应：RNA 和 DNA 分子中都含有戊糖，用热酸处理，可降解转化为糠醛衍生物，进而与某些试剂发生反应，生成有色物质，可用比色法测定核酸含量。例如，对 RNA 常用的试剂是 3,5-二羟基甲苯、浓盐酸和三氯化铁，溶液呈绿色；对 DNA 常用的试剂是二苯胺和浓硫酸，溶液呈蓝色。

③钼蓝反应：核酸在强酸中加热后，全部水解而产生磷酸。磷酸与钼酸铵以及还原剂（如对苯二酚、亚硫酸、维生素 C 等）作用，生成蓝色的钼蓝，为钼蓝反应。通过比色法计算钼蓝溶液中的含磷量，再乘以 100/9.5，即可得到核酸的含量。

15.1.3.2 学习要求

（1）了解核酸分子的组成、DNA 双螺旋结构特点。

（2）掌握核酸降解、变性和紫外吸收等理化性质。

15.2　典型例题

【例题】 赖氨酸是含有两个氨基和一个羧基的氨基酸，化学名称为 2,6-二氨基乙酸。试写出其在强酸性水溶液和强碱性水溶液中存在的主要形式，并估计其等电点的范围。

解： 赖氨酸在强酸性水溶液中，α-氨基和 ε-氨基均会接受质子变为氨正离子，此时，分子中带 2 个正电荷，如 A 结构所示。此时，赖氨酸可看成三元酸，分三步解离出 H^+，依次得到 B、C、D 3 种结构。

在强碱性水溶液中，羧基解离出 H^+，变为羧酸根离子，此时，分子中带一个负电荷，如 D 结构所示。

在 pH=7 的水溶液中，赖氨酸存在形式为 A 或者 B 结构，因此，为了得到赖氨酸的偶极离子 C，需增加溶液的 pH 值，促进 A 或 B 解离 H^+。因此，赖氨酸等电点时的 pH 值应大于 7(9.7)。

$$\underset{\text{A}}{\overset{H_3N^+-CH-COOH}{\underset{(CH_2)_4}{\underset{NH_3^+}{|}}}} \underset{-H^+}{\overset{k_1}{\rightleftharpoons}} \underset{\text{B}}{\overset{H_3N^+-CH-COO^-}{\underset{(CH_2)_4}{\underset{NH_3^+}{|}}}} \underset{-H^+}{\overset{k_2}{\rightleftharpoons}} \underset{\text{C}}{\overset{H_2N-CH-COO^-}{\underset{(CH_2)_4}{\underset{NH_3^+}{|}}}} \underset{-H^+}{\overset{k_R}{\rightleftharpoons}} \underset{\text{D}}{\overset{H_2N-CH-COO^-}{\underset{(CH_2)_4}{\underset{NH_2}{|}}}}$$

15.3 思考题

【思考题 15-1】

1. 写出下列化合物的结构式。
（1）亮氨酰甘氨酸　（2）赖氨酰谷氨酰胺　（3）天门冬氨酰丙氨酰色氨酸　（4）谷胱甘肽

2. 用化学方法鉴别下列各组化合物。
（1）丙氨酸和半胱氨酸　（2）酪氨酸、色氨酸和甘氨酸

【思考题 15-2】

完成下列合成。
（1）乙烯 ⟶ 丙氨酸　（2）丁酰胺 ⟶ 2-甲基-2-氨基丙酸丙酯

15.4 思考题答案

【思考题 15-1】

答：1.

(1) $H_3C-\underset{CH_3}{\underset{|}{CH}}-CH_2-\underset{NH_2}{\underset{|}{CH}}-\overset{O}{\overset{\|}{C}}-NH-CH_2-COOH$

(2) $H_2N-CH_2-(CH_2)_3-\underset{NH_2}{\underset{|}{CH}}-\overset{O}{\overset{\|}{C}}-NH-\underset{COOH}{\underset{|}{CH}}-CH_2-CH_2-\overset{O}{\overset{\|}{C}}-NH_2$

(3) $HOOC-CH_2-\underset{NH_2}{\underset{|}{CH}}-\overset{O}{\overset{\|}{C}}-NH-\underset{CH_3}{\underset{|}{CH}}-\overset{O}{\overset{\|}{C}}-NH-\underset{COOH}{\underset{|}{CH}}-CH_2-\text{(indole)}$

(4) $H_2N-\underset{NH_2}{\underset{|}{CH}}-CH_2-CH_2-\overset{O}{\overset{\|}{C}}-NH-\underset{CH_2SH}{\underset{|}{CH}}-\overset{O}{\overset{\|}{C}}-NH-CH_2-COOH$

2.

(1) $\begin{cases} \text{丙氨酸} \\ \text{半胱氨酸} \end{cases} \xrightarrow{I_2} \begin{matrix} \text{无现象：丙氨酸} \\ \text{溶液褪色：半胱氨酸} \end{matrix}$

(2) $\begin{cases} \text{酪氨酸} \\ \text{色氨酸} \\ \text{甘氨酸} \end{cases} \xrightarrow{FeCl_3} \begin{cases} \text{蓝紫色：酪氨酸} \\ \text{无现象} \xrightarrow{\text{浓硝酸}} \begin{matrix} \text{黄色：色氨酸} \\ \text{无现象：甘氨酸} \end{matrix} \end{cases}$

【思考题 15-2】

答：（1）

$H_2C=\!=\!CH_2 \xrightarrow{HCl} CH_3CH_2Cl \xrightarrow{NaOH} CH_3CH_2OH \xrightarrow[325℃]{Cu} CH_3CHO \xrightarrow{HCN} H_3C\underset{CN}{\overset{OH}{\underset{|}{C}H}} \xrightarrow[H_2O]{HCl}$

$H_3C\underset{|}{\overset{OH}{C}H}-COOH \xrightarrow{HBr} H_3C\underset{|}{\overset{Br}{C}H}-COOH \xrightarrow{NH_3} H_3C\underset{|}{\overset{NH_2}{C}H}-COOH$

（2）

$CH_3CH_2\overset{O}{\overset{\|}{C}}-NH_2 \xrightarrow[NaOH]{Br_2} CH_3CH_2CH_2NH_2 \xrightarrow{HNO_2} CH_3CH_2CH_2OH \xrightarrow[H_2SO_4]{K_2Cr_2O_7} CH_3CH_2COOH$

$\xrightarrow[P]{Br_2} CH_3\underset{Br}{\overset{|}{C}H}COOH \xrightarrow[H_2O]{OH^-} CH_3\underset{OH}{\overset{|}{C}H}COOH \xrightarrow{CH_3CH_2OH} CH_3\underset{OH}{\overset{|}{C}H}COOCH_2CH_3 \xrightarrow[325℃]{Cu}$

$CH_3\overset{O}{\overset{\|}{C}}COOCH_2CH_3 \xrightarrow[H_2O]{CH_3MgCl} CH_3\underset{OH}{\overset{CH_3}{\overset{|}{C}}}COOCH_2CH_3 \xrightarrow[②NH_3]{①HBr} CH_3\underset{NH_2}{\overset{CH_3}{\overset{|}{C}}}COOCH_2CH_3$

15.5 教材习题

1. 写出下列反应的产物。

(1) $HOOC-\underset{NH_2}{\overset{|}{C}H}-CH_2-COOH + CH_3OH(\text{过量}) \xrightarrow{HCl}$

(2) $H_2N-CH_2-CONH-\underset{CH_3}{\overset{|}{C}H}-CONH-\underset{CH_2COOC_2H_5}{\overset{|}{C}H}-COOC_2H_5 + H_2O \xrightarrow[\Delta]{H^+}$

(3) $\text{C}_6\text{H}_5-CH_2-\underset{NH_2}{\overset{|}{C}H}-COOH + H_3C-\overset{O}{\overset{\|}{C}}-Cl \longrightarrow$

(4) $HOOC-\underset{NH_2}{\overset{|}{C}H}-CH_2-CH_2CONH_2 + HNO_2 \longrightarrow$

2. 蛋白质 A、B、C、D、E，其相对分子质量和等电点如下：

蛋白质	A	B	C	D	E
相对分子质量	25 000	30 000	25 000	40 000	50 000
等电点(pI)	3.8	8.0	6.5	3.8	7.3

当在 pH=6.8 的缓冲溶液中进行电泳分离，请在下图中画出其移动方向和顺序：

3. 在某蛋白质的水溶液中，加酸至小于 7 的某个 pH 值时，可观察到蛋白质沉淀下来，这是什么原因？在这一 pH 值时，该蛋白质以何种形式存在？这一蛋白质的 pI 小于 7，还是大于 7？在电场中向哪极移动？

4. 某氨基酸溶于 pH=7 的纯水中，所得氨基酸的溶液 pH=6，问此氨基酸的等电点是大于 6，等于 6，还是小于 6？

5. 某化合物 A 的分子式 $C_5H_{11}O_2N$，具有旋光性，用稀碱处理，发生水解反应生成 B 和 C。B 也有旋光性，既溶于酸又能溶于碱，并与亚硝酸反应放出氮气，C 无旋光性，但能发生碘仿反应。试写出 A 的结构式。

6. 某化合物 A 的分子式为 $C_9H_{15}O_6N_3$，在甲醛存在下，1mol A 消耗 2mol 的 NaOH，A 与亚硝酸反应放出 1mol N_2 并生成 B，B 与稀 NaOH 煮沸后，得到一分子乳酸、一分子甘氨酸和一分子天门冬氨酸，试写出 A、B 的分子结构式和各步反应式。

7. DNA 和 RNA 在组成和结构上有何异同？

8. 核酸的单体是什么？如何连接成核酸大分子的？什么叫碱基互补规则？

15.6 教材习题答案

1.（1）$H_3C-CH-CH_2-COOH + CH_3OH \xrightarrow{HCl} H_3C-CH-CH_2-COOCH_3$
         | |
         NH_2 NH_2

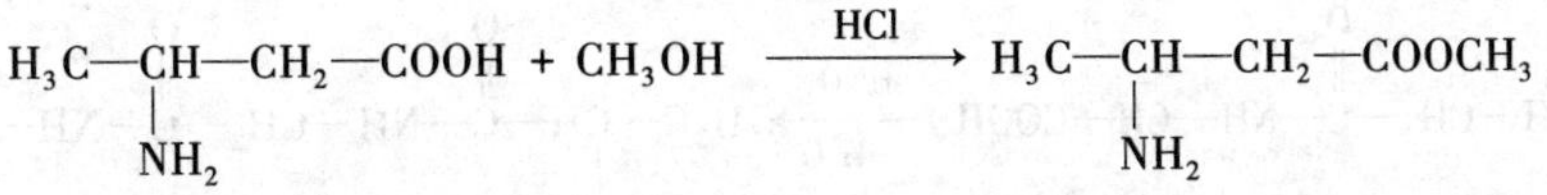

（2）$H_2N-CH_2CONH-CHCONH-CH-COOC_2H_5 + H_2O \xrightarrow[\Delta]{H^+}$
                    | |
                    CH_3 $CH_2COOC_2H_5$

  $H-CH-COOH + H_3C-CH-COOH + H_2N-CH-COOC_2H_5$
     | | |
     NH_2 NH_2 $CH_2COOC_2H_5$

（3）$C_6H_5-CH_2-CH-COOH + H_3C-C-Cl \longrightarrow C_6H_5-CH_2-CH-COOH$
                    | ‖ |
                    NH_2 O $NH-C-CH_3$
                                                                      ‖
                                                                      O

（4）$HOOC-CH-CH_2-CH_2CONH_2 + 2NHO_2 \longrightarrow HOOC-CH-CH_2-CH_2COOH + 2N_2\uparrow + 2H_2O$
              | |
              NH_2 OH

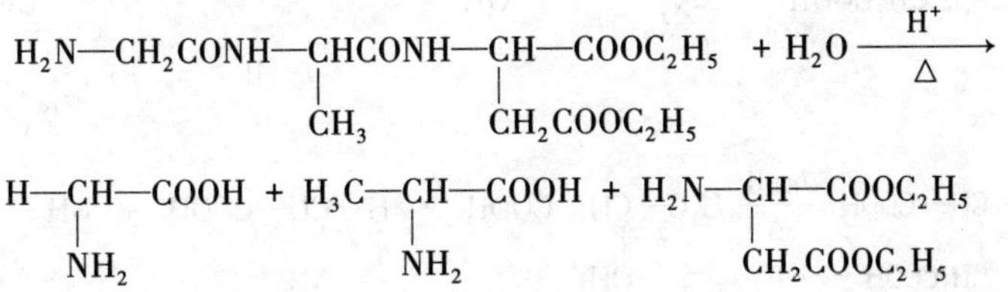

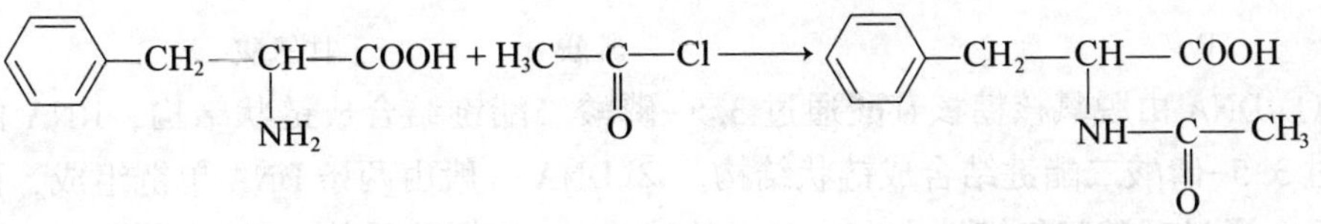

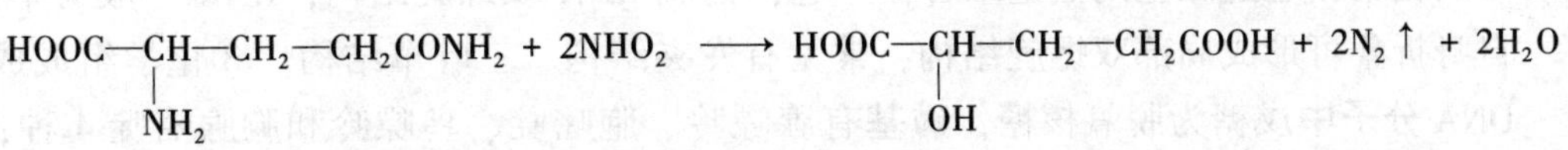

2. 当 pH=6.8 时，蛋白质 A、C 和 D 酸式电离大于碱式电离（pH > pI），蛋白质 A、

C 和 D 带负电荷且带电量 A＝D＞C，而 D 的相对分子质量大于 A 的相对分子质量，电泳过程中运动速度 D<A，因此，A、C 和 D 向正极移动，移动速度 A＞D＞C（优先考虑电荷量）；而蛋白质 B 和 E 的碱式电离大于酸式电离（pH＜pI），蛋白质 B 和 E 带正电荷且带电量 B＞E，因此，B 和 E 向负极移动，移动速度 B＞E。

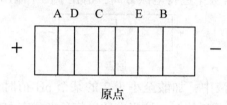

3. 当 pH＝pI 时，蛋白质以两性离子形式存在，净电荷为零，蛋白质颗粒间没有同种电荷带来的相互排斥，容易聚集沉淀，此时溶解度最小；而且，由于蛋白质以两性离子形式存在，净电荷为零，在电场中既不向正极移动，也不向负极移动。蛋白质发生沉淀时，pH＜7，因此 pI＜7。

4. 氨基酸溶于 pH＝7 的纯水中后，pH＝6，氨基酸的酸式电离大于碱式电离，说明此时 pH＞pI，因此，此氨基酸的等电点小于 6。

5. 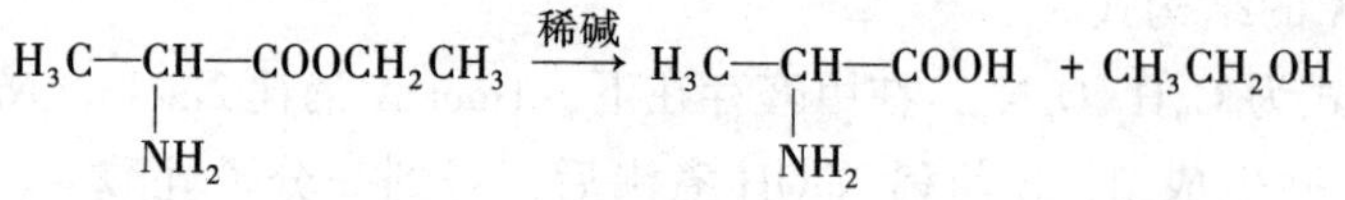 $H_3C-CH(NH_2)-COOCH_2CH_3 \xrightarrow{\text{稀碱}} H_3C-CH(NH_2)-COOH + CH_3CH_2OH$

   A   B   C

6. A 分子中，甘氨酸残基和天冬氨酸残基顺序可互换：

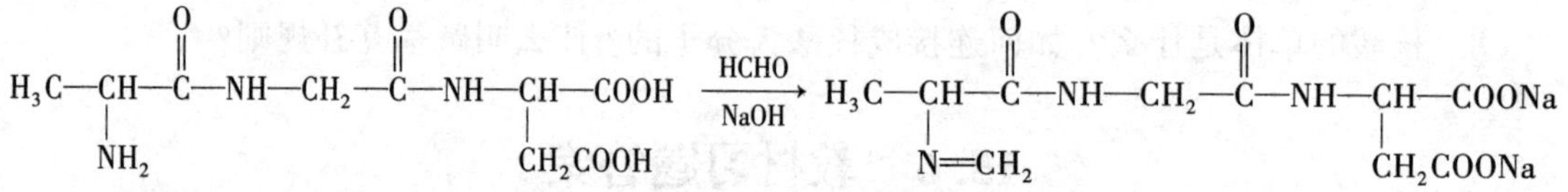

$H_3C-CH(NH_2)-C(=O)-NH-CH_2-C(=O)-NH-CH(CH_2COOH)-COOH \xrightarrow{\text{HCHO, NaOH}} H_3C-CH(N=CH_2)-C(=O)-NH-CH_2-C(=O)-NH-CH(CH_2COONa)-COONa$

A   席夫碱

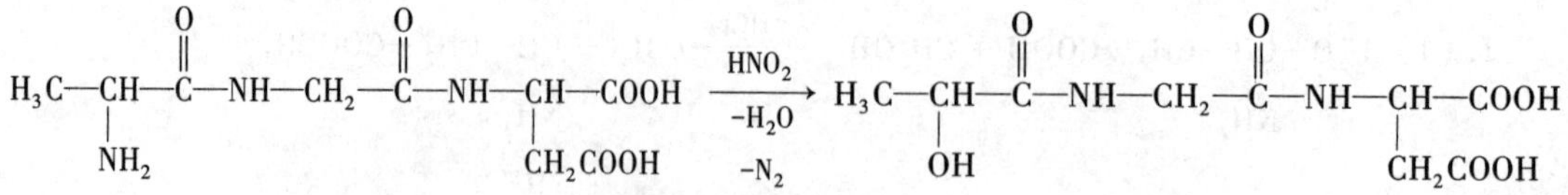

$H_3C-CH(NH_2)-C(=O)-NH-CH_2-C(=O)-NH-CH(CH_2COOH)-COOH \xrightarrow[-N_2]{HNO_2, -H_2O} H_3C-CH(OH)-C(=O)-NH-CH_2-C(=O)-NH-CH(CH_2COOH)-COOH$

A   B

$H_3C-CH(OH)-C(=O)-NH-CH_2-C(=O)-NH-CH(CH_2COOH)-COOH \xrightarrow[\Delta]{NaOH} H_3C-CH(OH)-COOH + H-CH(NH_2)-COOH + NH_2-CH(CH_2COOH)-COOH$

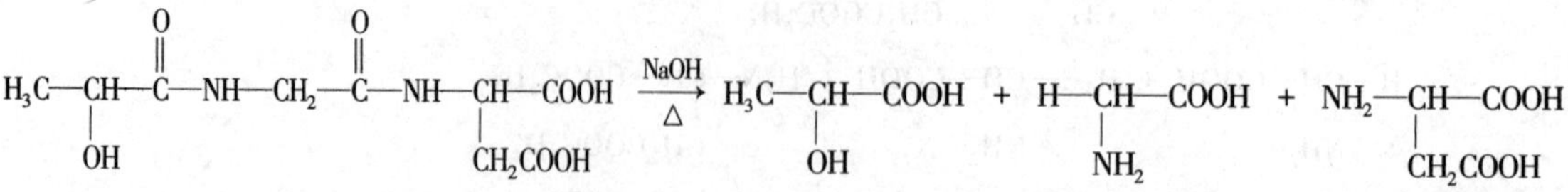

B   乳酸   甘氨酸   天冬氨酸

7. ① DNA 由脱氧核糖核苷酸通过 3,5-磷酸二酯键结合成链状结构，RNA 由核糖核苷酸通过 3,5-磷酸二酯键结合成链状结构。② DNA 一般由两条 DNA 单链组成，两条单链方向相反，通过碱基间氢键结合在一起，构成 DNA 双螺旋结构；RNA 一般为单链，单链自身折叠可形成局部双螺旋结构，常见有发夹结构、三叶草结构。③ 化学组成成分不同：DNA 分子中戊糖为脱氧核糖，碱基有腺嘌呤、胞嘧啶、鸟嘌呤和胸腺嘧啶 4 种；而 RNA 分子中戊糖为核糖，碱基中含尿嘧啶而不含胸腺嘧啶。

8. 核苷酸是组成核酸的基本单位，其中，核糖核酸(RNA)的单体为核糖核苷酸，脱氧核糖核酸(DNA)单体为脱氧核糖核苷酸；核苷酸通过3,5-磷酸二酯键聚合生成核酸大分子；碱基互补配对规则是指核酸分子中核苷酸残基的碱基按 A 与 T/U 和 G 与 C 的对应关系，通过氢键相连的现象。

15.7　章节自测

1. 可以用来鉴别 α-氨基丙酸和 α-氯代丙酸的化学试剂是(　　)。
   A. 碳酸氢钠　　　　B. 三氯化铁　　　　C. 银氨溶液　　　　D. 茚三酮
2. 丝氨酸的 pI=5.68，它在 pH=4 主要以哪种形式存在(　　)？
   A. 负离子　　　　　B. 正离子　　　　　C. 偶极离子　　　　D. 阴离子
3. 某氨基酸溶于 pH=7 的纯水中，所得氨基酸的溶液 pH=8，问此氨基酸的等电点范围(　　)？
   A. 大于 8　　　　　B. 小于 8　　　　　C. 等于 8　　　　　D. 无法判断
4. 蛋白质分子中的肽键是指(　　)。
   A. 酰胺键　　　　　B. 氢键　　　　　　C. 离子键　　　　　D. 范德华力
5. 核酸是由多个核苷酸分子通过(　　)形成的聚合体。
   A. 酰胺键　　　　　B. 氢键　　　　　　C. 磷酸二酯键　　　D. C—N 糖苷键

15.8　章节自测答案

1. D　2. B　3. A　4. A　5. C

第 16 章　高分子化合物*

16.1　主要知识点和学习要求

16.1.1　高分子化合物

16.1.1.1　高分子化合物的结构与形态

高分子化合物又称高聚物。相对分子质量较高，一般在一万以上。高分子化合物由单体通过聚合或缩聚反应形成。组成高分子的重复单元称为链节，结构中所含的链节数 n 称为聚合度。高聚物的相对分子质量可以用每一链节量乘以聚合度得到。

高分子化合物的多分散性：实际得到的高聚物聚合度各不相同，因此高分子化合物是分子质量各异的分子混合物。

高分子化合物的几何形态与链节的连接方式有关。链节有两种连接方式：线型和体型。

高聚物链节之间连接成线状时称为线型高聚物（热塑性高聚物）。受热时线型高聚物可软化直至熔融，遇冷后变硬。在适当溶剂中可溶胀成高分子溶液。高聚物链节之间连接成网状或三度空间的立体结构时称为体型高聚物（热固性高聚物）。受热时体型高聚物不熔化，高温时直接分解，不溶于任何溶剂。因此，线型高聚物可称为可溶可熔高聚物，体型高聚物为不溶不熔高聚物。

16.1.1.2　高分子化合物的分类与命名

高分子化合物可按用途、主链结构和应用功能进行分类。

按用途可分为塑料、纤维、橡胶和离子交换树脂；按主链结构可分为碳链高分子（主链全由碳原子组成）、杂链高分子（主链中除碳原子外还有氧、氮、硫等原子）和元素高分子（主链主要由非碳原子构成）；按应用功能可分为通用高分子（塑料、纤维、橡胶）、医用高分子、生物高分子、高分子药物、高分子催化剂等。

高分子的命名一般在所用单体名称前加"聚"字。工业上将一些原料高分子物质称为树脂。商业上使用习惯名称或商业名称，如将聚对苯二甲酸乙二醇酯称为涤纶，聚丙烯腈称为腈纶，聚己内酰胺称为锦纶，聚顺丁二烯称为顺丁橡胶，聚四氟乙烯称为氟纶。

16.1.1.3　学习要求

(1) 了解高分子化合物的结构。
(2) 了解高分子化合物形态与性质的关系。

16.1.2　高分子化合物的合成

16.1.2.1　加聚反应

在一定条件下，相同或不同的单体互相加成结合成聚合物的反应称为加聚反应。该反应为链锁反应，反应瞬时发生并生成高聚物。一般按游离基型历程进行反应。游离基型加聚反应的单体一般为含有双键或共轭双键的化合物。

游离基型加聚反应的历程包括链的引发、链的增长、链的终止和链的转移。

(1) 链的引发 引发剂在光热或加热条件下分解出游离基后立即与单体反应生成单体游离基。引发剂的用量与引发速度成正比，但与高聚物相对分子质量成反比。引发剂用量一般为单体质量的 0.1%～1%。

(2) 链的增长 生成的单体游离基与其余单体分子作用得到活性链。链增长反应所需活化能较小，一旦发生链增长反应，该反应瞬时完成。

(3) 链的终止 包括双基结合(游离基消失使链反应终止，为主要终止形式)和双基歧化。

(4) 链的转移 活性链可以与体系中溶剂分子、单体分子、聚合物分子发生反应，此时活性链游离基淬灭，使溶剂、单体或聚合物转变为新的活性中心，即新的游离基，然后开始新的链增长反应。可用于调节聚合物相对分子质量。

16.1.2.2 缩聚反应

含有 2 个或 3 个官能团的单体分子间相互作用生成高分子化合物的过程，同时伴有小分子(如水、氨、氯化氢、醇等)生成。缩聚反应链增长为逐步反应。

按照反应可逆与否，分为可逆缩聚反应和不可逆缩聚反应。按生成产物结构又可分为线型缩聚和体型缩聚。

线型可逆缩聚反应的历程也分为链的开始、链的增长和链的终止。

(1) 链的开始 2 种不同单体之间发生反应。

(2) 链的增长 链开始的反应产物仍具有可以继续反应的官能团，可以和单体逐步反应，变成高聚物大分子。

(3) 链的终止 从理论上讲，缩聚反应进行到所有的单体都反应完，生成一个几乎包括所有单体的大分子。但实际上，受物理因素和化学因素的影响，生成的聚合物相对分子质量在 10 000 左右。

16.1.2.3 高分子化合物的特性

(1) 不挥发性 高分子相对分子质量大，不挥发，不能蒸馏。

(2) 柔顺性和良好的机械强度 高分子链原子间的 σ 键可以自由旋转，这样使每个链节的相对位置可以不断变化，此为高分子链的柔顺性。柔顺性越大，弹性越好。

(3) 良好的绝缘性 高分子化合物分子中的原子彼此以共价键结合，不电离，有良好的绝缘性能。

(4) 结晶性 结晶区域所占的百分数称为高聚物的结晶度。高聚物结晶度越高，熔点越高，溶解与溶胀的趋向越小。

16.1.2.4 影响高聚物性能的因素

(1) 化学结构 线型高聚物在适当的溶剂中可以无限溶胀，并能成为胶体溶液，受热软化不分解。体型高聚物在溶剂中可以溶胀，但不溶解，受热分解。

(2) 组成 各种高聚物由于组成不同，性质各异。不带极性基的烃类高聚物(如聚乙烯、聚丙烯等)都具有良好的绝缘性能，抗水性也好，但不耐油。而含多个羟基的聚乙烯醇不抗水。

(3) 构型　以聚丙烯为例，定向聚合的聚丙烯熔点远大于一般方法合成的聚丙烯。天然橡胶与天然古塔胶空间构型不同使其性质也不相同，天然古塔胶有结晶性而无弹性。

(4) 分子质量大小与分子质量分布　合成高分子产品时，分子质量大小往往是一个要求指标，过高或过低都将影响产品质量。分子质量分布与产品性质的关系也是明显的，研究表明：高聚物若低分子质量组分(聚合度低于100)的含量高达10%～15%，其机械性能显著地降低。

(5) 填料　在高聚物中加入填料能改进其性能。例如，在塑料中加增塑剂，可降低高分子链间的引力，增强高聚物的可塑性；橡胶中加入炭黑，可以提高其机械强度、耐磨、耐腐蚀性能。纳米材料也可作为填料改善高聚物各方面的性能。

16.1.2.5　学习要求

(1) 了解高聚物的合成方式(加聚反应和缩聚反应)。

(2) 了解高分子化合物的特性(不挥发性、柔顺性和良好的机械强度、绝缘性、结晶性)及影响高聚物性能的因素(化学结构、组成、构型、分子质量大小、分子质量分布、填料)。

16.1.3　高分子化合物的应用

16.1.3.1　塑料

塑料是加热可以流动的合成聚合物，因此塑料具有可塑性。有些塑料通过加热和冷却能多次软化和硬化，这种塑料叫作热塑性塑料；另一种塑料在加热时软化，但因发生化学变化而永久性的变硬，这种塑料叫作热固性塑料。

塑料是以树脂为主的一种混合物，为增强或改进其性能还要加入填料、增塑剂、稳定剂、润滑剂、色料等辅助剂。

(1) 聚乙烯　是一种最简单的热塑性塑料。按其聚合方法不同分为高压与低压聚乙烯。

低压聚乙烯以三乙基铝和三氯化钛为催化剂，在常温下使乙烯聚合成线型大分子，无支链，大分子间排列较紧密，机械强度较高，称为高密度聚乙烯，可制仪器仪表的零部件、管材和日常生活用的盆、桶等。

高压聚乙烯产量较大，因其较柔软、透明，适宜做包装用的薄膜(如食品袋、农用薄膜)和注塑制品(如瓶、桶等)。

(2) 聚丙烯　丙烯在低压下聚合成大分子，得到的聚丙烯立体构型比较规则，称为立体有规。聚丙烯比聚乙烯具有质轻、较硬、耐磨及耐热性较高等优点，可用作工程塑料，制成各种机械零部件、化工和建筑用导管板材等，但其耐低温性能不如聚乙烯好。

(3) 聚氯乙烯　又称PVC，由氯乙烯在引发剂存在下聚合而成。因其分子链中有氯原子，极性碳氯键的存在增强了分子间的作用力，因此它比聚乙烯、聚丙烯重，也比较硬。

(4) 聚苯乙烯　又称聚肉桂烯，由苯乙烯通过游离基型反应聚合制得。由于大分子链中有苯基，影响分子链碳碳键的自由旋转，所以在室温下硬而脆。透明性和绝缘性良好，耐化学腐蚀，大约在100℃时软化。

16.1.3.2 合成纤维

$$\text{纤维}\begin{cases}\text{天然纤维}\begin{cases}\text{动物纤维（羊毛、蚕丝等）}\\\text{植物纤维（棉花等）}\end{cases}\\\text{化学纤维}\begin{cases}\text{人造纤维（粘胶纤维、醋酸纤维）}\\\text{合成纤维（涤纶、锦纶、腈纶、维纶）}\end{cases}\end{cases}$$

(1) 聚酯纤维 又称涤纶，耐热性和保型性较好。生产方法有两种：一种是以对苯二甲酸二甲酯和乙二醇为原料；另一种是以对苯二甲酸和乙二醇为原料直接生产涤纶。

(2) 聚酰胺 又称锦纶、尼龙。聚酰胺突出特点是结实，与聚酰胺分子链间有氢键有关。耐磨性比棉花强 10 倍。这类纤维在强度、弹性、耐磨、抗缩能力和快干等方面的优良性能，使它成为用途广泛的纤维。

16.1.3.3 橡胶

橡胶为线型高聚物，在压力下即可发生形变，除去压力后又立即恢复原状。

(1) 天然橡胶 顺式聚异戊二烯。分子链中保留有双键，受光和氧气的影响会变质，失去弹性，产生"老化"现象。在加工时加入硫黄使分子链发生交联后，化学性质变稳定，弹性强度提高。

(2) 顺丁橡胶 以 1,3-丁二烯为原料，用 Ni-B-Al 三组分的络合催化剂，即由环烷酸镍、三乙基铝和三氟化硼乙醚络合物组成的催化剂催化聚合。与天然橡胶相比，具有耐热、耐磨、弹性高等特点，可代替天然橡胶制造轮胎、鞋底等。

16.1.3.4 离子交换树脂

离子交换树脂可以进行离子交换反应，在高分子骨架上连接有反应性基团，离解出的离子可以与溶液中其他离子进行交换，达到分离、纯化的目的。

应用最广的离子交换树脂有交联聚苯乙烯强酸型和强碱型离子交换树脂。以苯乙烯和少量对二乙烯苯在引发剂作用下生成体型聚合物后，以适当的试剂与此交联聚苯乙烯反应，生成带有磺酸或季铵碱基的离子交换树脂。

16.1.3.5 学习要求

了解常见的高分子化合物及其在生活、生产中的应用。

16.2 教材习题

1. 解释名词。
   (1) 单体 (2) 链节 (3) 多分散性 (4) 树脂 (5) 加聚反应 (6) 缩聚反应 (7) 聚合度

2. 命名下列化合物。

   ① $\mathrm{+CH_2-CH+}_n$ ② $\mathrm{+CH_2-C=CH-CH_2+}_n$
         $\quad\quad\;\;|$ $\quad\quad\quad\;\;|$
         $\quad\quad\,\mathrm{CN}$ $\quad\quad\quad\;\mathrm{Cl}$

3. 合成高聚物的方法有几类？有何异同点？
4. 高分子化合物有什么特性？影响其性能的主要因素是什么？
5. 和人们生活以及农业生产有关的高分子化合物有哪些？

16.3　教材习题答案

1. (1) 单体：能通过聚合或缩聚反应形成高分子化合物的简单分子。

(2) 链节：组成高分子化合物的重复结构单元。

(3) 多分散性：聚合所得高聚物聚合度大小不一，因此高分子化合物是分子质量各异的分子混合物。

(4) 树脂：是指受热后有软化或熔融范围，软化时在外力作用下有流动倾向，常温下是固态、半固态，有时也可以是液态的有机聚合物。广义上的定义，可以作为塑料制品加工原料的任何高分子化合物都称为树脂。

(5) 加聚反应：在一定条件下，相同或不同的单体互相加成结合成聚合物的反应。

(6) 缩聚反应：含有2个或3个官能团的单体分子间相互作用生成高分子化合物的过程，同时伴有小分子（如水、氨、氯化氢、醇等）生成。

(7) 聚合度：高聚物中所含的链节数 n 称为聚合度。

2. (1) 聚丙烯腈　　(2) 聚氯丁二烯

3. 合成高聚物的方法包括加聚反应和缩聚反应两种。在一定条件下，相同或不同的单体互相加成结合成聚合物的反应。该反应为链锁反应，反应瞬时发生并生成高聚物。缩聚反应为2个或3个官能团的单体分子间相互作用生成高分子化合物的过程，同时伴有小分子（如水、氨、卤化氢、醇等）生成。缩聚反应链增长为逐步反应。两者反应过程都包括链的引发、链的增长和链的终止反应。

4. 高分子化合物的特性包括不挥发性、柔顺性和良好的机械强度、绝缘性、结晶性。影响高聚物性能的因素主要包括化学结构、组成、构型、分子质量大小、分子质量分布、填料。

5. 和人们生活以及农业生产有关的高分子化合物包括塑料、合成纤维、橡胶及离子交换树脂。

第 17 章　波谱概述*

17.1　主要知识点和学习要求

17.1.1　了解现在波谱分析的常用手段

17.1.1.1　电磁波
定义：电磁场以一定速度传播的变化过程叫作电磁波。如光是一种电磁波。电磁波与波长 λ、频率 ν 和传播速度 υ 有关，存在公式：$\upsilon = \lambda \nu$。

17.1.1.2　检测电磁波
电磁波的检测无法用肉眼观测，需要使用仪器作为检测手段，用来检测电磁波选择吸收光谱的仪器叫作光谱仪，由光源、样品室、单色器和检测器构成。

17.1.1.3　学习要求
(1) 了解电磁波的基本原理。
(2) 了解电磁波的检测手段。

17.1.2　紫外和可见光谱（UV 和 VIS）

17.1.2.1　基本原理
紫外光谱产生的机理：有机化合物分子会吸收一定波长的紫外光或可见光的能量，使分子中的价电子从低能级（基态）跃迁到高能级（激发态）而产生的吸收光谱。

紫外光区范围：远紫外区（波长为 100~200nm）和近紫外区（波长为 200~400nm）。

紫外分光光度计波长变化范围在 200~800nm 或 200~1 000nm。

紫外吸收光谱计算方法：紫外吸收光谱的计算主要根据朗伯-比尔定律进行，其公式如下：

$$A = \lg \frac{I_0}{I} = \lg \frac{1}{T} = \varepsilon c L$$

式中，A 为吸光度；I_0 为入射光强度；I 为透射光强度；T 为透光度；ε 为摩尔消光系数；c 为被测物的摩尔浓度；L 为样品池厚度（cm）。

所以
$$\varepsilon = \frac{A}{cL}$$

由于每一种化合物都有特定的最大吸收波长和摩尔消光系数，因此可以利用作图法进行实际应用。

17.1.2.2　生色团和助色团
生色团：能在近紫外和可见光区，吸收带在 200~800nm，可以产生 $\pi \to \pi^*$ 跃迁或同时能产生 $\pi \to \pi^*$、$n \to \pi^*$ 跃迁的基团。

红移：最大吸收峰的波长变长和摩尔消光系数变大（即吸收强度变强）。
蓝移：最大吸收峰的波长变短和摩尔消光系数变小（即吸收强度变弱）。
最大吸收峰影响因素：共轭和超共轭效应、助色效应和溶剂效应等。

17.1.2.3　紫外和可见光谱的应用

紫外光谱应用：测定共轭体系和顺反异构、测定未知浓度和进行杂质测定。

17.1.2.4　学习要求

掌握紫外光谱的分析方法，了解紫外光谱的基本原理，可以熟练利用紫外光谱进行实际应用。

17.1.3　红外光谱

17.1.3.1　基本原理

红外光谱波长范围：2 500~25 000nm（即波数为4 000~400cm^{-1}）的近红外光，诱发分子的振动能级和转动能级的跃迁。

17.1.3.2　振动类型

（1）拉伸振动。

（2）弯曲振动。

17.1.3.3　红外光谱的应用

（1）推断化合物的结构和判别化合物的类型　红外光谱可以根据红外吸收峰位置推断不同的官能团结构，进而实现推断混合物中含有的官能团类型和种类，进一步推断其结构和类型。

（2）定量分析　红外光谱属于电磁波的一种，符合朗伯-比尔定律，所以可利用红外光谱做定量测定。红外定量分析所需样品量少，其他干扰低。

（3）对有机化学反应的研究　可以利用原位红外进行反应监测，追踪官能团变化情况，进而探索反应机理和过渡态推断等。

17.1.3.4　学习要求

掌握红外光谱的分析方法，了解红外光谱各个官能团吸收峰位置，可以熟练利用红外光谱进行实际应用。

17.1.4　核磁共振谱（NMR）

17.1.4.1　核磁共振谱产生机理

用固定频率的无线电波照射使质子产生回旋的能级分裂，然后在一定磁场强度下，可以产生共振吸收并由记录器记录下来，即共振吸收谱。

17.1.4.2　化学位移

绝大部分有机化合物都含有氢原子，氢原子会因处于独特的化学环境而导致其在核磁共振谱中的化学位移发生变化，因此，可以根据不同的化学位移进行判别不同环境的氢原子，进而可以判别未知有机化合物的结构和种类。

17.1.4.3　学习要求

了解核磁共振谱的分析方法和不同氢原子的化学位移。

17.1.5 质谱(MS)

17.1.5.1 质谱测定的机理

在高温下,将有机化合物分子气化,在真空条件下,用高能(50~100eV)的电子流轰击。有机化合物分子在强电子流轰击下发生电离,进而得到游离的分子离子峰。

17.1.5.2 学习要求

了解质谱的作用机制,了解分子离子峰。

17.2 典型例题

【例题】请判断苯酚在红外光谱中的吸收峰位置?

解:苯酚中主要存在两种官能团,一种是酚羟基;另一种是苯基,因此苯酚的红外吸收特征峰分布在两部分,一部分是 3 300~2 900cm^{-1},另一部分是苯环吸收峰位置在 1 700~1 500cm^{-1}。

17.3 思考题

【思考题 17-1】

某化合物可能是下列两种结构之一,如何用紫外-可见光谱进行判断?

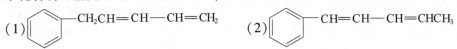

【思考题 17-2】

指出下列化合物的红外特征吸收的波数范围。

(1)HCHO (2)CH$_3$OH (3)CH$_3$NH$_2$ (4)⌬

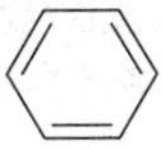

17.4 思考题答案

【思考题 17-1】

答:由于(2)中化合物为共轭体系,因此(2)比(1)的最大吸收波长大,因此在紫外吸收中,最大吸收波长大的是(2)。

【思考题 17-2】

答:(1)1 740~1 690cm^{-1} (2)3 500~3 200cm^{-1} (3)3 600~3 200cm^{-1}(双峰) (4)3 100~3 000cm^{-1}

17.5 教材习题

1. 解释下列名词。

(1)助色团、生色团、红移、自旋偶合、自旋分裂、化学位移、指纹区

(2)UV、IR、NMR、PMR、MS、λ_{max}、ν_{C-H}、M$^+$峰、M+1 峰、m/e

2. 化合物 A 的紫外吸收带是 λ_{max} 242nm(10 000)，B 的紫外吸收带 λ_{max} 320nm(8 000)；有 A 和 B 的混合物，紫外吸收为 242nm(ε = 3 000)，320nm(ε = 1 600)，求 A、B 的摩尔比。

3. 化合物 $C_6H_{12}O$，在官能团区有两个 IR 吸收峰 2 950cm^{-1}，3 350cm^{-1}，它的可能结构是什么？

4. 指出下列化合物 NMR 吸收峰的数目和每一个吸收峰的分裂情况。

$CH_3-CH_2-O-CH_2-CH_3$

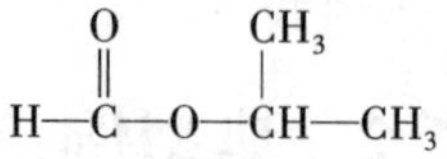

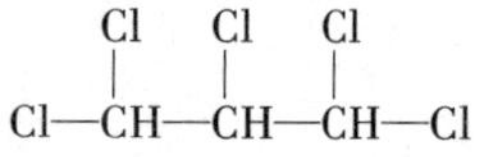

$H-\overset{\overset{O}{\|}}{C}-O-\overset{\overset{CH_3}{|}}{CH_3}$

$Cl-\overset{\overset{Cl}{|}}{CH}-\overset{\overset{Cl}{|}}{CH}-\overset{\overset{Cl}{|}}{CH}-Cl$

$CH_3-CH_2-CH_2-CH_3$

5. 用 NMR 区分下列各组化合物。

(1) Cl_2CH-CH_3 和 $Cl-CH_2-CH_3$

(2) $CH_3-CH_2-CH_3$ 和 $CH_3-CH_2-CH_2-CH_3$

(3) $CH_3CH_2CH_2CH_3$、$CH_3-\overset{\overset{H}{|}}{\underset{\underset{CH_3}{|}}{C}}-CH_2-CH_3$ 和 $CH_3-\overset{\overset{CH_3}{|}}{\underset{\underset{CH_3}{|}}{C}}-CH_3$

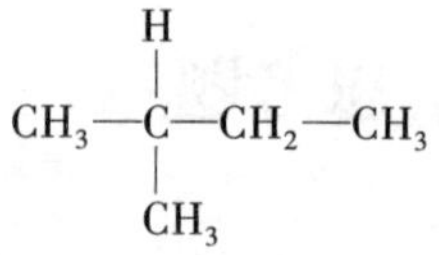

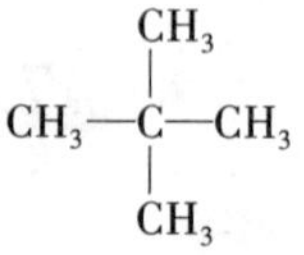

6. 化合物 $C_6H_4Cl_2$，其 NMR 只有一个信号，推测此化合物的结构。

7. 化合物 $C_4H_{10}O$，IR 谱在 2 950cm^{-1} 有一个吸收峰，无其他官能团区吸收，NMR 谱情况为 δ 4.1(七重)、δ 3.1(单峰)、δ 1.55(双峰)，其积分比 1:3:6，推测该化合物的结构。

8. 化合物 C_2H_4O 的波谱数据为 UV：210nm 以上没有吸收峰，IR 官能团区只有 2 950cm^{-1} 处的强吸收峰而无其他峰，NMR 只有一个单峰，此化合物的可能结构如何？

9. 苯甲酸在 273nm 处 ε = 970(水)，它的水溶液在此波段透过 1cm 长的试样槽的透过率为 40%，求此溶液的浓度 C。

10. 下图是 $(CH_3)_2C(OH)CH_2COCH_3$ 的核磁共振谱，问：

(1) 分子中有几种化学环境不同的质子？

(2) 写出各峰的化学位移。

(3) 推测每一个峰是分子中哪种质子产生的？

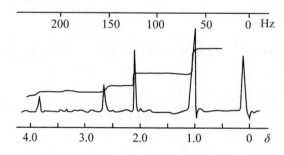

17.6　教材习题答案

1.(1)助色团：本身在 200nm 以上不产生吸收，但其存在能增强生色团的生色能力（改变分子的吸收位置和增加吸收强度）的一类基团。

生色团：凡是能在一段光波内产生吸收的基团，就称为这一波段的生色基/发色团/发色基团。紫外光谱的生色基一般是碳碳共轭结构，含杂原子的共轭结构，能进行 n-π^* 跃迁的基团，能进行 n-σ^* 跃迁并在近紫外区能吸收的原子或基团。常见的生色团有 C=C—C=C，C=O，—COOH，C=C，Ph—，—NO_2，—$CONH_2$，—COCl，—COOR 等。

红移：由于取代基或溶剂的影响造成有机化合物结构的变化，使吸收峰向长波方向移动的现象称为吸收峰"红移"。

自旋耦合：自旋量子数不为零的核在外磁场中会存在不同能级，这些核处在不同自旋状态，会产生小磁场，产生的小磁场将与外磁场产生叠加效应，使共振信号发生分裂干扰。这种称为自旋-自旋耦合(spin-spin coupling)，简称自旋耦合。

自旋分裂：指质子受到相邻基团的质子的自旋状态的影响，使其吸收峰裂峰谱线增加的现象。

化学位移：带有磁性的原子核在外磁场的作用下发生自旋能级分裂，当吸收外来电磁辐射时，将发生核自旋能级的跃迁，从而产生核磁共振现象。在有机化合物中，处在不同结构和位置上的各种氢核周围的电子云密度不同，导致共振频率有差异，即产生共振吸收峰的位移，称为化学位移。

指纹区：红外光谱指纹区(1 300~400cm^{-1}，7.69~25μm)吸收峰的特征性强，可用于区别不同化合物结构上的微小差异。犹如人的指纹，故称为指纹区。指纹区的红外吸收光谱很复杂，能反映分子结构的细微变化。这个区域的振动类型复杂而且重叠，特征性差，但对分子结构的变化高度敏感，只要分子结构上有微小的变化，都会引起这部分光谱的明显改变。

(2)UV：紫外吸收光谱。

IR：红外吸收光谱。

NMR：核磁共振谱。

PMR：质子核磁共振谱。

MS：质谱。

λ_{max}：最大吸收波长。

ν_{C-H}：C—H 伸缩振动频率。

M^+峰：分子离子峰。

M+1 峰：有机分子受到电子轰击后，失去 1 个电子后比样品分子质量数少一的分子离子峰。

m/e：带电体的质量和电荷量的比值，叫作质荷比 (mass-to-charge ratio)。

2.1mol A 对应 242nm (10 000)；1mol B 对应 320nm (8 000)。那么，混合物中 242nm 的 A 与 320nm 的 B 的摩尔比就是(3 000/10 000)∶(1 600/8 000)=3∶2。

3. 苯酚。

4. (1) 乙醚有 2 种峰,亚甲基为四重峰,甲基为三重峰;(2) 甲酸异丙酯有 3 种峰,醛基峰为单峰,亚甲基为多重峰,甲基为二重峰;(3) 2 种峰,端位亚甲基为二重峰,中间亚甲基为四重峰;(4) 丁烷有 2 种峰,中间亚甲基为 12 重峰,端甲基为三重峰。

5. (1) 根据末端甲基峰的裂峰情况可以区分,1,1-二氯乙烷为二重峰,氯乙烷为三重峰;(2) 根据丙烷和丁烷中亚甲基裂峰情况不同可以区分,丙烷为 7 重峰,丁烷为 12 重峰;(3) 正丁烷中氢谱裂峰数最少为三重峰和多重峰,2-甲基丁烷中有二重峰,异戊烷中只有单峰。

6. 对二氯苯。

7. $(CH_3)_2CH-O-CH_3$。

8. 环氧丙烷。

9. 4.1×10^{-4} mol/L。

10. (1) 4 种。(2) 羟基 3.81;亚甲基 2.64;甲基酮中甲基 2.18;与羟基相连 C 直接相连的甲基 1.256。(3) 化学位移 3.81 是羟基中的质子产生的;化学位移 2.64 是亚甲基中的质子产生的;化学位移 2.18 是甲基酮中甲基上的质子产生的;化学位移 1.256 是两个甲基中质子产生的。

17.7　章节自测

1. 下列不属于电磁波的是(　　)。
   A. 红外光　　　　B. 紫外光　　　　C. 可见光　　　　D. 声波
2. 下列哪个是羟基的红外吸收区(　　)?
   A. $3\,500 \sim 2\,900$ cm^{-1}　　　　　　　　B. $1\,800 \sim 200$ cm^{-1}
   C. $1\,500 \sim 1\,300$ cm^{-1}　　　　　　　　D. $1\,200 \sim 800$ cm^{-1}
3. 下列哪种溶剂的核磁化学位移为 7.26(　　)。
   A. 氘代水　　　　B. 氘代氯仿　　　　C. 氘代甲醇　　　　D. 氘代苯

17.8　章节自测答案

1. D　2. A　3. B

综合模拟试题及参考答案

综合模拟试题（一）

一、单选题

1. 用溴水可以鉴别的是（　　）。
   A. 甲苯　　　　　　B. 丙烷　　　　　　C. 乙烯　　　　　　D. 己烷
2. 环己烷的优势构象是（　　）。
   A. 船式　　　　　　B. 椅式　　　　　　C. 蝶式　　　　　　D. 信封式
3. 下列化合物中水解最快的是（　　）。
   A. CH_3COCl　　B. CH_3CONH_2　　C. CH_3COOCH_3　　D. $(CH_3CO)_2O$
4. 下列化合物与溴水不反应的是（　　）。
   A. 苯酚　　　　　　B. 苯胺　　　　　　C. 丙烯　　　　　　D. 苯
5. 写出化合物发生亲电取代最难的是（　　）。
   A. 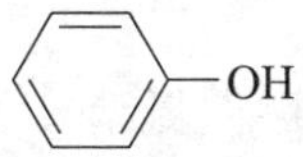 ⌬—OH　　　　B. 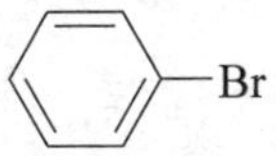 ⌬—Br　　　　C. 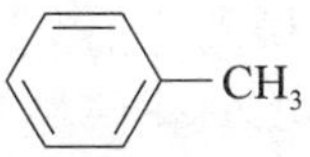 ⌬—CH_3　　　　D. 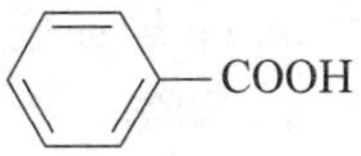 ⌬—COOH
6. 下列物质不能发生银镜反应的是（　　）。
   A. 麦芽糖　　　　　B. 果糖　　　　　　C. 蔗糖　　　　　　D. 葡萄糖
7. 不对称的仲醇和叔醇进行分子内脱水时，消除的取向应遵循（　　）。
   A. 马氏规则　　　　B. 次序规则　　　　C. 札依采夫规则　　D. 醇的活性次序
8. 实验室中常用 Br_2 的 CCl_4 溶液鉴定烯键，其反应历程是（　　）。
   A. 亲电加成反应　　B. 自由基加成　　　C. 协同反应　　　　D. 亲电取代反应
9. 通常有机化合物分子中发生化学反应的主要结构部位是（　　）。
   A. 键　　　　　　　B. 氢键　　　　　　C. 所有碳原子　　　D. 官能团
10. 葡萄糖是属于（　　）。
    A. 酮糖　　　　　　B. 戊酮糖　　　　　C. 戊醛糖　　　　　D. 己醛糖
11. 有机化合物的结构特点之一就是多数有机化合物都以（　　）。
    A. 配价键结合　　　B. 共价键结合　　　C. 离子键结合　　　D. 氢键结合
12. 下列化合物可以发生碘仿反应的（　　）。
    A. 甲醇　　　　　　B. 乙醇　　　　　　C. 1-丙醇　　　　　D. 1-戊醇
13. 下列化合物中碱性最强的是（　　）。
    A. 乙胺　　　　　　B. 二乙胺　　　　　C. 四甲基氢氧化铵　D. 甲胺
14. 与 Lucas 试剂反应最快的是（　　）。
    A. $CH_3CH_2CH_2CH_2OH$　　　　　　B. $(CH_3)_2CHCH_2OH$

C. $(CH_3)_3COH$　　　　　　　　　D. $(CH_3)_2CHOH$

15. 还原 C=O 为—CH_2 的试剂应是（　　）。
A. Na/EtOH　　B. H_2N-NH_2/HCl　　C. Sn/HCl　　D. Zn-Hg/HCl

16. 下列物质能与[$Ag(NH_3)_2$]$^+$反应生成白色沉淀的是（　　）。
A. 乙醇　　　　B. 乙烯　　　　C. 2-丁炔　　　　D. 1-丁炔

17. 在下列化合物中，能被2,4-二硝基苯肼鉴别出的是（　　）。
A. 丁酮　　　　B. 丁醇　　　　C. 丁胺　　　　D. 丁腈

18. D-(+)-葡萄糖和D-(-)-果糖互为何种异构体（　　）？
A. 对映体　　B. 非对映体　　C. 差向异构体　　D. 构造异构体

19. 在稀碱作用下，下列哪组反应不能进行羟醛缩合反应（　　）？
A. $HCHO + CH_3CHO$　　　　　　B. $CH_3CH_2CHO + ArCHO$
C. $HCHO + (CH_3)_3CCHO$　　　　D. $ArCH_2CHO + (CH_3)_3CCHO$

20. 下面化合物羰基活性最强的是（　　）。
A. CH_3CHO　　B. $ClCH_2CHO$　　C. Cl_2CHCHO　　D. Cl_3CCHO

21. $ClCH_2CH_2Br$ 中最稳定的构象是（　　）。
A. 顺交叉式　　B. 部分重叠式　　C. 全重叠式　　D. 对位交叉式

22. 水解前和水解后的溶液都能发生银镜反应的物质是（　　）。
A. 核糖　　　　B. 蔗糖　　　　C. 果糖　　　　D. 麦芽糖

23. Fe 还原硝基苯可以得到（　　）。
A. 苯胺　　　　B. 氧化偶氮苯　　C. N-羟基苯胺　　D. 偶氮苯

24. 下列化合物具有芳香性的是（　　）。

A.  　　　　B. 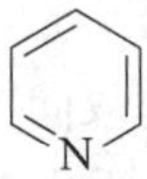 　　　　C. 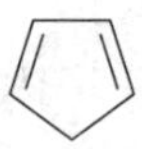 　　　　D.

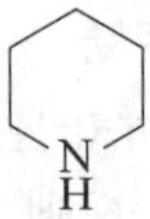

25. 下列化合物中的碳为 sp 杂化的是（　　）。
A. CH_3CH_3　　B. $CH_2=CH_2$　　C. $CH≡CH$　　D.

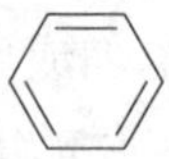

二、判断题

1. 正丁烷的优势构象为对位交叉式构象。（　　）
2. 所有的单糖都是还原糖。（　　）
3. 烯烃与卤代氢的加成反应是亲电加成反应。（　　）
4. 糖分子结构中只有 C_1、C_2 结构不同，其他结构都相同，与苯肼反应，能够得到相同结构的糖脎。（　　）
5. 含有极性键的分子一定是极性分子。（　　）
6. 在卤代烷的消除反应中，卤原子主要是和相邻的含氢较少的碳原子上的氢一道脱去。（　　）
7. 没有对称面的分子一定是手性分子。（　　）
8. 原子轨道沿键轴方向互相重叠所形成的共价键称为 σ 键。（　　）

9. 反-1-甲基-2-乙基环己烷的稳定优势构象中甲基和乙基均位于平伏键。（   ）
10. 酸值指的是中和1g油脂中游离脂肪酸所需氢氧化钾的毫克数。（   ）

三、完成反应式

1. 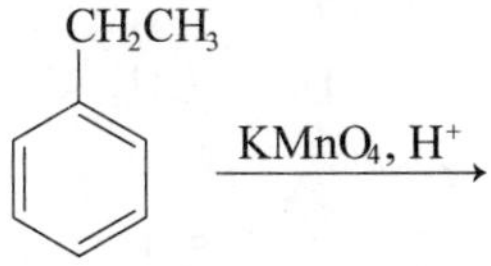 C₆H₅—CH₂CH₃ $\xrightarrow{KMnO_4, H^+}$

2. 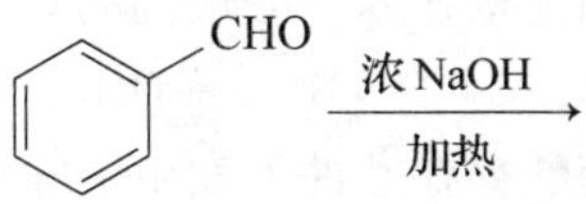 C₆H₅—CHO $\xrightarrow[\text{加热}]{\text{浓 NaOH}}$

3. $2CH_3CH_2CHO \xrightarrow[\text{加热}]{\text{稀 NaOH}}$

4. $CH_3CH_2COOH + CH_3CH_2OH \xrightarrow{H^+}$

5. $CH_3—CH=CH_2 + HBr \longrightarrow$

6. 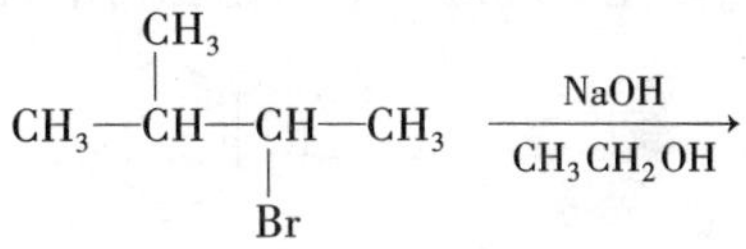 (CH₃)₂CH—CHBr—CH₃ $\xrightarrow[CH_3CH_2OH]{NaOH}$

7. 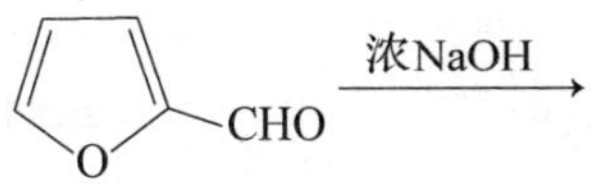 呋喃-2-CHO $\xrightarrow{\text{浓 NaOH}}$

8. 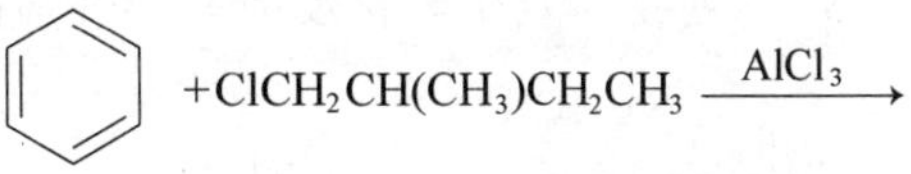 C₆H₆ + ClCH₂CH(CH₃)CH₂CH₃ $\xrightarrow{AlCl_3}$

9. 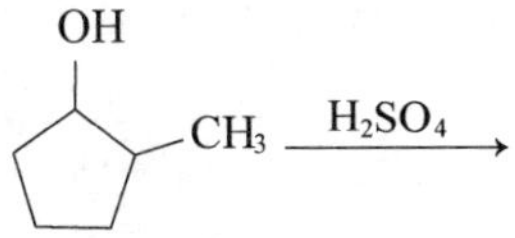 2-甲基环戊醇 $\xrightarrow{H_2SO_4}$

10. 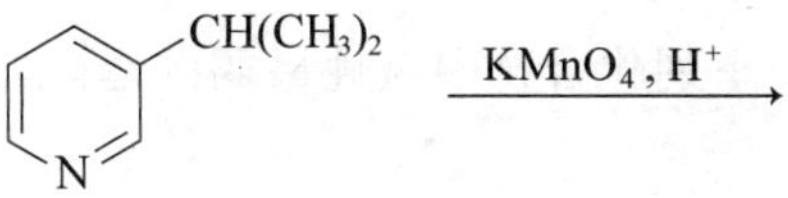 3-异丙基吡啶 $\xrightarrow{KMnO_4, H^+}$

四、合成题

1. $HC\equiv CH \longrightarrow CH_3CH_2COOH$

2. 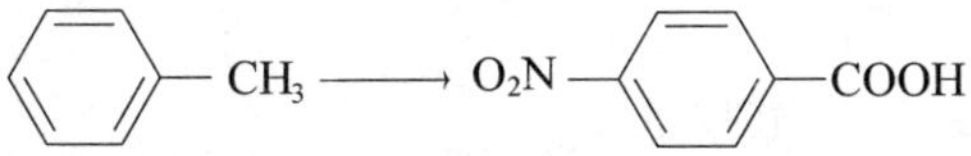 C₆H₅—CH₃ $\longrightarrow$ O₂N—C₆H₄—COOH

五、推导结构题

1. 化合物 A 的分子式为 C_3H_7Br，与氢氧化钠的水溶液反应得 B 分子式为 C_3H_8O，B 能发生碘仿反应。B 与浓 H_2SO_4 共热得 C 分子式为 C_3H_6，将 C 氧化后得乙酸和二氧化碳。试推导 A、B、C 的结构式。

2. 具有旋光性的 L-丁醛糖 A，用溴水氧化得 B，用硝酸氧化后得 C，B 有旋光性，C 没有旋光性。推导 A、B、C 的结构式。

综合模拟试题（二）

一、单选题

1. 下列化合物中带 * 原子的杂化形式为 sp 的是（   ）。

   A. $CH_3—\overset{*}{C}H=CH—C\equiv CH$

   B.  苯环*

C. 　　　　　　　　　　D.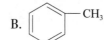

2. 下列基团连接在苯甲酸羧基的对位上，可以使羧基酸性增强的是(　　)。
   A. —NO₂　　　　B. —OH　　　　C. —OCH₃　　　　D. —CH₃

3. 醇在浓硫酸存在条件下发生消除反应，一般应遵循(　　)。
   A. 马氏规则　　B. 札依采夫规则　　C. 康尼扎罗　　D. 反马氏规则

4. 下列化合物和硝酸银的乙醇溶液反应时，反应速率最快的是(　　)。
   A. CH₃CH₂CH₂Br　　B. CH₃CHBrCH₃　　C. CH₃Br　　D. (CH₃)₃CBr

5. 按休克尔规则，下列化合物中无芳香性的是(　　)。

6. 下列物质发生硝化反应其活性最高的是(　　)。

7. 下列化合物中碱性最弱的是(　　)。

   A. NH₃　　　　B. (CH₃)₄NOH　　　　C. CH₃NH₂　　　　D. CH₃—C(=O)—NH₂

8. 反-1-甲基-4-叔丁基环己烷的优势构象是(　　)。

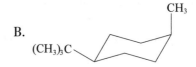

9. 下列化合物与卢卡斯试剂作用最先出现浑浊的是(　　)。
   A. CH₃OH
   B. CH₃—CH(OH)—CH₂—CH₃
   C. CH₃—CH₂—CH₂—CH₂—OH
   D. CH₃—C(CH₃)(OH)—CH₃

10. 下列哪一个化合物的羰基活性最高(　　)？
    A. C₆H₅COC₆H₅　　B. CCl₃CHO　　C. CH₃CHO　　D. CH₃COCH₃

11. 下列物质中不能发生碘仿反应的为（　　）。

A. 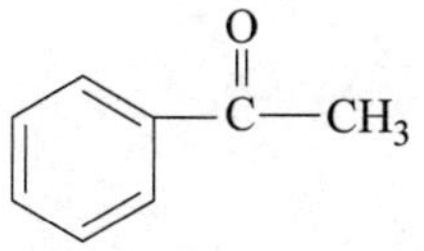 C₆H₅—CO—CH₃   B. 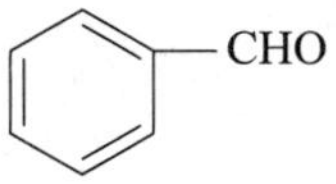 C₆H₅—CHO

C. CH₃CH₂CH₂COCH₃   D. 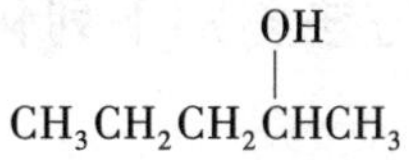 CH₃CH₂CH(OH)CH₃

12. 下列哪一个化合物是呋喃（　　）？

A.  四氢呋喃   B. 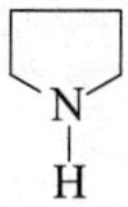 吡咯烷   C.  呋喃   D. 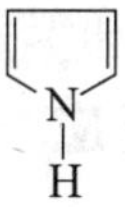 吡咯

13. 下列化合物中，能发生银镜反应的是（　　）。

A. 甲酸　　　　B. 乙酸　　　　C. 乙酸甲酯　　　　D. 乙酸乙酯

14. 下列与 C₂H₅—C(CH₃)(H)—OH 等同的分子是（　　）。

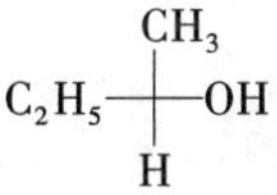

A. 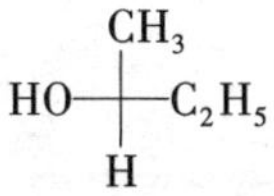 HO—C(CH₃)(H)—C₂H₅   B. C₂H₅—C(H)(CH₃)—OH   C. H—C(OH)(CH₃)—C₂H₅   D. 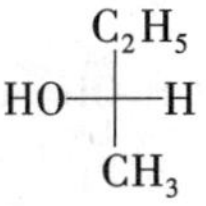 HO—C(C₂H₅)(H)—CH₃

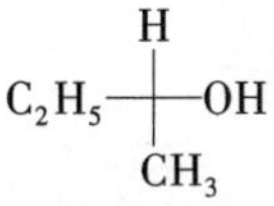

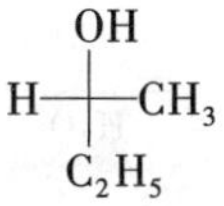

15. 下列化合物中属于季铵盐类的化合物是（　　）。

A. 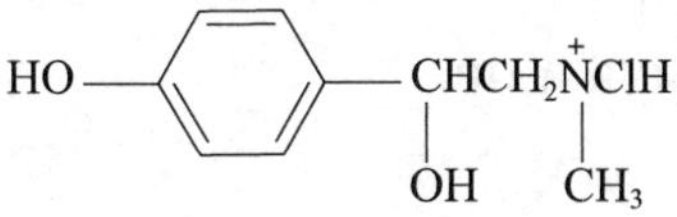 HO—C₆H₄—CH(OH)CH(CH₃)NH₂⁺·Cl⁻   B. 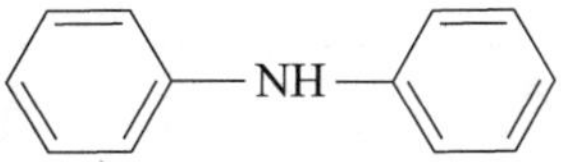 C₆H₅—NH—C₆H₅

C. 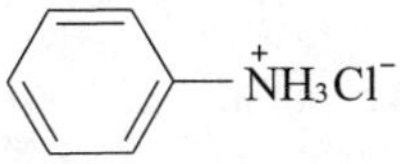 C₆H₅—NH₃⁺Cl⁻   D. 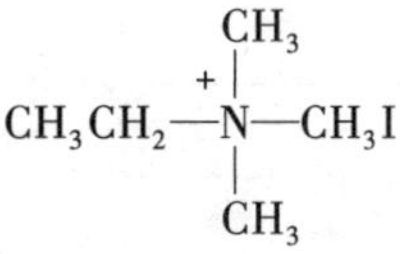 CH₃CH₂N⁺(CH₃)₃·I⁻

16. 下列化合物其酸性最强的是（　　）。

A. CH₃COOH   B. 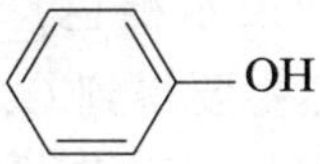 C₆H₅OH   C. CH₃CH₂OH   D. CCl₃COOH

17. 皂化并中和1g油脂所需氢氧化钾的毫克数是油脂的（　　）。

A. 皂化值   B. 碘值   C. 酸值   D. 等电点

18. 保护醛基常用的反应是（　　）。

A. 氧化反应   B. 羟醛缩合   C. 缩醛的生成   D. 还原反应

19. 在羧酸的下列4种衍生物中，水解反应速度最快的是（　　）。

A. 乙酰胺   B. 乙酸乙酯   C. 乙酰氯   D. 乙酸酐

20. 下列物质无变旋现象的是（　　）。

A. 麦芽糖   B. 果糖   C. 蔗糖   D. 葡萄糖

二、命名和写结构式（若是立体异构体，需注明构型）

1. 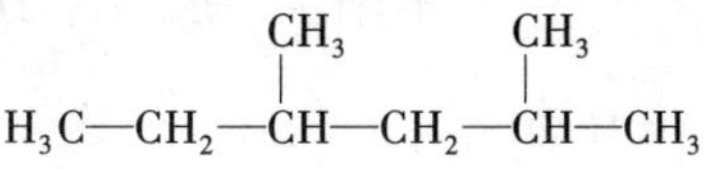 H₃C—CH₂—CH(CH₃)—CH₂—CH(CH₃)—CH₃   2. 环己醇

3. 苯胺　　　　　　　　　　　　4. 正丁烷的优势构象

5. $\text{H}_3\text{C}\diagdown\text{C}=\text{C}\diagup\text{H}\diagup\text{CH}_3$ (顺式结构)

三、用简便的化学方法鉴别下列化合物

1. 环丙烷和丙烷　　　　　　　2. 1-丁炔和2-丁炔
3. 苯胺和苯酚　　　　　　　　4. 麦芽糖和淀粉
5. 甲苯和苯

四、完成反应

1. $CH_3C=CH_2 \ (CH_3) \xrightarrow{HBr}$

2. $C_6H_6 \xrightarrow[浓H_2SO_4]{浓HNO_3}$

3. $C_6H_5CHO + HCHO \xrightarrow[\Delta]{浓NaOH}$

4. $CH_3CHO \xrightarrow{LiAlH_4}$

5. $CH_3CHClCH_3 \xrightarrow{NaCN} \xrightarrow[H_2O]{H^+}$

五、合成题（由指定原料合成下列化合物，无机试剂任选）

1. $HC\equiv CH \longrightarrow \cdots\cdots \longrightarrow CH_3CH=CHCH_2OH$

2. 苯胺 $\longrightarrow \cdots\cdots \longrightarrow$ 1,3,5-三溴苯

六、推导结构

1. 化合物 A 的分子式为 C_3H_6，常温下可使溴水褪色，但不能被高锰酸钾氧化，与 HBr 作用生成化合物 B，B 与 $KOH-C_2H_5OH$ 共热主要得到 C，C 为 A 的同分异构体，C 可使溴水和高锰酸钾溶液褪色。推断 A、B、C 的结构式，并写出推导理由。

2. 某芳烃 A，分子式为 C_8H_{10}，A 经高锰酸钾氧化后得分子式为 $C_8H_6O_4$ 的二元酸 B，A 经硝基化，其一元硝基化的产物只有一种产物 C。推断 A、B、C 的结构式，并写出推导理由。

3. 化合物 A 的分子式为 $C_6H_{14}O$，A 氧化后得 B 分子式为 $C_6H_{12}O$，B 能与 2,4-二硝基苯肼反应，B 发生碘仿反应得到 2-甲基丁酸。A 与浓 H_2SO_4 共热得 C 分子式为 C_6H_{12}，将 C 氧化后得 2-丁酮和乙酸。推断 A、B、C 的结构式，并写出推导理由。

4. 有两个戊醛糖 A 和 B，被硝酸氧化时生成戊糖二酸 C 和 D，C 具有旋光性，D 不具有旋光性。A 和 B 经递降作用都转变为 D-丁醛糖

$$\begin{array}{c}CHO\\HO-H\\H-OH\\CH_2OH\end{array}$$

。推断 A、B、C、D 的结构

式，并写出推导理由。

综合模拟试题(三)

一、单选题

1. 下列化合物中带 * 原子的杂化形式不是 sp^2 的是(　　)。

   A. $CH_3-\overset{*}{C}H=CH-C\equiv CH$

   B. 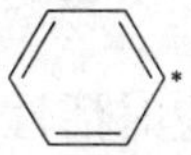 苯环上带*

   C. 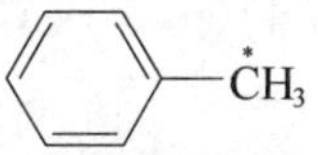 苯-$\overset{*}{C}H_3$

   D. 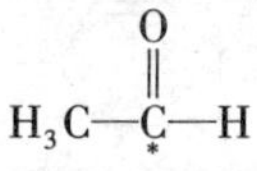 $H_3\overset{*}{C}-\overset{O}{\underset{}{C}}-H$

2. 按休克尔规则，下列化合物中有芳香性的是(　　)。

   A.  吡咯烷(NH)   B. 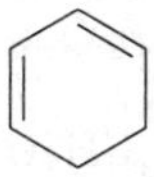 环己二烯   C. 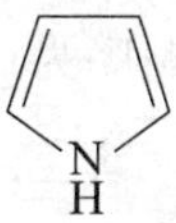 吡咯(NH)   D. 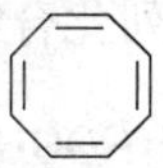 环辛四烯

3. 反-1-甲基-4-乙基的优势构象是(　　)。

   A. 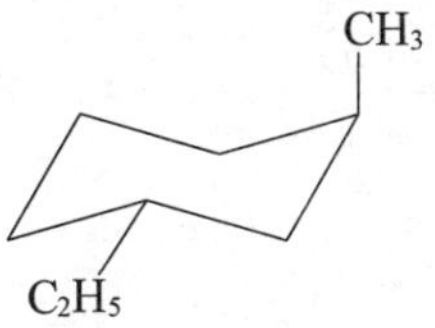 (CH₃ 直立, C₂H₅ 直立)

   B. 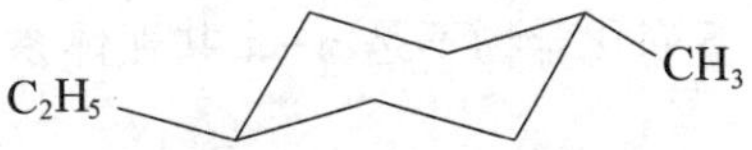 (C₂H₅ 平伏, CH₃ 平伏)

   C. 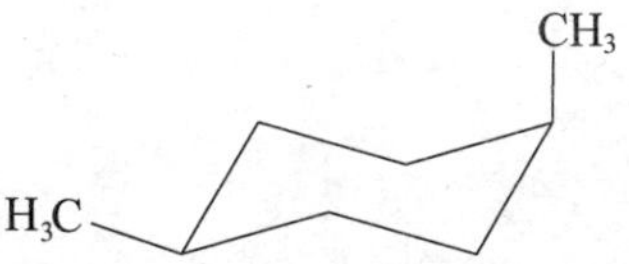 (CH₃ 直立, H₃C 平伏)

   D. 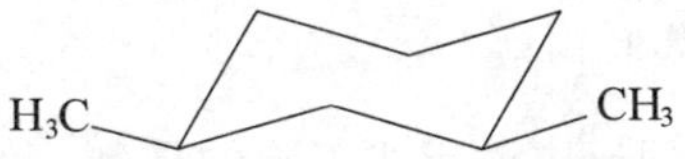 (H₃C 平伏, CH₃ 直立)

4. 下列化合物不能发生碘仿反应的是(　　)。

   A. 苯甲醛   B. 2-丁酮   C. 乙醛   D. 乙醇

5. 下列化合物，与硝酸银的乙醇溶液反应时，生成沉淀的是(　　)。

   A. 氯乙烯   B. 2-氯丙烷   C. 乙酸   D. 溴苯

6. 下列化合物其碱性强弱顺序为_____。

   (1) $C_6H_5NH_2$ (2) $CH_3CH_2NH_2$ (3) $(CH_3CH_2)_2NH$ (4) 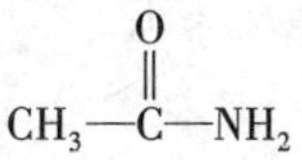 $CH_3-\overset{O}{\underset{}{C}}-NH_2$

   A. (1)>(3)>(2)>(4)   B. (4)>(2)>(1)>(3)
   C. (3)>(2)>(1)>(4)   D. (3)>(1)>(2)>(4)

7. 下列化合物酸性强弱顺序为_____。

   (1) 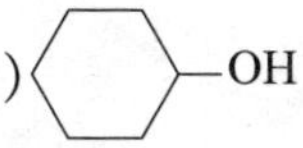 环己醇-OH   (2) 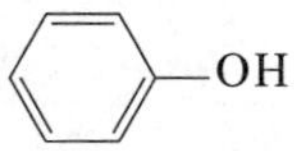 苯酚-OH   (3) 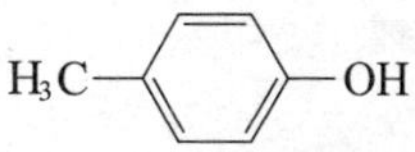 H_3C-苯-OH (4) 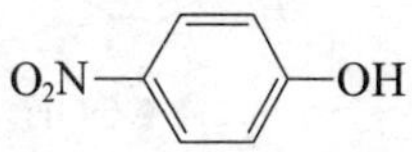 O_2N-苯-OH

   A. (4)>(3)>(2)>(1)   B. (4)>(1)>(2)>(3)
   C. (4)>(2)>(3)>(1)   D. (1)>(3)>(2)>(4)

8. 下列化合物按 S_N1 反应时，其活性顺序是_____。

(1) $CH_3-\underset{\underset{CH_3}{|}}{C}=CH-\underset{\underset{Br}{|}}{CH}-CH_3$

(2) $CH_3-\underset{\underset{Br}{|}}{\overset{\overset{CH_3}{|}}{C}}-CH_2-CH_2-CH_3$

(3) $CH_3-CH_2-\underset{\underset{Br}{|}}{C}=\underset{\underset{CH_3}{|}}{C}-CH_3$

(4) $CH_3-\underset{\underset{Br}{|}}{CH}-\underset{\underset{CH_3}{|}}{CH}-CH_2-CH_3$

A. (4)>(3)>(2)>(1)　　B. (4)>(1)>(2)>(3)
C. (1)>(2)>(4)>(3)　　D. (1)>(3)>(2)>(4)

9. 下列化合物进行硝化反应时活性大小顺序为_____。

(1) C₆H₅—Cl　　(2) C₆H₅—NO₂　　(3) C₆H₅—OH　　(4) C₆H₅—CH₃

A. (4)>(3)>(2)>(1)　　B. (3)>(4)>(1)>(2)
C. (3)>(2)>(4)>(1)　　D. (4)>(3)>(2)>(1)

10. 下列化合物其酸性强弱顺序为_____。

(1) CH_3COOH　　(2) C₆H₅—OH　　(3) CH_3CH_2OH　　(4) $ClCH_2COOH$

A. (4)>(3)>(2)>(1)　　B. (4)>(1)>(3)>(2)
C. (4)>(2)>(3)>(1)　　D. (4)>(1)>(2)>(3)

11. 下列化合物不是 π-π 共轭体系的是(　　)。

A. $CH_2=CH-CH=CH_2$　　B. 环戊二烯

C. 环己二烯　　D. 环己二烯

12. 下列反应方程式正确的是(　　)。

A. C₆H₅—CH₂CH₂OH $\xrightarrow{KMnO_4, H^+}$ C₆H₅—CH₂COOH

B. 4-CH₃-C₆H₄-CH(CH₃)CH₂CH₃ $\xrightarrow{KMnO_4, H^+}$ 4-HOOC-C₆H₄-CH(CH₃)CH₂-COOH

C. C₆H₅—CH₂CH₃ $\xrightarrow{KMnO_4, H^+}$ C₆H₅—COOH

D. 3-COOH-C₆H₄-C(CH₃)₃ $\xrightarrow{KMnO_4, H^+}$ 1,3-(COOH)₂-C₆H₄

13. 下列化合物能产生变旋现象的是(　　)。

A. 蔗糖　　B. 淀粉　　C. 乙酸乙酯　　D. 麦芽糖

14. 下列化合物中，吡咯是（　　）。

A. 　　B. 　　C. 　　D.

15. 化合物正丁醇、2-丁醇、叔丁醇与卢卡斯试剂反应的速度顺序为（　　）。
A. 2-丁醇>叔丁醇>正丙醇　　　　　　B. 叔丁醇>2-丁醇>正丁醇
C. 正丁醇>2-丁醇>叔丁醇　　　　　　D. 2-丁醇>正丁醇>叔丁醇

16. 下列化合物中，不能发生歧化反应的是（　　）。
A. 甲醛　　　B. 苯甲醛　　　C. 乙二醛　　　D. 乙醛

17. 油脂的皂化值是指皂化并中和1g油脂所需的（　　）的毫克数。
A. NaOH　　　B. KOH　　　C. I_2　　　D. $FeCl_3$

18. （R）-2-氯丁烷的结构式，正确的是（　　）。

19. 下列化合物都含有羰基，其羰基加成活性最强的是（　　）。

A. CH_3CHO　　B. Cl_3CCHO　　C. 　　D.

20. 下列化合物中，2,5-己二酮的结构是（　　）。

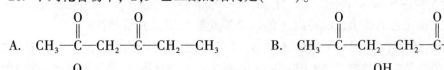

二、命名或写结构式（若是立体异构体，需注明构型）

1. 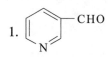　　2.

3. 2-甲基-3-苯基戊烷　　　4. 1,2-二溴乙烷的优势构象

5. 乙酰苯胺

三、用简便的化学方法鉴别下列化合物

1. 乙烷和丙烯　　2. 丙醛和丙酮　　3. 甲酸和苯甲酸　　4. 蔗糖和葡萄糖
5. 苯酚和乙胺

四、完成反应

1. $CH_3-CH_2-C(CH_3)=CH-CH_3$ + HCl ⟶　　2. CH_3CHO + HCN

3. [间位乙基叔丁基苯] $\xrightarrow{\text{KMnO}_4, \text{H}^+}$

4. [苯基乙基酮 PhCOCH$_2$CH$_3$] $\xrightarrow[\text{浓 HCl}]{\text{Zn-Hg}}$

5. CH$_3$—CH(CH$_3$)—CH(Br)—CH$_3$ $\xrightarrow[\text{CH}_3\text{CH}_2\text{OH}]{\text{NaOH}}$

五、合成题（由指定原料合成下列化合物，无机试剂任选）

1. CH≡CH ⟶ --------- ⟶ CH$_3$CH$_2$CH$_2$CH$_2$OH

2. [苯] ⟶ --------- ⟶ [间溴苯酚]

六、推导结构

1. 化合物 C$_6$H$_{12}$（A），A 与 Br$_2$ 加成后得 B，A 催化加氢反应生成正己烷，A 和酸性高锰酸钾反应生成两种不同的羧酸化合物 C 和 D。试推 A、B、C、D 的结构式。

2. 化合物 A 的分子式为 C$_5$H$_{12}$O，A 氧化后得 B 分子式为 C$_5$H$_{10}$O，B 能与 2,4-二硝基苯肼反应，B 发生碘仿反应得到 2-甲基丙酸。A 与浓 H$_2$SO$_4$ 共热得 C 分子式为 C$_5$H$_{10}$，将 C 氧化后得一分子酮类化合物和一分子乙酸。试推 A、B、C 的结构式。

3. 具有旋光性的醇 A，分子式为 C$_6$H$_{12}$O，A 中加入卢卡斯试剂立即出现浑浊，A 经催化氢化后得到无旋光性的醇 B。试写出 A 的两个旋光异构体和 B 的结构式。

4. 有两个具有旋光性的 D-丁醛糖 A 和 B，与苯肼生成相同的脎。A 用镍氢催化加氢后生成含有 4 个羟基的化合物 C，B 用镍氢催化加氢后生成含有 4 个羟基的化合物 D，但 C 无旋光性，D 有旋光性。试判断 A、B、C、D 的结构式。

综合模拟试题（一）参考答案

一、单选题

1. C 2. B 3. A 4. D 5. D 6. C 7. C 8. A 9. D 10. D 11. B 12. B 13. C 14. C 15. D 16. D 17. A 18. C 19. C 20. D 21. D 22. D 23. A 24. B 25. C

二、判断题

1. √ 2. √ 3. √ 4. √ 5. × 6. √ 7. × 8. √ 9. √ 10. √

三、完成反应式

1. [苯甲酸 PhCOOH]

2. [苄醇 PhCH$_2$OH] + [苯甲酸钠 PhCOONa]

3. $CH_3CH_2CH=CCHO$
       |
       CH_3

4. $CH_3CH_2COOCH_2CH_3$

5. $CH_3-\underset{\underset{CH_3}{|}}{\overset{\overset{Br}{|}}{C}}-CH_3$

6. $CH_3-\underset{}{\overset{\overset{CH_3}{|}}{C}}=CH-CH_3$

7. 呋喃-CH_2OH + 呋喃-$COOH$

8. $C_6H_5-\underset{\underset{CH_3}{|}}{\overset{\overset{CH_3}{|}}{C}}-CH_2CH_3$

9. 1-甲基环戊烯

10. 3-吡啶甲酸（烟酸）

四、合成题

1. $HC\equiv CH \xrightarrow[Pd-PbO]{H_2} H_2C=CH_2 \xrightarrow{HBr} CH_3CH_2Br \xrightarrow{NaCN} CH_3CH_2CN \xrightarrow[H^+]{H_2O} CH_3CH_2COOH$

2. $C_6H_5-CH_3 \xrightarrow[H_2SO_4]{HNO_3} O_2N-C_6H_4-CH_3 \xrightarrow[H^+]{KMnO_4} O_2N-C_6H_4-COOH$

五、推导结构题

1.
A. $H_3C-\underset{\underset{CH_3}{|}}{\overset{\overset{Br}{|}}{CH}}-CH_3$ B. $H_3C-\underset{\underset{CH_3}{|}}{\overset{\overset{OH}{|}}{CH}}-CH_3$ C. $H_3C-CH=CH_2$

2.
A. Fischer投影式 (CHO顶, CH₂OH底, HO-H, HO-H)
B. Fischer投影式 (COOH顶, CH₂OH底, HO-H, HO-H)
C. Fischer投影式 (COOH顶, COOH底, HO-H, HO-H)

综合模拟试题(二)参考答案

一、单选题

1. C 2. A 3. B 4. D 5. D 6. C 7. D 8. A 9. D 10. B 11. B 12. C 13. A
14. C 15. D 16. D 17. A 18. C 19. C 20. C

二、命名和写结构式

1. 2,4-二甲基己烷

2. 环己醇（结构式：带OH的环己烷）

3. 苯胺 (NH₂-C₆H₅)

4. (Newman投影式：前后各有CH₃和两个H)

5. 反-2-丁烯或(E)-2-丁烯

三、用简便的化学方法鉴别下列化合物

1. $\begin{cases} 环丙烷 \\ 丙烷 \end{cases} \xrightarrow{Br_2, CCl_4}$ 无现象：丙烷；褪色：环丙烷

2. $\begin{cases} 1-丁炔 \\ 2-丁炔 \end{cases} \xrightarrow{[Ag(NH_3)_2]^+}$ 白色沉淀：1-丁炔；无现象：2-丁炔

3. $\begin{cases} 苯胺 \\ 苯酚 \end{cases} \xrightarrow{FeCl_3 溶液}$ 无现象：苯胺；显紫色：苯酚

4. $\begin{cases} 麦芽糖 \\ 淀粉 \end{cases} \xrightarrow{碘的碘化钾溶液}$ 无现象：麦芽糖；显深蓝色：淀粉

5. $\begin{cases} 甲苯 \\ 苯 \end{cases} \xrightarrow{KMnO_4, H^+}$ 褪色：甲苯；无现象：苯

四、完成反应

1. (CH₃)₂CBr—CH₃

2. C₆H₅NO₂

3. C₆H₅CH₂OH + HCOONa

4. CH₃CH₂OH

5. $CH_3\underset{Cl}{CH}-CH_3 \xrightarrow{NaCN} CH_3\underset{CN}{CH}-CH_3 \xrightarrow[H_2O]{H^+} CH_3\underset{COOH}{CH}-CH_3$

五、合成题

1. $HC\equiv CH \xrightarrow[H_2SO_4]{HgSO_4} CH_3CHO \xrightarrow[\Delta]{稀NaOH} CH_3CH=CHCHO \xrightarrow{LiAlH_4} CH_3CH=CHCH_2OH$

2. 苯胺 $\xrightarrow{溴水}$ 2,4,6-三溴苯胺 $\xrightarrow[5℃以下]{HCl, HNO_2}$ 2,4,6-三溴重氮盐 $\xrightarrow{H_3PO_2}$ 1,3,5-三溴苯

六、推导结构

1. 化合物 A. △（环丙烷） 化合物 B. CH₃CH₂CH₂Br 化合物 C. CH₃CH=CH₂

推导理由：

△ $\xrightarrow{HBr}$ CH₃CH₂CH₂Br $\xrightarrow[\Delta]{KOH, C_2H_5OH}$ CH₃CH=CH₂

A　　　　　　　B　　　　　　　　C

$$CH_3CH=CH_2 \xrightarrow{HBr} CH_3CHBrCH_2Br$$

$$CH_3CH=CH_2 \xrightarrow{KMnO_4} CH_3COOH + CO_2$$

2. 化合物 A. 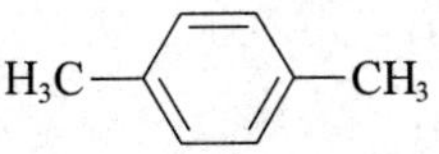 H₃C—⟨C₆H₄⟩—CH₃   化合物 B.  HOOC—⟨C₆H₄⟩—COOH

化合物 C. 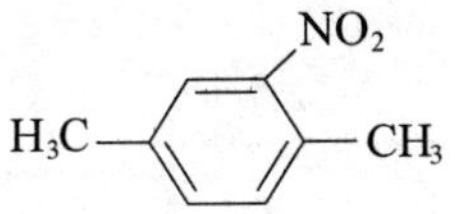 H₃C—⟨C₆H₃(NO₂)⟩—CH₃ (2-NO₂, 1,4-二甲基)

推导理由：

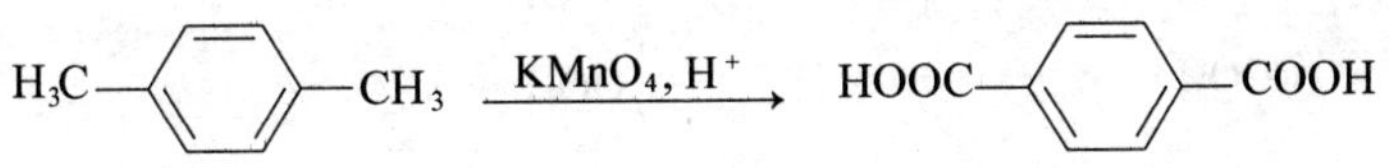

$$\text{H}_3\text{C}-\text{C}_6\text{H}_4-\text{CH}_3 \xrightarrow{KMnO_4, H^+} \text{HOOC}-\text{C}_6\text{H}_4-\text{COOH}$$
A → B

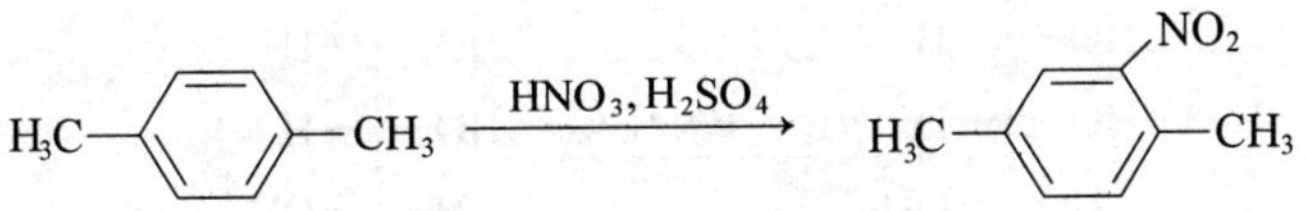

$$\text{H}_3\text{C}-\text{C}_6\text{H}_4-\text{CH}_3 \xrightarrow{HNO_3, H_2SO_4} \text{H}_3\text{C}-\text{C}_6\text{H}_3(\text{NO}_2)-\text{CH}_3$$
A → C

3. 化合物 A. 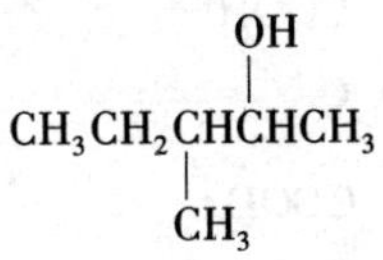 $CH_3CH_2CH(OH)CH(CH_3)$ 化合物 B. 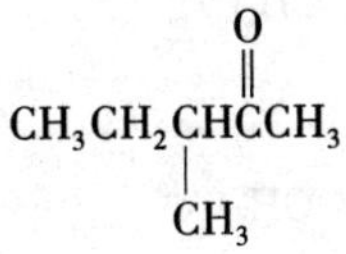 $CH_3CH_2COCH(CH_3)$ 化合物 C. 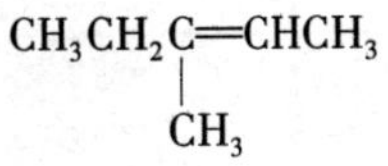 $CH_3CH_2C(CH_3)=CHCH_3$

$$CH_3CH_2CH(OH)CH(CH_3) \xrightarrow{氧化} CH_3CH_2COCH(CH_3)$$
A → B

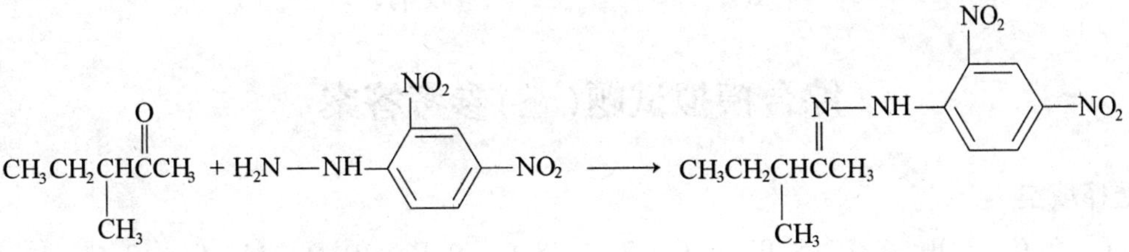

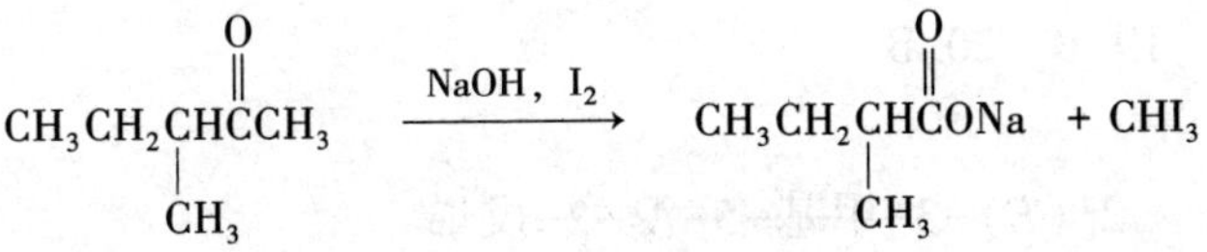

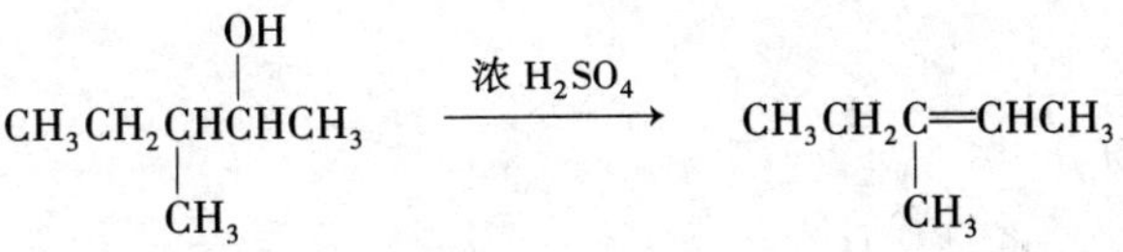

$$CH_3CH_2COCH(CH_3) + H_2N-NH-C_6H_3(NO_2)_2 \longrightarrow CH_3CH_2C(=N-NH-C_6H_3(NO_2)_2)CH(CH_3)$$

$$CH_3CH_2COCH(CH_3)CH_3 \xrightarrow{NaOH, I_2} CH_3CH_2CH(CH_3)COONa + CHI_3$$

$$CH_3CH_2CH(OH)CH_3 \xrightarrow{浓 H_2SO_4} CH_3CH_2C(CH_3)=CHCH_3$$
                                                            C

$$CH_3CH_2C(CH_3)=CHCH_3 \xrightarrow{氧化} CH_3CH_2COCH_3 + CH_3COOH$$

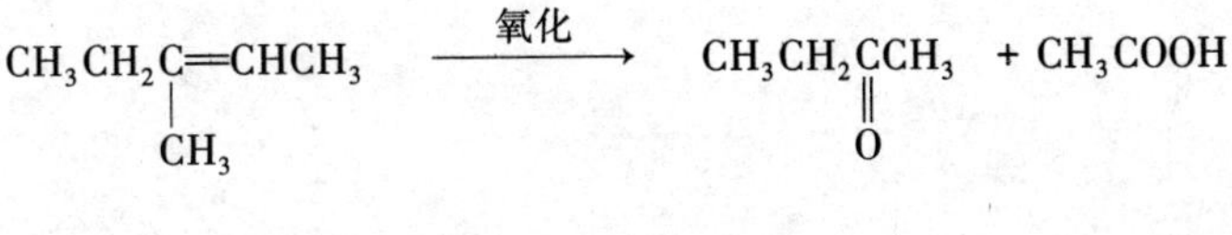

4. 化合物 A. 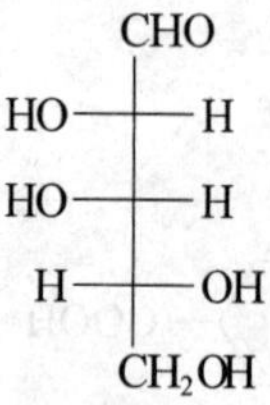 (CHO, HO-H, HO-H, H-OH, CH₂OH)   化合物 B. 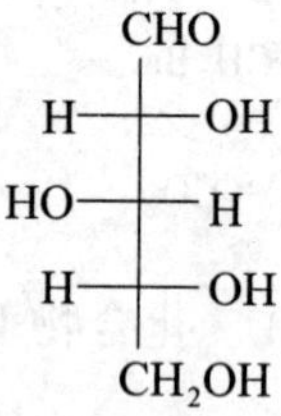 (CHO, H-OH, HO-H, H-OH, CH₂OH)

化合物 C. 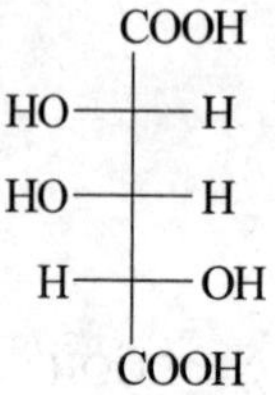 (COOH, HO-H, HO-H, H-OH, COOH)   化合物 D. 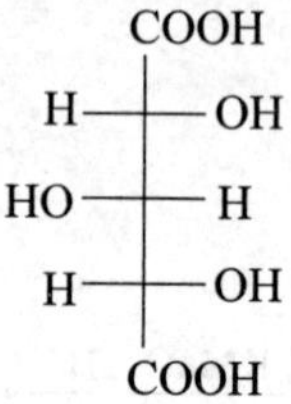 (COOH, H-OH, HO-H, H-OH, COOH)

推导理由：

A —HNO₃→ C

B —HNO₃→ D

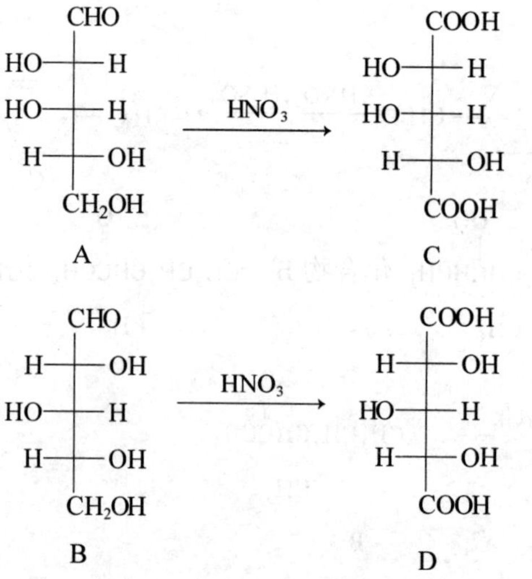

综合模拟试题(三)参考答案

一、选择填空

1. C 2. C 3. B 4. A 5. B 6. C 7. C 8. C 9. B 10. D 11. C 12. C 13. D 14. A 15. B 16. D 17. B 18. B 19. B 20. B

二、命名和写结构式

1. β-吡啶甲醛或 3-吡啶甲醛   2. (*E*)-3-甲基-5-溴-2-戊烯

3. 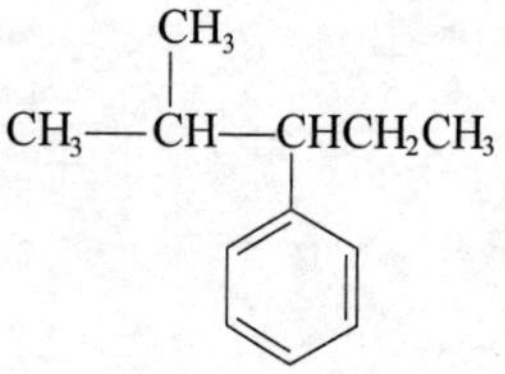 CH₃-CH(CH₃)-CH(C₆H₅)-CH₂CH₃

4. 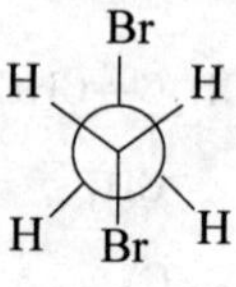 (Newman projection with Br, Br, H, H, H, H)

5. 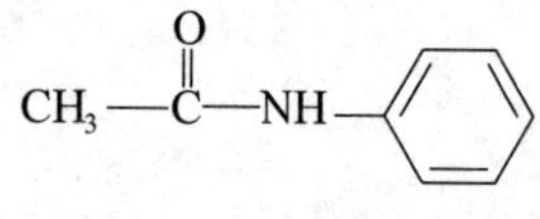 CH₃-C(=O)-NH-C₆H₅

三、用简便的化学方法鉴别下列化合物

1. $\begin{cases}\text{乙烷}\\\text{丙烯}\end{cases} \xrightarrow{KMnO_4}$ 不褪色：乙烷；褪色：丙烯

2. $\begin{cases}\text{丙醛}\\\text{丙酮}\end{cases} \xrightarrow{\text{碘仿反应}}$ 无现象：丙醛；黄色碘仿：丙酮

3. $\begin{cases}\text{甲酸}\\\text{苯甲酸}\end{cases} \xrightarrow{[Ag(NH_3)_2]^+}$ 银镜：甲酸；无现象：苯甲酸 或高锰酸钾褪色为甲酸

4. $\begin{cases}\text{蔗糖}\\\text{葡萄糖}\end{cases} \xrightarrow{[Ag(NH_3)_2]^+}$ 无现象：蔗糖；银镜：葡萄糖 或溴水褪色为葡萄糖

5. $\begin{cases}\text{苯酚}\\\text{乙胺}\end{cases} \xrightarrow{Fe^{3+}}$ 显色：苯酚；无现象：乙胺 或 HNO_2 放出气体为乙胺

四、完成反应

1. $CH_3CH_2-\underset{\underset{Cl}{|}}{\overset{\overset{CH_3}{|}}{C}}-CH_2CH_3$

2. $CH_3-\underset{\underset{OH}{|}}{CH}-CN$

3. 3-叔丁基苯甲酸 (间位: COOH 和 C(CH$_3$)$_3$)

4. 苯-$CH_2CH_2CH_3$

5. $CH_3-\underset{\underset{CH_3}{|}}{C}=CH-CH_3$

五、合成题

1. $HC\equiv CH \xrightarrow[H_2SO_4]{HgSO_4} CH_3CHO \xrightarrow[\Delta]{\text{稀 NaOH}} CH_3CH=CHCHO \xrightarrow{H_2, Ni} CH_3CH_2CH_2CH_2OH$

2. 苯 $\xrightarrow{HNO_3, H_2SO_4}$ 硝基苯 $\xrightarrow{Fe, Br_2}$ 间溴硝基苯 $\xrightarrow{Fe, HCl}$ 间溴苯胺

间溴苯胺 $\xrightarrow{NaNO_2, HCl}$ 间溴重氮盐 $\xrightarrow[\Delta]{H_2O}$ 间溴苯酚

六、推导结构

1. A. $CH_3CH=CHCH_2CH_3$ B. $CH_3\underset{\underset{Br}{|}}{CH}\underset{\underset{Br}{|}}{CH}CH_2CH_3$
   C. CH_3COOH D. $CH_3CH_2CH_2COOH$

2. A. $H_3C-\underset{\underset{CH_3}{|}}{CH}-\underset{\underset{OH}{|}}{CH}-CH_3$ B. $H_3C-\underset{\underset{CH_3}{|}}{CH}-\overset{\overset{O}{\|}}{C}-CH_3$

   C. $H_3C-\underset{\underset{CH_3}{|}}{C}=CH-CH_3$

3.

$$\begin{array}{c} CH=CH_2 \\ H_3C-\underset{CH_2CH_3}{\overset{|}{C}}-OH \end{array} \quad \begin{array}{c} CH=CH_2 \\ HO-\underset{CH_2CH_3}{\overset{|}{C}}-CH_3 \end{array} \qquad \begin{array}{c} CH_2CH_3 \\ H_3C-\underset{CH_3}{\overset{|}{C}}-OH \end{array}$$

A   B

4. A.
$$\begin{array}{c} CHO \\ H\!\!-\!\!\!\!\!-\!\!\!\!\!-OH \\ H\!\!-\!\!\!\!\!-\!\!\!\!\!-OH \\ CH_2OH \end{array}$$
B.
$$\begin{array}{c} CHO \\ HO\!\!-\!\!\!\!\!-\!\!\!\!\!-H \\ H\!\!-\!\!\!\!\!-\!\!\!\!\!-OH \\ CH_2OH \end{array}$$

C.
$$\begin{array}{c} CH_2OH \\ H\!\!-\!\!\!\!\!-\!\!\!\!\!-OH \\ H\!\!-\!\!\!\!\!-\!\!\!\!\!-OH \\ CH_2OH \end{array}$$
D.
$$\begin{array}{c} CH_2OH \\ HO\!\!-\!\!\!\!\!-\!\!\!\!\!-H \\ H\!\!-\!\!\!\!\!-\!\!\!\!\!-OH \\ CH_2OH \end{array}$$

相关反应：

$$\begin{array}{c} CHO \\ HO\!\!-\!\!\!\!\!-\!\!\!\!\!-H \\ H\!\!-\!\!\!\!\!-\!\!\!\!\!-OH \\ CH_2OH \end{array} \\ \begin{array}{c} CHO \\ H\!\!-\!\!\!\!\!-\!\!\!\!\!-OH \\ H\!\!-\!\!\!\!\!-\!\!\!\!\!-OH \\ CH_2OH \end{array} \xrightarrow{\text{C}_6\text{H}_5\text{-NHNH}_2} \begin{array}{c} HC=NNH-C_6H_5 \\ C=NNH-C_6H_5 \\ H\!\!-\!\!\!\!\!-\!\!\!\!\!-OH \\ CH_2OH \end{array}$$

$$\underset{A}{\begin{array}{c} CHO \\ H\!\!-\!\!\!\!\!-\!\!\!\!\!-OH \\ H\!\!-\!\!\!\!\!-\!\!\!\!\!-OH \\ CH_2OH \end{array}} \xrightarrow{H_2, Ni} \underset{C}{\begin{array}{c} CH_2OH \\ H\!\!-\!\!\!\!\!-\!\!\!\!\!-OH \\ H\!\!-\!\!\!\!\!-\!\!\!\!\!-OH \\ CH_2OH \end{array}} \quad 无旋光性$$

$$\underset{B}{\begin{array}{c} CHO \\ HO\!\!-\!\!\!\!\!-\!\!\!\!\!-H \\ H\!\!-\!\!\!\!\!-\!\!\!\!\!-OH \\ CH_2OH \end{array}} \xrightarrow{H_2, Ni} \underset{D}{\begin{array}{c} CH_2OH \\ HO\!\!-\!\!\!\!\!-\!\!\!\!\!-H \\ H\!\!-\!\!\!\!\!-\!\!\!\!\!-OH \\ CH_2OH \end{array}} \quad 有旋光性$$

参考文献

李楠，2017. 有机化学[M]. 北京：中国农业大学出版社.
李楠，廖蓉苏，李斌，2017. 有机化学[M]. 2版. 北京：中国农业大学出版社.
李贵深，李宗澧，2005. 有机化学学习指导[M]. 北京：中国农业大学出版社.
马晓东，李莉，2020. 有机化学学习指导[M]. 北京：中国农业大学出版社.
叶非，2017. 有机化学[M]. 2版. 北京：中国农业大学出版社.
张宝申，庞美丽，王永梅，2011. 有机化学习题集[M]. 2版. 天津：南开大学出版社.
赵晋忠，2022. 有机化学[M]. 2版. 北京：中国林业出版社.
赵士铎，周乐，董元彦，等，2012. 化学历年真题与全真模拟题解析[M]. 3版. 北京：中国农业大学出版社.